———— ちくま学———

高等学校の基礎解析

黒田孝郎　森 毅
小島 順　野崎昭弘 ほか

筑摩書房

目　次

まえがき　011

第1章　数列　…………………………………　013

1.1　等差数列　014
1.1.1　自然数の和　014
1.1.2　等差数列　017

1.2　等比数列　020
1.2.1　曽呂利新左衛門の話から　020
1.2.2　等比数列　023

1.3　いろいろな数列　026
1.3.1　みかんの山　026
1.3.2　平方数の数列　030
1.3.3　立方数の数列　032
1.3.4　和の記号 Σ　034

1.4　数列の問題　039
1.4.1　直線で平面を分ける問題　039
1.4.2　「ハノイの塔」の問題　042
　　補足*（フィボナッチの数列）　048
　　章末問題　052
　　数学の歴史　1　053

第2章　微分　…………………………………　057

2.1　1次関数による近似　058
2.1.1　関数の増減の調べかた　058
2.1.2　1次関数へのおきかえ　061

2.1.3 極限　066
2.1.4 変化率と1次関数による近似　068
　　補足*（近似1次関数）　072
2.2 導関数と変化率　075
2.2.1 導関数　075
2.2.2 微分の公式　076
2.2.3 接線　080
2.2.4 いろいろな量の変化率　081
2.3 関数の変化　087
2.3.1 増減・極値とグラフ　087
2.3.2 最大・最小　092
2.3.3 原始関数　097
　　章末問題　102
　　数学の歴史 2　104

第3章　積分　……………………………………　107

3.1 積分の概念　108
3.1.1 面積の求めかた　108
3.1.2 定積分と面積(1)　110
3.1.3 定積分と面積(2)　113
3.1.4 定積分と微分　116
3.1.5 定積分の求めかた　119
3.1.6 不定積分　121
3.2 定積分の性質と計算　125
3.2.1 定積分の加法性　125
3.2.2 積分範囲の分割　130
3.2.3 積分範囲の移動　133

3.3 面積と体積 140
3.3.1 2曲線のかこむ面積 140
3.3.2 体積 146
3.3.3 回転体の体積 150
3.4 量と積分 153
3.4.1 速度と変位 153
3.4.2 傾きと高度差 157
3.4.3 密度と質量 158
　　　章末問題 162
　　　数学の歴史 3 166

第4章　指数関数・対数関数 ………………………… 169

4.1 指数関数 170
4.1.1 倍々の法則 170
4.1.2 指数の拡張(1) 172
4.1.3 指数の拡張(2) 176
4.1.4 指数関数とそのグラフ 180
　　　補足*（累乗根） 185
4.2 対数関数 191
4.2.1 常用対数 191
4.2.2 手づくりの常用対数 193
4.2.3 常用対数の性質 198
4.2.4 対数 203
4.2.5 対数関数とそのグラフ 208
4.2.6 底の変換と指数関数 211
　　　補足*（対数目盛りと対数方眼紙） 213
　　　章末問題 218

数学の歴史 4　220

第5章　三角関数 …………………… 223

5.1　三角関数　224
5.1.1　回転と一般角　224
5.1.2　三角関数　227
5.1.3　いくつかの公式　232
5.1.4　加法定理　235
5.1.5　弧度法　240
　　　補足*（極座標）　243
5.1.6　三角関数のグラフ　245

5.2　単振動　251
5.2.1　等速円運動　251
5.2.2　単振動　254
5.2.3　周期　256
5.2.4　単振動の合成　258
　　　補足*（単振動の合成と振動数）　262
　　　補足*（うなり）　265
　　　章末問題　269
　　　数学の歴史 5　271

答　275
索引　283
数表　285

*）「補足」では，本文をさらに発展的に扱っている．ここは，いわば試験などとは無関係であって読んでも読まなくてもよいが，できれば読んでほしい，そうした自由なページである．

指導資料

まえがき 291

総説 ………………………………………………… 293

第1章 数列 ………………………………………… 309
1 編修にあたって 309
2 解説と展開 311
3 授業の実際 328
4 参考 331

第2章 微分 ………………………………………… 341
1 編修にあたって 341
2 解説と展開 344
3 授業の実際 384

第3章 積分 ………………………………………… 393
1 編修にあたって 393
2 解説と展開 395
3 授業の実際 437

第4章 指数関数・対数関数 ……………………… 443
1 編修にあたって 443
2 解説と展開 450
3 授業の実際 478
4 参考 485

第5章　三角関数 …………………………………… 495
1　編修にあたって　495
2　解説と展開　497
3　授業の実際　511
4　参考　515

資料

選択は柔軟に（森　毅）　518
基礎解析における数列・微分・積分（増島高敬）　521
基礎解析における関数の導入（時永　晃）　524
天才論についてのコメント（野﨑昭弘）　528
「できる・わかる・モデル・操作」（新海　寛）　530
差分と和分（森　毅）　537
家計簿の数列（森　毅）　541
原始関数・不定積分・定積分（新海　寛）　546

高等学校の基礎解析

著作者一覧（1983年当時）

何森　仁（盈進高校教諭）

江藤邦彦（埼玉県立幸手商業高校教諭）

小沢健一（東京都立戸山高校教諭）

黒田孝郎（専修大学教授）

小島　順（早稲田大学教授）

小林道正（中央大学教授）

近藤年示（東京都立日比谷高校教諭）

新海　寛（信州大学助教授）

時永　晃（東京都立狛江高校教諭）

野﨑昭弘（国際基督教大学教授）

増島高敬（麻布学園教諭）

武藤　徹（東京都立戸山高校教諭）

森　毅（京都大学教授）

安野光雅（版画・切り絵）

大久保紀晴（三省堂版教科書編集長）

Ⓒ H. IZUMORI/K. ETOU/K. OZAWA/T. KURODA/J. KOJIMA/
M. KOBAYASHI/T. KONDOU/H. SHINKAI/A. TOKINAGA/
A. NOZAKI/T. MASUJIMA/T. MUTOU/A. NAKATUKA/
M. ANNO 2012 printed in Japan

まえがき

　近代ヨーロッパが，自然を語ることばとして，数学を用いるようになったことの，その主流をなすのが，この教科書の『基礎解析』である．それは，微分と積分の考えを根幹としている．

　微分や積分というと，「難しい数学」のように，きみたちは思いこんでいるかもしれない．しかし，その基本的な発想は，現代では日常のなかにしみこんでいるような，普通の考えである．むしろ，近代というものが，微分や積分の発想を日常化させながら，現代を作ったともいえる．

　もちろん，概念というものは，深い理解というときりがないものでもある．ここでのある程度の理解が，「微分・積分」へと進んで，さらに深まることになればもっとよい．「基礎解析」では計算を運用することより，概念の把握の最初の段階に主眼がある．

　関数について，その変化の状況を解析していくことは，「数学Ⅰ」の中心的な流れの延長にある．あるいは，もしもきみたちが，「数学Ⅰ」で理解が不十分であったなら，この「基礎解析」の学習と参照しあいながら，「数学Ⅰ」の理解が深まることを期待している．数学というものは，先へ進

むにしたがって，いままでの部分がよく見えてくるものだから，「基礎解析」を通じて，「数学Ⅰ」がよく理解できるようにもなってほしい．案外に，人によっては，「基礎解析」のほうがやさしくて，それで「数学Ⅰ」がわかるようになる人もあるかもしれない．
　1983 年 4 月

著　者

第1章 数列

　天才は，ものごとに熱中して，深く考える．そのため，思わぬ失敗をすることもある．
　ターレスは歩きながら星に見とれて，溝に落ちた．通りがかった少女に笑われたというが，「老婆に笑われた」という説もあるから，誰に笑われたのかはさだかでない．

　ターレス　Thales　（紀元前 640?-545?）
　ギリシアの政治家，哲学者，七賢人の一人．「万物は水より成る」という説を述べた．

1.1 等差数列

1.1.1 自然数の和

下の写真は，机の上にみかんを三角形に並べ，上から写真をとったものである．

このみかんは全部で何個あるだろうか．
個数は，上の段から順に
$$1, 2, 3, 4, 5, 6, 7, 8$$
となっているので，合計は
$$1+2+3+4+5+6+7+8$$
であり，計算すると 36 個となる．

ところで，この計算をするのに，つぎのような方法がある．
$$S = 1+2+3+4+5+6+7+8$$
とおき，これを反対に並べて
$$S = 8+7+6+5+4+3+2+1$$
と書く．この 2 つの式を辺々加えると
$$2S = 9+9+9+9+9+9+9+9 = 8\times 9.$$

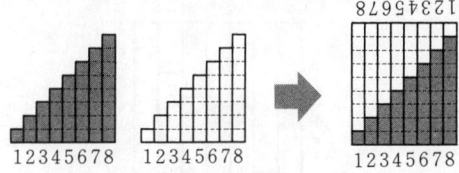

図1 2つの階段を合わせる.

したがって

$$S = \frac{8 \times 9}{2} = 36.$$

この方法は,上の図1のように図解することができる.

同じようにして,ある自然数を n としたとき,1から n までの和を求めてみよう[1].

$$S = 1+2+\cdots+(n-1)+n$$

とおき,これを

$$S = n+(n-1)+\cdots+2+1$$

と逆に書きかえて,この2式を辺々加えると

$$2S = (n+1)+(n+1)+\cdots+(n+1) = n(n+1).$$

したがって

$$S = \frac{n(n+1)}{2}.$$

すなわち,つぎの公式が得られる.

$$1+2+3+\cdots+n = \frac{n(n+1)}{2}. \tag{1}$$

---

[1] 正の整数すなわち,1, 2, 3, … を自然数という.

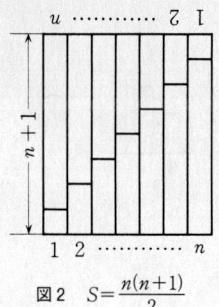

図2　$S = \dfrac{n(n+1)}{2}$

たとえば，1から10までの自然数の和は，式(1)でnを10とおいて

$$1+2+3+\cdots+10 = \dfrac{10(10+1)}{2} = 55$$

と求めることができる．

問1　つぎの自然数の和を求めよ．

① 1から50までの和

② 1から100までの和

③ 51から100までの和

問2　みかんを下の図のように最下段が20個になるように並べる．みかんの数は合計何個か．

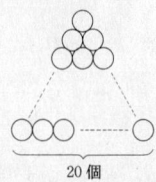

20個

1.1.2 等差数列

1に，つぎつぎに3を加えてつくった

$$1, 4, 7, 10, 13, 16, \cdots \tag{1}$$

という数の列や，5につぎつぎに -2 を加えてつくった数の列

$$5, 3, 1, -1, -3, -5, \cdots \tag{2}$$

を考えよう．

ここで，実数を並べた数の列を数列とよび，個々の数を項という．そして，いちばんはじめの項を初項ということにする．

とくに，上の数列(1)，(2)のように，初項 a に，一定の数 d をつぎつぎに加えてつくった数列

$$a, a+d, a+2d, a+3d, \cdots \tag{3}$$

を，初項 a，公差 d の等差数列という．

(1)は初項1，公差3，(2)は初項5，公差 -2 の等差数列である．また，自然数の列 1, 2, 3, … も公差1の等差数列である．

問1 つぎの等差数列の公差をいえ．また ( ) の項に入る数を求めよ．

① 0, 4, 8, ( ), ( ), …

② 1, ( ), 2, 2.5, ( ), …

③ 4, 1, ( ), ( ), …

④ ( ), 5, ( ), ( ), 17, …

問2 等差数列 1, 4, 7, … で，つぎの項を求めよ．

① 7番目の項　　② 11番目の項

いま，前ページの数列(3)の n 番目の項を l とすると，下の図1のように，初項から n 番目の項までには段差が d の階段を $n-1$ 回のぼればよいことになるから，
$$l = a+(n-1)d$$
と書ける．

また，初項から n 番目の項までの和を S とすると，図2のように14ページで使った方法により
$$S = \frac{n(a+l)}{2}$$
が得られる．

たとえば，17ページの数列(1)の場合は，n 番目の項は
$$1+(n-1)\times 3 = 3n-2,$$
初項から n 番目の項までの和は

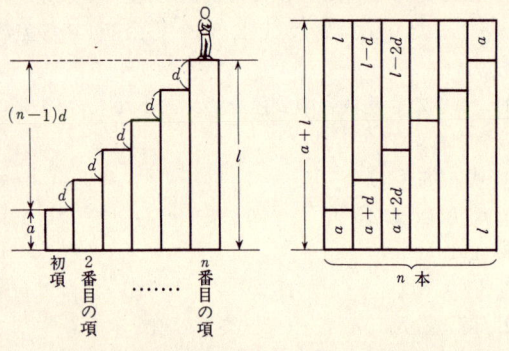

図1　等差数列　　　　　図2　等差数列の和

$$\frac{n(1+3n-2)}{2} = \frac{n(3n-1)}{2}$$

となり，ともに n の式で表すことができる．

問3 17ページの数列(2)の n 番目の項，および，初項から n 番目の項までの和を求めよ．

練習問題

1 奇数の数列 1, 3, 5, … の，はじめの n 項の和は n^2 で表せることを導け．
2 初項 1，公差 -3 の等差数列で，-26 は何番目の項か．

1.2 等比数列

1.2.1 曽呂利新左衛門の話から

太閤秀吉の家臣曽呂利新左衛門は知恵者としていろいろな話が語りつがれているが,その中につぎのようなものがある.

手柄をたてた新左衛門に,秀吉がほうびは何がよいかと聞いたところ,新左衛門は,はじめの日に米を1粒,2日目には2粒,3日目には4粒,…と,つぎつぎに2倍にしていって30日分をいただきたい,と答えたというのである.

はじめの日から順に米粒の数を並べると
$$1, 2, 2^2, 2^3, \cdots, 2^{29}$$
となるから,30日分の合計は
$$1+2+2^2+2^3+\cdots+2^{29} \tag{1}$$
を計算すればよい.

もしも,新左衛門が毎日3倍にしていくことを要求したとすれば,合計は
$$1+3+3^2+3^3+\cdots+3^{29} \tag{2}$$
となる.

これらを簡単に計算する方法を考えよう.

いま(1),(2)の2または3の部分を x とおくと,
$$1+x+x^2+x^3+\cdots+x^{29}$$
となり,x についての多項式が得られる.

ところで,この形の多項式は,つぎのような多項式の割

り算の答えとして出てくる.

$$\frac{x^2-1}{x-1} = x+1,$$

$$\frac{x^3-1}{x-1} = x^2+x+1,$$

$$\frac{x^4-1}{x-1} = x^3+x^2+x+1 \ ^{1)}, \ \text{など}.$$

一般に, 自然数 m について,

$$\frac{x^m-1}{x-1} = x^{m-1}+x^{m-2}+\cdots+x^2+x+1 \tag{3}$$

がなりたつ.

(3)の証明はつぎのようにすればよい.

$$(x-1)(x^{m-1}+x^{m-2}+\cdots+x^2+x+1)$$

を展開すると

$$x(x^{m-1}+x^{m-2}+\cdots+x^2+x+1)$$
$$-(x^{m-1}+x^{m-2}+\cdots+x^2+x+1)$$
$$=(x^m+x^{m-1}+x^{m-2}+\cdots+x^3+x^2+x)$$
$$-(x^{m-1}+x^{m-2}+\cdots+x^2+x+1)$$

---

1)
$$\begin{array}{r} x^3+x^2+x\ +1 \\ x-1 \overline{\smash{\big)}\ x^4 \qquad\qquad -1} \\ \underline{x^4-x^3} \\ x^3 \\ \underline{x^3-x^2} \\ x^2 \\ \underline{x^2-x} \\ x-1 \\ \underline{x-1} \\ 0 \end{array}$$

$$= x^m - 1.$$

そこで, $x \neq 1$ のとき

$$\frac{x^m-1}{x-1} = x^{m-1}+x^{m-2}+\cdots+x+1$$

がなりたつ.

式(3)はつぎのように書くこともできる.

$$1+x+x^2+\cdots+x^n = \frac{1-x^{n+1}}{1-x} \tag{4}$$

上の式(4)で, x に2を代入して, $n=29$ とすれば

$$1+2+2^2+\cdots+2^{29} = \frac{1-2^{30}}{1-2} = 2^{30}-1$$

となる. これで計算がしやすくなった.

$$2^{30} = 2^{10} \times 2^{10} \times 2^{10}, \quad 2^{10} = 1024$$

を使って計算すると[1]

$$2^{30}-1 = 1073741823$$

となる. 1升(しょう), つまり約 $1.8\,l$ に入る米粒は, 数万粒である. そして, 上の数字は俵(たわら)にすると数百俵にものぼることになる.

問 つぎの計算をせよ.

① $1+2+2^2+\cdots+2^9$

② $1+\dfrac{1}{2}+\left(\dfrac{1}{2}\right)^2+\cdots+\left(\dfrac{1}{2}\right)^9$

---

[1] $2^5=32$, $2^{10}=2^5 \times 2^5 = 32 \times 32 = 1024$

1.2.2 等比数列

ある数 a に，つぎつぎに一定の数 r をかけてできる数列
$$a, ar, ar^2, ar^3, \cdots$$
を，初項 a，公比 r の等比数列という．

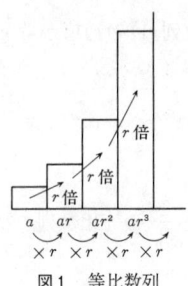

図1 等比数列

たとえば，数列
$$1, 2, 2^2, 2^3, \cdots$$
は，初項 1，公比 2 の等比数列である．

問1 つぎの等比数列の公比はいくらか．また，（　）の項に入る数を求めよ．

① 2, 6, 18, ( ), ( ), …
② 81, −27, ( ), ( ), …
③ 1, $\sqrt{2}$, ( ), ( ), …
④ 4, ( ), 9, ( ), …

等比数列
$$a, ar, ar^2, \cdots \tag{1}$$

の n 番目の項は，初項 a に r を $n-1$ 回かけることになるから ar^{n-1} と書ける．また，21 ページの式(3)で，x を r, m を n におきかえると，$r \neq 1$ のときは

$$1+r+r^2+\cdots+r^{n-1} = \frac{1-r^n}{1-r}$$

であるから，等比数列(1)の初項から n 番目の項までの和は，両辺を a 倍して

$$a+ar+ar^2+\cdots+ar^{n-1} = \frac{a(1-r^n)}{1-r}$$

と表すことができる[1]．

問2 初項 30，公比 $\frac{1}{2}$ の等比数列の初項から 5 番目の項までの和を求めよ．

いま，年利率 5% で 1 年ごとの複利計算をする貯金について考えよう．

1 万円貯金して，10 年後には元利合計がいくらになるであろうか．

1 年後には，利子が 10000×0.05 だから元利合計は $10000(1+0.05)$ 円になり，2 年後にはこれをふたたび $(1+0.05)$ 倍すればよいから $10000(1+0.05)^2$ 円となる．

以下同じように考えていくと，10 年後には

$$10000(1+0.05)^{10}$$

---

[1] $r=1$ のときは
 $a, a, a, \cdots$
という数列になるから，n 番目の項までの和は na となる．

となり，$1.05^{10} \doteqdot 1.63$ であるから，約 16300 円になる．

つぎに，毎年のはじめに 1 万円ずつの貯金をし，これを 10 年間続けた場合を考えてみよう．

10 年後には，

はじめの年の 1 万円は　$10000(1+0.05)^{10}$,

2 年目の 1 万円は　　　$10000(1+0.05)^9$,

　…………………………………

10 年目の 1 万円は　　$10000(1+0.05)$,

となるから，合計はつぎのように計算できる．

$$10000 \times 1.05 + 10000 \times 1.05^2 + \cdots + 10000 \times 1.05^{10}$$
$$= 10000(1.05 + 1.05^2 + \cdots + 1.05^{10})$$
$$= \frac{10000 \times 1.05(1-1.05^{10})}{1-1.05} = 132300.$$

練習問題

1 いま 1 m ある木が，1 年間に $\frac{1}{2}$ m 伸び，そのつぎの年に $\frac{1}{4}$ m 伸び … と，毎年，前年の半分ずつ伸びるとする．何年たってもこの木は 2 m をこえないことを示せ．

2 a, b を正の数とするとき，つぎの数列が等比数列となるように（ ）をうめよ．

(1) $a, b, (\ )$　　(2) $(\ ), a, b$　　(3) $a, (\ ), b$

1.3 いろいろな数列

1.3.1 みかんの山

みかんを下の写真のように三角錐状につみ上げる．

この各段は，つぎのようにみかんが三角形に並べられたものになっている．

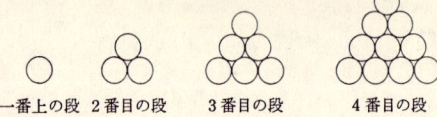

一番上の段　2番目の段　　3番目の段　　　4番目の段

n 段つみ上げたとき，みかんは合計何個になるだろうか．

図1のような上から m 段目の三角形のみかんの数は，15 ページで調べたことから

$$1+2+3+\cdots+m = \frac{m(m+1)}{2}$$

である．したがって，各段のみかんの数は，$m=1$, $m=2$,

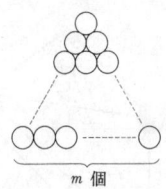

図1　m 段目のみかん

…, $m=n$ を代入して

$$\frac{1\cdot2}{2}, \frac{2\cdot3}{2}, \frac{3\cdot4}{2}, \cdots, \frac{n(n+1)}{2}$$

であるから，その合計は

$$\frac{1\cdot2}{2}+\frac{2\cdot3}{2}+\frac{3\cdot4}{2}+\cdots+\frac{n(n+1)}{2}$$

となる．

いま，三角錐状のみかんの山を図2のように単純化して図示してみよう．

ここで，各段の配列はかえずに，少しずつずらせば，山の形は図3のように変形させることができる．

この形にすると，同じみかんの山を3個使えば，これら

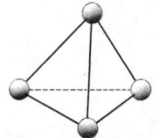

図2　みかんの山の簡略図

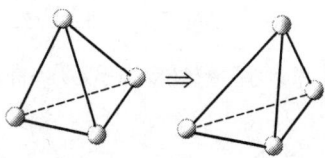

図3　ずらして形をかえられる．

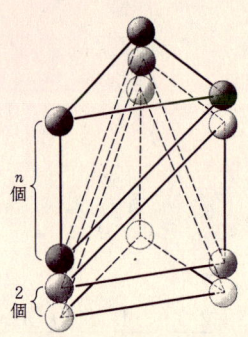

図4　3つのみかんの山をつむ.

は図4のように，三角柱状につみ上げることができるのではなかろうかという予想がつく．

このようになったとすれば，みかんの三角形が $(n+2)$ 段つみ重なっているから合計は

$$各段のみかんの数 \times (n+2) 段 = \frac{n(n+1)}{2} \times (n+2)$$
$$= \frac{n(n+1)(n+2)}{2}$$

となり，これを3で割った

$$\frac{n(n+1)(n+2)}{6}$$

が求める三角錐状のみかんの合計となる．

実際に

$$\frac{1\cdot 2}{2}+\frac{2\cdot 3}{2}+\frac{3\cdot 4}{2}+\cdots+\frac{n(n+1)}{2} = \frac{n(n+1)(n+2)}{6} \quad (1)$$

がなりたつことは，つぎのようにして確かめることができる．

(1)が $n=k$ のときなりたつと仮定すると，

$$\frac{1\cdot 2}{2}+\frac{2\cdot 3}{2}+\cdots+\frac{k(k+1)}{2} = \frac{k(k+1)(k+2)}{6}.$$

この式の両辺に $\frac{(k+1)(k+2)}{2}$ を加えると，

$$\frac{1\cdot 2}{2}+\frac{2\cdot 3}{2}+\cdots+\frac{k(k+1)}{2}+\frac{(k+1)(k+2)}{2}$$
$$= \frac{k(k+1)(k+2)}{6}+\frac{(k+1)(k+2)}{2}$$
$$= \frac{(k+1)(k+2)(k+3)}{6}.$$

この式は，(1)が $n=k+1$ のときなりたつことを示している．

これで，(1)は $n=k$ のときなりたてば，$n=k+1$ のときなりたつことがわかった．

ところで，$n=1$ のときは，(1)は

$$左辺 = 右辺 = 1$$

でなりたっている．

したがって，$n=1$ のときなりたつから $n=1+1=2$ のときなりたち，$n=2$ のときなりたつから $n=2+1=3$ のときにもなりたち，…と，将棋倒しのようにすべての自然数 n でなりたつ．

この証明方法は，数学的帰納法といわれ，

Ⅰ　$n=1$ のときなりたつ．

Ⅱ　$n=k$ のときなりたつと仮定すれば，$n=k+1$ のときなりたつ．

という2つのことを示せばすべての自然数でなりたつことがわかる，という論法である．

問　前ページの式(1)を用い，三角錐状にみかんを3段つんだときのみかんの合計を求めよ．また，10段つんだときはどうか．

1.3.2　平方数の数列

前ページの式(1)の両辺に2をかけると

$$1 \cdot 2 + 2 \cdot 3 + 3 \cdot 4 + \cdots + n(n+1) = \frac{n(n+1)(n+2)}{3} \quad (1)$$

が得られる．これは，数列

$$1 \cdot 2,\ 2 \cdot 3,\ 3 \cdot 4,\ \cdots,\ n(n+1) \quad (2)$$

の和を表している．数列(2)は，図1のように，みかんを長方形に並べたときのみかんの個数の数列である．ただし，この長方形は横の個数より縦の個数を1つだけ多くしたものである．

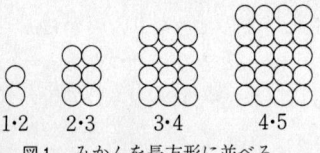

図1　みかんを長方形に並べる．

いま，下の図の斜線をつけたみかんをとり去ると，みかんは正方形状に並び，個数の数列は
$$1^2, 2^2, 3^2, 4^2, \cdots$$
となる．この数列を平方数の数列という．

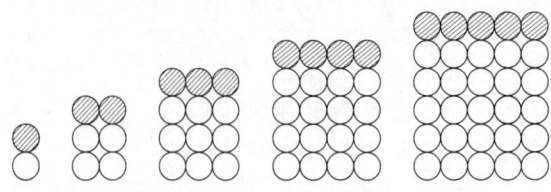

図2　斜線部をとり去ると平方数の数列になる．

とり去ったみかんの数は，順に，1, 2, 3, … であるから，平方数の数列の初項から n 番目の項までの和
$$1^2+2^2+\cdots+n^2$$
は，$1\cdot2+2\cdot3+\cdots+n(n+1)$ から
$$1+2+\cdots+n$$
をひけばよいことになる．これを計算すると，
$$\frac{n(n+1)(n+2)}{3}-\frac{n(n+1)}{2}=\frac{n(n+1)\{2(n+2)-3\}}{6}$$
$$=\frac{n(n+1)(2n+1)}{6}.$$
すなわち
$$1^2+2^2+\cdots+n^2=\frac{n(n+1)(2n+1)}{6} \tag{3}$$
が得られる．

問 前ページの式(3)を用い，$1^2+2^2+\cdots+10^2$ を求めよ．また，$11^2+12^2+\cdots+20^2$ を求めよ．

1.3.3 立方数の数列

みかんを下の図のように，1個，8個，27個と数をふやしながら立方体状につんでみる．

すると，みかんの個数は順に
$$1^3, 2^3, 3^3, 4^3, \cdots$$
と書ける．この数列を立方数の数列という．

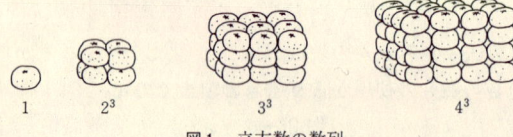

図1 立方数の数列

つぎに，一度つみ上げたみかんを次ページの図のように平面上に並べかえてみる．

これをみると，立方数の数列の和
$$1^3+2^3+3^3+\cdots+n^3$$
は，
$$(1+2+3+\cdots+n)^2$$
すなわち
$$\left\{\frac{n(n+1)}{2}\right\}^2$$
となるのではないか，という予想がつく．

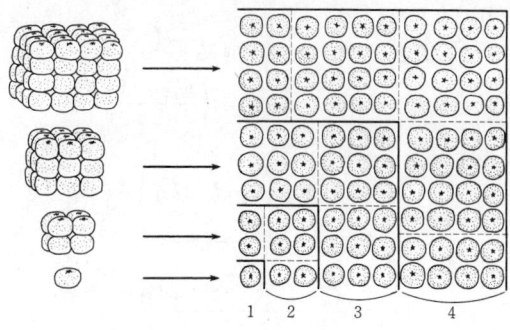

図2 みかんの並べかえ

実際にいくつかためしてみると，
$$1^3 = 1 = 1^2,$$
$$1^3+2^3 = 9 = (1+2)^2,$$
$$1^3+2^3+3^3 = 36 = (1+2+3)^2,$$
$$1^3+2^3+3^3+4^3 = 100 = (1+2+3+4)^2$$
となっている．

一般に，すべての自然数 n に対して

$$1^3+2^3+3^3+\cdots+n^3 = \left\{\frac{n(n+1)}{2}\right\}^2 \qquad (1)$$

がなりたつことを，数学的帰納法を用いて証明してみよう．

証明

I $n=1$ のときは

$$\text{左辺} = 1, \quad \text{右辺} = 1$$

となり，なりたつ．

Ⅱ $n=k$ のときなりたつと仮定すると
$$1^3+2^3+3^3+\cdots+k^3=\left\{\frac{k(k+1)}{2}\right\}^2.$$

この両辺に，$(k+1)^3$ を加えると
$$1^3+2^3+3^3+\cdots+k^3+(k+1)^3$$
$$=\left\{\frac{k(k+1)}{2}\right\}^2+(k+1)^3$$
$$=\frac{(k+1)^2\{k^2+4(k+1)\}}{4}$$
$$=\frac{(k+1)^2(k+2)^2}{4}$$
$$=\left\{\frac{(k+1)(k+2)}{2}\right\}^2.$$

すなわち，$n=k+1$ のときなりたつ．

Ⅰ，Ⅱにより，式(1)はすべての自然数 n でなりたつことがわかる．

問 前ページの式(1)を用い，$1^3+2^3+3^3+4^3+5^3$ を求めよ．また，$6^3+7^3+8^3+9^3+10^3$ を求めよ．

1.3.4 和の記号 Σ

数列 $a_1, a_2, \cdots, a_n$ があるとき，その和
$$a_1+a_2+\cdots+a_n$$
のことを，Σ という記号を使って
$$\sum_{k=1}^{n}a_k$$

と書くことがある[1]. たとえば
$$1^2+2^2+3^2+\cdots+n^2 \tag{1}$$
であれば, $\sum_{k=1}^{n} k^2$ と書ける. すなわち, k^2 に $k=1, 2, 3, \cdots, n$ を代入し, あとで全部加えるという意味である.

また, (1) は $\sum_{k=0}^{n-1}(k+1)^2$ と書くこともできる.

問1 つぎのおのおのを Σ を使わないで書け.

① $\sum_{k=1}^{5} \dfrac{1}{k}$ ② $\sum_{k=0}^{n} 2^k$

③ $\sum_{k=1}^{5}(3k+1)$ ④ $\sum_{k=5}^{10} k^2$

問2 つぎの和を Σ を使って表せ.

① $2+4+6+8+10+12+14$

② $1+4+7+\cdots$, n 番目の項まで.

なお, 定数 c を n 個加えた
$$c+c+\cdots+c$$
も, $\sum_{k=1}^{n} c$ と表すことにする.

たとえば, つぎのようになる.
$$\sum_{k=1}^{5} 3 = 3+3+3+3+3 = 15.$$
$$\sum_{k=1}^{n} 1 = 1+1+1+\cdots+1 = n.$$

---

[1] Σ はギリシア文字でシグマと読み, ローマ字のSにあたる. 和, Sum という意味で Σ を使うので $\sum_{k=1}^{n} a_k$ という意味である.

これまでに出てきた数列の和の式を，Σを使って書いてみよう．

$$\sum_{k=1}^{n} k = \frac{n(n+1)}{2}. \tag{2}$$

$$\sum_{k=0}^{n-1} ar^k = \frac{a(1-r^n)}{1-r}. \qquad ただし，r \neq 1 \tag{3}$$

$$\sum_{k=1}^{n} k(k+1) = \frac{n(n+1)(n+2)}{3}. \tag{4}$$

$$\sum_{k=1}^{n} k^2 = \frac{n(n+1)(2n+1)}{6}. \tag{5}$$

$$\sum_{k=1}^{n} k^3 = \left\{\frac{n(n+1)}{2}\right\}^2. \tag{6}$$

ところで，
$$(a_1+b_1)+(a_2+b_2)+\cdots+(a_n+b_n)$$
$$= (a_1+a_2+\cdots+a_n)+(b_1+b_2+\cdots+b_n),$$
$$ca_1+ca_2+\cdots+ca_n = c(a_1+a_2+\cdots+a_n)$$
であるから，つぎの等式がなりたつ．

I $\quad \sum_{k=1}^{n}(a_k+b_k) = \sum_{k=1}^{n} a_k + \sum_{k=1}^{n} b_k.$

II $\quad \sum_{k=1}^{n} ca_k = c\sum_{k=1}^{n} a_k.$

III $\quad \sum_{k=1}^{n} c = nc.$

ただし，II，IIIでcは定数とする．

これらの性質 I〜III および上の公式(2)〜(6)を用いると，さらにいろいろな数列の和を求めることができる．

例題 数列 $1\cdot 3,\ 2\cdot 5,\ 3\cdot 7,\ 4\cdot 9,\ \cdots$ の，初項から n 番目の項までの和を n の式で表せ．

解 この数列の n 番目の項は $n(2n+1)$ と表せる．また
$$k(2k+1) = 2k(k+1) - k$$
であるから
$$\begin{aligned}\sum_{k=1}^{n} k(2k+1) &= 2\sum_{k=1}^{n} k(k+1) - \sum_{k=1}^{n} k \\ &= 2\times \frac{n(n+1)(n+2)}{3} - \frac{n(n+1)}{2} \\ &= \frac{n(n+1)\{4(n+2)-3\}}{6} \\ &= \frac{n(n+1)(4n+5)}{6}.\end{aligned}$$ [1)]

問3 つぎの和を n の式で表せ．

① $\sum_{k=1}^{n}(k+1)(2k-1)$

② $\sum_{k=1}^{n} k(k^2+1)$

③ $\sum_{k=1}^{n}(2k-2^k)$

---

1) この解は，前ページの(2)と(4)を使ったが，
$$k(2k+1) = 2k^2 + k$$
だから $2\sum_{k=1}^{n} k^2 + \sum_{k=1}^{n} k$ として(2)と(5)を用いてもよい．

練習問題

1 つぎの数列の初項から n 番目の項までの和を求めよ．
 (1) $1^2,\ 3^2,\ 5^2,\ 7^2,\ \cdots$
 (2) $1\cdot 2,\ 3\cdot 4,\ 5\cdot 6,\ \cdots$

2 $\sum$ の性質を用いて，36ページの(2)，(4)から(5)を導け．

1.4 数列の問題

1.4.1 直線で平面を分ける問題

平面の上に直線をひき,その数を1本,2本,3本,…としだいにふやしていく.直線が10本になったとき,平面はいくつの部分に分けられるだろうか.ただし,どの2直線も平行でなく,また,3本以上の直線が1点で交わることはないとする.

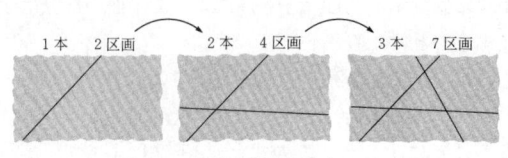

図1 直線で平面を分ける.

直線が,1本,2本,3本,…,n本,…のとき,平面が分けられる部分の数を

$$a_1, a_2, a_3, \cdots, a_n, \cdots$$

とすると,

$$a_1 = 2,$$
$$a_2 = a_1 + 2, \tag{1}$$
$$a_3 = a_2 + 3, \tag{2}$$
$$a_4 = a_3 + 4, \tag{3}$$
$$\cdots\cdots\cdots \qquad \cdots$$

となることがわかる.たとえば,(3)では,次ページの図のように4本目の直線 L をひくと,L はすでにある3本の直

図2　$a_4 = a_3 + 4$

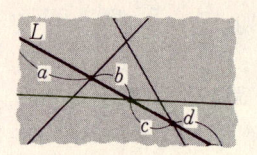

線と3個の点で交わり，L は4つの部分に分けられる．この4つの部分は，L が通過するそれぞれの平面の部分を，2つずつに分割するから，結局 L によって平面の部分は4個増加することになる．

上の式(1), (2), (3), …をまとめて
$$a_{n+1} = a_n + (n+1) \quad (n \geq 1) \tag{4}$$
と書くことにすると，この式と，$a_1 = 2$ によって，$a_2, a_3, a_4,$ …はつぎからつぎへと求めることができる．

このような関係式を数列 $a_1, a_2, a_3,$ …の漸化式という．

問1　前ページの例で，漸化式(4)を用い，実際に a_2, a_3, a_4, a_5 を求めよ．

問2　数列 $a_1, a_2, a_3,$ …が，つぎの漸化式で与えられるとき，a_2, a_3, a_4, a_5, a_6 を求めよ．

① $a_1 = 1, \ a_{n+1} = 2a_n + 1 \quad (n \geq 1)$

② $a_1 = 1, \ a_2 = 1, \ a_n + a_{n+1} = a_{n+2} \quad (n \geq 1)$

直線で平面を分ける問題の数列は
$$a_1 = 2, \ a_{n+1} = a_n + (n+1) \quad (n \geq 1)$$
で定まることがわかったが，つぎに，この a_n を n の式で表

してみよう.

漸化式(4)を
$$a_{n+1} - a_n = n+1$$
と変形し, $a_{n+1} - a_n = b_n$ とおく.

すなわち
$$a_2 - a_1 = b_1$$
$$a_3 - a_2 = b_2$$
$$a_4 - a_3 = b_3$$
……

とする.

こうしてできた数列
$$b_1,\ b_2,\ b_3,\ \cdots$$
を,もとの数列 $a_1, a_2, a_3, \cdots$ の階差数列という.

下の図3からわかるように,一般に
$$a_n = a_1 + (b_1 + b_2 + \cdots\cdots + b_{n-1})$$

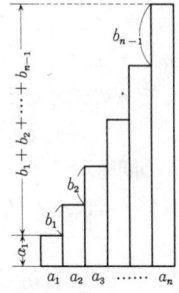

図3 階差数列 $b_1, b_2, b_3, \cdots$

がなりたつ．

したがって，いま，$a_1=2$，$b_n=n+1$ であるから
$$a_n = 2+(2+3+\cdots+n)$$
$$= 1+(1+2+3+\cdots+n)$$
$$= 1+\frac{n(n+1)}{2}$$
$$= \frac{n^2+n+2}{2}$$

となる．

この式で $n=10$ とおくと，
$$a_{10} = \frac{10^2+10+2}{2} = 56$$

となり，10本の直線によって平面は56個の部分に分けられることがわかる．

問3 数列 $a_1, a_2, a_3, \cdots$ が
$$a_1=1, \quad a_{n+1}=a_n+2n \qquad (n\geq 1)$$
で与えられたとき，a_n を n の式で表せ．

問4 数列 $a_0, a_1, a_2, \cdots$ が
$$a_0=2, \quad a_{n+1}=a_n+2^n \qquad (n\geq 0)$$
で与えられたとき，a_n を n の式で表せ．

1.4.2 「ハノイの塔」の問題

古くからあるパズルゲームに，「ハノイの塔」とよばれるものがある．

これは，図1のように，3つに区切られた区画の1つに，

大きい円板から小さい円板へと下から順にいくつかの円板がつんであり、この円板をそっくり別の区画に移動する、というゲームである。

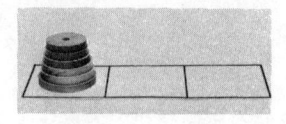

図1 「ハノイの塔」

ただし、
- 1度に円板は1個ずつしか動かせない。
- 3つの区画の外には置けない。
- 小円板の上に大円板をのせてはならない。

という3つのルールがついている。

たとえば、円板2枚のときは、下のように3回の手順でうつすことができる。

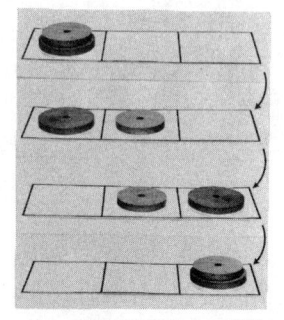

図2 円板2枚のときの手順

問1 円板3枚のときは，最少何回の手順でできるか，厚紙を切って実際にためしてみよ．また，4枚の場合はどうか．

さて，このゲームには昔から伝わるつぎのような伝説がある．

インドにあるバラモン教のある寺院には，64枚の金でつくった円板があり，日夜僧侶が円板をうつしかえている．そして，64枚がそっくりうつされたときが，この世の終わるときだというのである．

では，64枚をうつすには，どのくらいの手順がいるのだろうか．

いま，円板の枚数が

$$1, 2, 3, \cdots, n, \cdots$$

のとき，うつしかえるための最少手順の回数をそれぞれ

$$a_1, a_2, a_3, \cdots, a_n, \cdots \tag{1}$$

とする．

64枚をうつすには，いちばん下の円板がうつせるようになるまでに a_{63} 回かかる．つぎに，いちばん下の円板をうつす．それからその上につむのにふたたび a_{63} 回の手順が必要である．

したがって，

$$a_{64} = a_{63}+1+a_{63} = 2a_{63}+1$$

がなりたつ．

図3 円板64枚のときの手順

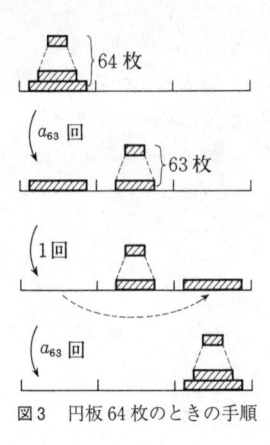

同様に
$$a_{63} = 2a_{62}+1,$$
$$a_{62} = 2a_{61}+1,$$
などとなり, 一般に, 漸化式
$$a_{n+1} = 2a_n+1 \quad (n \geq 1) \tag{2}$$
がなりたつ. また, $a_1 = 1$ である.

これで, 数列(1)は
$$a_1 = 1, \ a_{n+1} = 2a_n+1 \quad (n \geq 1)$$
で定まる数列であることがわかった.

問2 上の漸化式(2)を用い, a_2, a_3, a_4 を求めよ.

つぎに, 上の数列(2)の n 番目の項 a_n を n の式で表してみよう.

$$a_{n+1} = 2a_n + 1$$

を，$a_{n+1}+1=2(a_n+1)$ と変形すると[1]，

$$\begin{aligned}
a_n+1 &= 2(a_{n-1}+1) \\
&= 2^2(a_{n-2}+1) \\
&= 2^3(a_{n-3}+1) \\
&\cdots\cdots\cdots\cdots \\
&= 2^{n-1}(a_1+1)
\end{aligned}$$

で，$a_1=1$ を用いて

$$a_n+1 = 2^{n-1} \times 2 = 2^n.$$

そこで，

$$a_n = 2^n - 1$$

が得られる．

したがって，64枚の円板をうつしかえる手順の回数は

$$a_{64} = 2^{64}-1.$$

ところで，$2^{64}-1$ という数は20けたにものぼる数で，1秒間に1回円板を動かしても，なんと6000億年もかかるのである．

---

[1] $a_n+1=b_n$ とおけば，$b_1, b_2, \cdots$ が公比2の等比数列になるわけである．

なお，係数の2に着目して $a_{n+1}+\alpha=2(a_n+\alpha)$ とし，$\alpha=1$ を求めてもよい．

練習問題

1 つぎのおのおのの数列 $a_1, a_2, a_3, \cdots$ について，n 番目の項 a_n を n の式で表せ．

(1) $a_1=1, \ a_{n+1}=3a_n+2$ $\qquad (n \geqq 1)$

(2) $a_1=1, \ a_{n+1}=5a_n+1$ $\qquad (n \geqq 1)$

(3) $a_1=0, \ a_{n+1}=\dfrac{1}{3}a_n-2$ $\qquad (n \geqq 1)$

【補足】フィボナッチの数列

$$a_1 = 1, \ a_2 = 1, \ a_{n+2} = a_n + a_{n+1} \quad (n \geq 1)$$

で定まる数列

$$a_1, \ a_2, \ a_3, \ \cdots$$

は，フィボナッチ数列といわれている．

この数列は，漸化式をみるとわかるように，前の2項を加えてつぎの項をつくる，ということのくり返しであるから

$$1, \ 1, \ 2, \ 3, \ 5, \ 8, \ 13, \ 21, \ 34, \ \cdots$$

という数列である．この数列は，もともとつぎのような問題を解くためにつくられたといわれている．

1つがいのウサギがいる．1つがいのウサギは毎月1つがいの子を生む．生まれたウサギは2カ月目から子を生む．毎月ウサギは何つがいになっていくだろうか．

フィボナッチ数列の n 番目の項を n の式で表すと，

$$a_n = \frac{1}{\sqrt{5}} \left\{ \left(\frac{1+\sqrt{5}}{2} \right)^n - \left(\frac{1-\sqrt{5}}{2} \right)^n \right\}$$

という，複雑な形の式となる．

以下，この式を導いてみよう．

$$a_{n+2} = a_n + a_{n+1} \tag{1}$$

を，

$$a_{n+2} - p a_{n+1} = \alpha (a_{n+1} - p a_n) \tag{2}$$

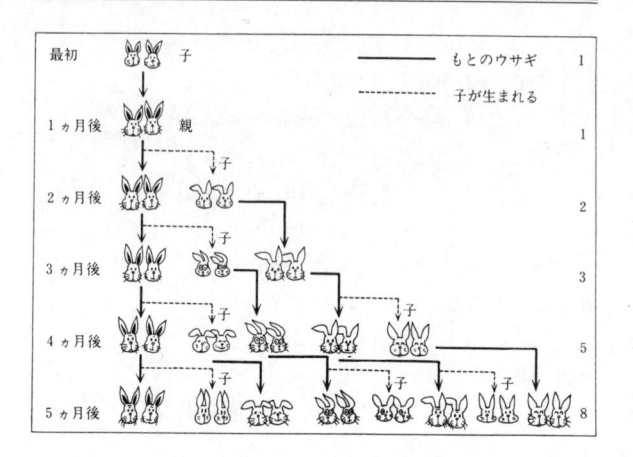

の形に変形することを考える．(2)は

$$a_{n+2} = -\alpha p a_n + (\alpha+p) a_{n+1}$$

となるので，(1)と見くらべて

$$\begin{cases} -\alpha p = 1 \\ \alpha + p = 1 \end{cases}$$

となる α, p が求まればよい．これを実際に解いてみると，根は

$$\alpha = \frac{1 \pm \sqrt{5}}{2}, \quad p = \frac{1 \mp \sqrt{5}}{2} \qquad 複号同順[1]$$

---

1) 複号同順とは，2つ以上の複号 ± について，上下同じ順に符号をとることをいう．

となって，(2)の形に変形できることがわかった．

そこで，(2)をくり返し使って
$$\begin{aligned}a_n - pa_{n-1} &= \alpha(a_{n-1} - pa_{n-2})\\ &= \alpha^2(a_{n-2} - pa_{n-3})\\ &= \alpha^3(a_{n-3} - pa_{n-4})\\ &\quad \cdots\cdots\cdots\cdots\cdots\\ &= \alpha^{n-2}(a_2 - pa_1)\end{aligned}$$
となる．ところで，$a_1 = a_2 = 1$ だから
$$a_n - pa_{n-1} = \alpha^{n-2}(1-p)$$
と書ける．

この式に，前に求めた α, p の値を代入すると $\alpha = \dfrac{1+\sqrt{5}}{2}$, $p = \dfrac{1-\sqrt{5}}{2}$ のときは
$$\begin{aligned}a_n - \frac{1-\sqrt{5}}{2}a_{n-1} &= \left(\frac{1+\sqrt{5}}{2}\right)^{n-2}\left(1 - \frac{1-\sqrt{5}}{2}\right)\\ &= \left(\frac{1+\sqrt{5}}{2}\right)^{n-1}.\end{aligned}$$

$\alpha = \dfrac{1-\sqrt{5}}{2}$, $p = \dfrac{1+\sqrt{5}}{2}$ のときも同様に
$$a_n - \frac{1+\sqrt{5}}{2}a_{n-1} = \left(\frac{1-\sqrt{5}}{2}\right)^{n-1}$$
が得られる．そこで，a_n, a_{n-1} についての連立方程式

$$\begin{cases} a_n - \dfrac{1-\sqrt{5}}{2}a_{n-1} = \left(\dfrac{1+\sqrt{5}}{2}\right)^{n-1} & (3) \\ a_n - \dfrac{1+\sqrt{5}}{2}a_{n-1} = \left(\dfrac{1-\sqrt{5}}{2}\right)^{n-1} & (4) \end{cases}$$

を解く.

$(3) \times \dfrac{1+\sqrt{5}}{2} - (4) \times \dfrac{1-\sqrt{5}}{2}$ より

$$\sqrt{5}\,a_n = \left(\dfrac{1+\sqrt{5}}{2}\right)^n - \left(\dfrac{1-\sqrt{5}}{2}\right)^n$$

となり,

$$a_n = \dfrac{1}{\sqrt{5}}\left\{\left(\dfrac{1+\sqrt{5}}{2}\right)^n - \left(\dfrac{1-\sqrt{5}}{2}\right)^n\right\}$$

が得られる.

章末問題

1 1から100までの自然数の中で，つぎのおのおのの和を求めよ．
　(1) 3の倍数の和
　(2) 5の倍数でないものの和

2 等差数列をつくる3つの数があって，その和は12，平方の和は66であるという．この3つの数を求めよ．

3 つぎの数列の初項からn番目の項までの和を求めよ．
　(1) 1, 2, 6, 13, 23, 36, …
　(2) 9, 99, 999, 9999, …
　(3) $1 \cdot 1,\ 2 \cdot 3,\ 3 \cdot 5,\ 4 \cdot 7,\ 5 \cdot 9,\ \cdots$

4 つぎの式がなりたつことを，数学的帰納法を用いて証明せよ．
　(1) $1+2+3+\cdots+n = \dfrac{n(n+1)}{2}$
　(2) $\dfrac{1}{1 \cdot 2} + \dfrac{1}{2 \cdot 3} + \cdots + \dfrac{1}{n(n+1)} = \dfrac{n}{n+1}$

5 奇数の数列を，つぎのように第n群がn個の奇数を含むように分ける．
　　(1), (3, 5), (7, 9, 11), (13, 15, 17, 19), (21, …
　(1) 第n群の最初の奇数は，奇数の数列の中で何番目の項か．また，その奇数をnの式で表せ．
　(2) 第n群の奇数の和はn^3となることを証明せよ．

数学の歴史 1

　実数というものは，数直線に小数が目盛られて，大昔からあったように思われかねないが，せいぜいが 16 世紀末の，オランダのシモン・ステヴィン (1548-1620) あたりからである．当時はオランダが商業経済の中心であって，インドネシアに進出していたし，日本にオランダ商館の作られるのも，そうした背景においてである．そして，本国ではプロテスタント系貴族を中心に，カトリックのスペイン帝国にたいして独立戦争が戦われていた．

　やがて，経済の中心はイギリスに移り，ここでもクロムウェルの革命がおこる．カトリックの王はヨーロッパ大陸へ亡命する．そして，イギリスでは数値計算を中心として，級数の研究が盛んである．それは，ニュートンによる微積分の成立へ向けて，17 世紀解析学の底流をなすものとしてあった．n 日目の経済量 x_n をはかることは，n が連続変数の時間 t となると，関数 $x(t)$ を解析することになった．そして，おそらくその背景には，小数点以下 n けたまでの小数が，無限小数として実数を近似していくことがあった．ライプニッツの微積分の記号法にしても，数列と級

数の記号法が基礎になった．

そこには，世界を数量化しようとする，17世紀の時代精神があり，その金字塔として，ニュートンの『自然哲学の数学原理』がある．同じ背景のもとに，社会科学に関しては，ウィリアム・ペティの『政治算術』がある．

自然を記述するのに，微積分が，あまりにも成功したために，数学は自然科学の言語となって，連続変数の解析が主流となった．とはいえ，18世紀や19世紀の解析学者たちは，いつも数列と級数にたちもどったものである．

そして現代，コンピュータの発展は，また新たな様相を与えている．まずそれは，数値解析のあり方を根本的に変えた．数値的に処理するかぎりは，数列や級数として処理するよりない．そしてまた，数理経済学や数理生物学では，n年目の生産やn年目の個体数のように，連続変数でない場合の重要性が認識されるようになってもいる．

なお，17世紀から18世紀にかけて，日本の和算は，数列や級数の研究において，ヨーロッパ数学に匹敵するレベルに達していた．しかし，それが連続変数の解析として微積分を結晶させることはなかった．そのことはおそらく，それが自然の〈数学原理〉となる発想がなかったからであろう．

19世紀に学校教育のカリキュラムが整備されていくなかでは，数列や級数は，しばしば代数の一部に位置づけられ，せいぜいが微積分の予備段階にとどまってきた．しかしそれは，数量化の思想的底流として，解析学の歴史を流

れて現代にいたっている.

　微積分の成立のためには，世界を理解しようとの，スコラ哲学以来の思想的伝統とともに，商業経済のもたらした，数列や級数の数値解析が，基礎にならねばならなかったのである.

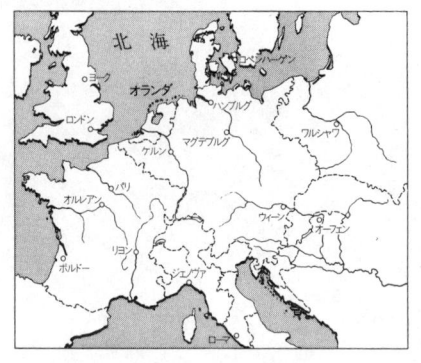

1568　ネーデルランド，スペインに対し，独立戦争開始. 織田信長，入京.
1581　オランダ独立宣言.
1588　イギリス海軍，スペイン無敵艦隊を破る. 秀吉の刀狩り.
1600　ブルーノ火刑. イギリス，東インド会社設立. 関が原の戦.
1612　イギリス，インドに商館.
1633　ガリレオの宗教裁判. 日本，海外渡航禁止.
1642　イギリス革命，始まる.
1649　イギリス，共和制となる.

第2章 微分

　　ニュートンは実験の最中に，卵をゆでて食べようとした．時計を片手に卵を鍋(なべ)に入れて，しばらくして時計を見ようとしたら，彼は卵をにぎっていた．時計をゆでてしまったのである！

　ニュートン Isaac Newton （1643-1727）
　イギリスの偉大な物理学者，数学者．微積分法を発見，ニュートン力学を創始して，天体の運行を解明した．

2.1 1次関数による近似

2.1.1 関数の増減の調べかた

正方形の厚紙の四すみから下の図のように同じ大きさの正方形を切り落とし，残りの部分を折り曲げてふたのない箱をつくる．その容積を最大にするには，深さをいくらにすればよいだろうか．

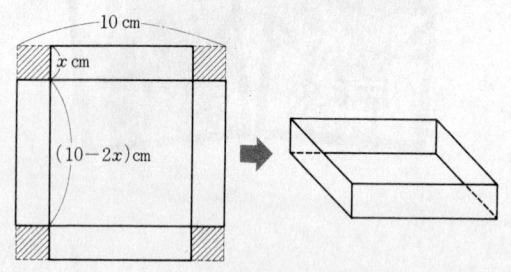

図1 正方形の厚紙の四すみを切って箱をつくる．

正方形の1辺の長さを10 cmとして，この問題を考えてみよう．

箱の深さをx cm，容積をy cm^{3}とすると，yはxの関数であるから
$$y = f(x)$$
とおくことができて，$0 < x < 5$で
$$y = f(x) = x(10 - 2x)^2 \tag{1}$$
と表すことができる．

問1 実際に1辺10 cmの正方形の厚紙からいろいろな大

きさの箱をつくり，xをいくらにすれば容積が最大になるか，見当をつけてみよ．

また，下の表を完成し，それによっても考えてみよ[1]．

x	(0)	1	2	3	4	(5)
y	(0)					(0)

問2 上の表で，xがおよそいくらのときyが最大になるか見当がついたら，今度はその近くで，xの値を0.1きざみにして表をつくれ．

問3 問1，問2の結果を参考にして$0<x<5$で$y=f(x)$のグラフの概形をかけ．

式(1)のyの最大値と，そのときのxの値を正確に知るにはどうすればよいだろうか．

それには，$y=f(x)$が増加の状態から減少の状態にうつりかわるさかい目の点をさがせばよいであろう．

ここで，$y=f(x)$が増加の状態にある，というのは，xが増加するとそれにともなってyも増加すること，つまりグラフが右上がりの状態になっているということである．

また，$y=f(x)$が減少の状態にある，というのは，xが増加するとそれにともなってyが減少すること，つまり，グラフが右下がりの状態になっている，ということである．

---

[1] 表の中での(0)や(5)は，その値が定義域やyの値の範囲に含まれないことを示す．

図2　$y=f(x)$ が増加の
状態にある．

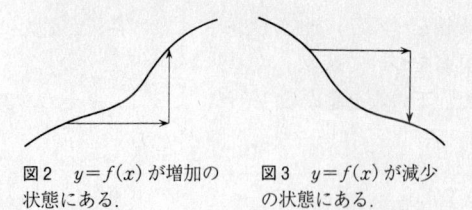

図3　$y=f(x)$ が減少
の状態にある．

　それでは，関数の増減の状態はどうすればわかるだろうか．

　曲線も，非常に小さい一部をとってみれば直線とみることができる．関数のグラフも，非常に小さい一部をとってみれば，直線，すなわち，1次関数のグラフとみなすことができる．

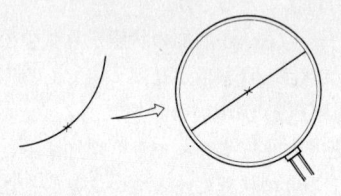

図4　曲線も非常に小さい一部をとれば直線とみなせる．

　そこで，ある点の近くにおける関数の増減を知るには，その近くで1次関数におきかえて考えればよいであろう．

　このような考えかたを進めて，58ページの箱の問題を解決するとともに，一般に，関数の変化について調べてみよう．

2.1.2　1次関数へのおきかえ

2次関数
$$y = f(x) = 5x - x^2$$
について，たとえば $x=1$ の近くではどんな1次関数におきかえられるだろうか．すなわち，$y=5x-x^2$ のグラフは $x=1$ の近くでは，どんな直線とみることができるだろうか．

x が1から Δx だけ変化して $1+\Delta x$ になるとき[1]，y が $f(1)$ から Δy だけ変化して $f(1)+\Delta y$ になるとする．

この Δx, Δy のことを，それぞれ x, y の増分という．

一般に，変数の増分とは

　　　(変化したあとの値)−(はじめの値)

である[2]．

$y=5x-x^2$ の場合，Δx と Δy のあいだには，つぎのような関係があることがわかる．
$$f(1+\Delta x) = 5(1+\Delta x) - (1+\Delta x)^2$$
$$= 4 + 3\Delta x - (\Delta x)^2.$$
一方，
$$f(1+\Delta x) = f(1) + \Delta y$$
で，$f(1)=4$ であるから
$$\Delta y = 3\Delta x - (\Delta x)^2$$
がなりたつ．

---

1) Δx は，デルタ x と読む．また，Δ と x の積ではないことに注意する．
2) 増分は負になることもある．

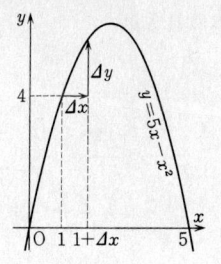

図1 x, yの増分 $f(1+\Delta x)=f(1)+\Delta y$

そこで
$$\frac{\Delta y}{\Delta x} = 3 - \Delta x.$$
この式からわかるように，Δxの絶対値が非常に小さいときには，$\frac{\Delta y}{\Delta x}$はほとんど3に等しくなる．

問 1 $\Delta x = \pm 0.1, \pm 0.01, \pm 0.001, \pm 0.0001$，として，$\Delta y$と$\frac{\Delta y}{\Delta x}$を計算し，このことを確かめよ．

ここで，点$(1, 4)$の近くで
$$y = 5x - x^2$$
を直線におきかえるために，つぎのように$X\text{-}Y$平面をとる．

$f(1) = 4$だから，点$(1, 4)$を基準に考えて，$X\text{-}Y$座標の原点が$(1, 4)$に重なり，X軸とx軸，Y軸とy軸がそれぞれ平行になるように，$X\text{-}Y$平面を$x\text{-}y$平面に重ねる．す

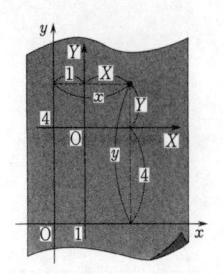

図2　x-y 平面に X-Y 平面を重ねる．

ると，上の図からわかるように
$$x = 1+X, \quad y = 4+Y$$
あるいは
$$X = x-1, \quad Y = y-4$$
がなりたつ．

さて，X-Y 平面で正比例
$$\frac{Y}{X} = 3 \text{ すなわち } Y = 3X$$
を考えよう．

$Y=3X$ で，$X=\Delta x$ とおけば
$$Y = 3\Delta x$$
となる．

一方，x-y 平面で関数 $y=5x-x^2$ について
$$\Delta y = 3\Delta x - (\Delta x)^2$$
であるから，$3\Delta x$ と Δy との関係はつぎのページの図3の

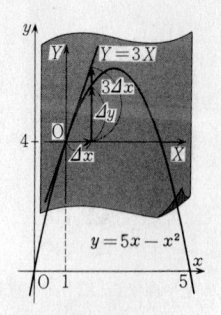

図3　$3\Delta x$ と Δy との関係

ようになっている．

そこで，関数 $y=5x-x^2$ の $x=1$ の近くでの変化を，正比例
$$Y=3X$$
におきかえて考えることができる．
$$X=x-1,\ Y=y-4$$
より，$Y=3X$ は，x-y 平面では
$$y-4=3(x-1)\ \text{すなわち}\ y=3x+1$$
となる．

したがって，$y=5x-x^2$ は，点 $(1,\ 4)$ の近くでは1次関数 $y=3x+1$ におきかえられるといってもよい．

$y=5x-x^2$ と $y=3x+1$ を連立方程式とみると
$$5x-x^2=3x+1$$
とおくことができる．

これを解くと，$x=1$ が重根になっていることがわかる．

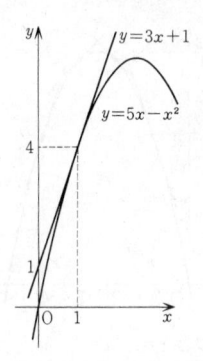

図4 $y=5x-x^2$ のグラフの $x=1$ の近くでのようす

このことは，1次関数 $y=3x+1$ のグラフが2次関数 $y=5x-x^2$ のグラフに点 $(1, 4)$ で接することを示している．

この1次関数のグラフは右上がりで，1次の係数は正であるから増加の状態にある．

したがって，もとの関数 $y=5x-x^2$ も，$x=1$ の近くでは増加の状態にある．

問2 関数 $y=5x-x^2$ について，$x=2$，$x=3$，$x=4$ の近くでは，それぞれどんな1次関数におきかえられるか．

また，それぞれの点の近くで，この関数は増加の状態にあるか，減少の状態にあるか（次ページの図参照）．

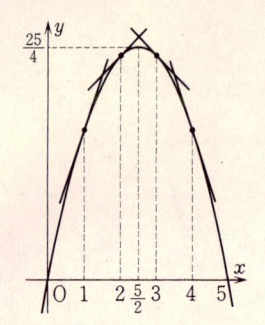

$y=5x-x^2$ のグラフと $x=1$, $x=2$, $x=3$, $x=4$ における接線

2.1.3 極限

1次関数へのおきかえについて，見なおしてみよう．
もういちど
$$y = f(x) = 5x - x^2$$
の $x=1$ の近くでのようすを考える．

$f(1)=4$ であるから，点 $(1, 4)$ を基準として，x, y の増分を $\varDelta x$, $\varDelta y$ とすると
$$\varDelta y = 3\varDelta x - (\varDelta x)^2$$
であった．そして
$$\frac{\varDelta y}{\varDelta x} = 3 - \varDelta x$$
と変形し，右辺の $\varDelta x$ を無視した3が，おきかえられた正比例 $Y=3X$ の比例定数3になるのであった．

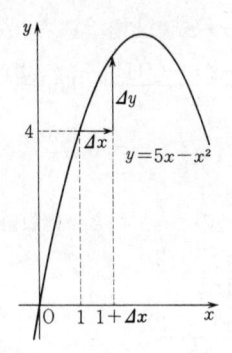

図1 点 $(1, 4)$ を基準としたときの Δx と Δy.

この"無視する"ということの意味を，もう少しくわしく説明しよう．

$$\frac{\Delta y}{\Delta x} = 3 - \Delta x$$

で，Δx を 0 にはしないが，絶対値を小さくして 0 に近づけていくと，この式の値はいくらでも 3 に近づいていく．

このことを

$$\lim_{\Delta x \to 0} \frac{\Delta y}{\Delta x} = 3$$

あるいは

$$\Delta x \to 0 \text{ のとき，} \frac{\Delta y}{\Delta x} \to 3$$

と書き，$\frac{\Delta y}{\Delta x}$ の極限値は 3 である，あるいは $\frac{\Delta y}{\Delta x}$ は 3 に収束する，などという．

いま，$f(x)=5x-x^2$ のとき

$$\lim_{\Delta x \to 0}\frac{f(1+\Delta x)-f(1)}{\Delta x} = \lim_{\Delta x \to 0}\frac{3\Delta x-(\Delta x)^2}{\Delta x}$$
$$= \lim_{\Delta x \to 0}(3-\Delta x) = 3$$

となる．

問 $f(x)=5x-x^2$ のとき，つぎの極限値を求めよ．

① $\displaystyle\lim_{\Delta x \to 0}\frac{f(2+\Delta x)-f(2)}{\Delta x}$

② $\displaystyle\lim_{\Delta x \to 0}\frac{f(3+\Delta x)-f(3)}{\Delta x}$

③ $\displaystyle\lim_{\Delta x \to 0}\frac{f(4+\Delta x)-f(4)}{\Delta x}$

2.1.4 変化率と1次関数による近似

関数 $y=f(x)$ では，$x=a$ のとき $y=f(a)$ となる．ここで，点 $(a, f(a))$ を基準として $\Delta x, \Delta y$ をとり，極限値

$$\lim_{\Delta x \to 0}\frac{\Delta y}{\Delta x} = \lim_{\Delta x \to 0}\frac{f(a+\Delta x)-f(a)}{\Delta x}$$

を考える．

この極限値を，$y=f(x)$ の $x=a$ における変化率といい，$f'(a)$ で表す．すなわち

$$f'(a) = \lim_{\Delta x \to 0}\frac{f(a+\Delta x)-f(a)}{\Delta x}.$$

いままで調べてきたことにより，$y=f(x)$ は $x=a$ の近くでは

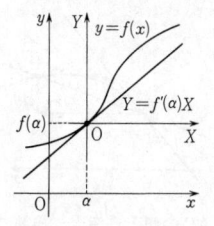

図1 $y=f(x)$ を $Y=f'(\alpha)X$ におきかえる．

$$Y = f'(\alpha)X$$

という正比例におきかえられる．変化率 $f'(\alpha)$ はその比例定数である[1]．

この正比例は

$$X = x-\alpha, \quad Y = y-f(\alpha)$$

であるから，x, y を用いて表すと

$$y-f(\alpha) = f'(\alpha)(x-\alpha).$$

したがって，1次関数

$$y = f(\alpha)+f'(\alpha)(x-\alpha)$$

が得られる．

$$Y = f'(\alpha)X$$

すなわち

$$y = f(\alpha)+f'(\alpha)(x-\alpha) \qquad (1)$$

は，$y=f(x)$ を $x=\alpha$ において近似する1次関数である．

ところで，$\dfrac{\Delta y}{\Delta x}$ は次ページの図の AP の傾きで $f'(\alpha)$ は

---

1) $f'(\alpha)$ を微分係数ということがある．

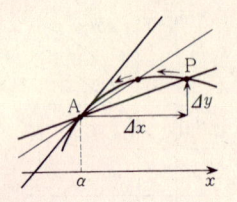

図2 割線 AP の傾き $\dfrac{\Delta y}{\Delta x}$ と,接線の傾き $f'(\alpha)$

その極限値である.点 $(\alpha, f(\alpha))$ を通り,傾き $f'(\alpha)$ の直線をこの点における $y=f(x)$ のグラフの接線という.

すなわち,上の1次関数(1)のグラフは,もとの関数のグラフの接線である.

変化率の正負によってこの1次関数(1)の増減がわかるから,もとの関数の増減もわかる.

したがって,関数の値の増減を調べるには,変化率の符号をみればよいことになる.

例 $y=f(x)=x^2$ について,$f'(3)$ と,$x=3$ でこの関数を近似する1次関数を求め,グラフに示してみよう.

$$\begin{aligned}
f'(3) &= \lim_{\Delta x \to 0} \frac{f(3+\Delta x)-f(3)}{\Delta x} \\
&= \lim_{\Delta x \to 0} \frac{(3+\Delta x)^2 - 3^2}{\Delta x} \\
&= \lim_{\Delta x \to 0} \frac{6\Delta x + (\Delta x)^2}{\Delta x} \\
&= \lim_{\Delta x \to 0} (6+\Delta x) = 6.
\end{aligned}$$

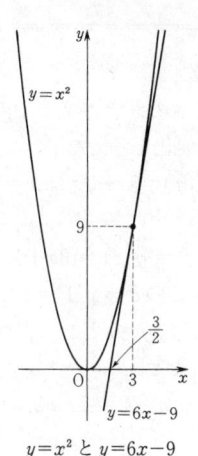

$y=x^2$ と $y=6x-9$

　すなわち，$f'(3)=6$.

　また，求める1次関数は，$Y=6X$ より
$$y-9 = 6(x-3) \text{ すなわち } y = 6x-9$$
となる．

　直線 $y=6x-9$ は，$y=x^2$ のグラフの上の点 $(3, 9)$ における接線である．

問　$y=f(x)=x^2$ について，$x=2$, $x=-1$, $x=5$ における変化率およびそれぞれの点でこの関数を近似する1次関数を求め，グラフに示せ．

【補足】近似1次関数

「2.1.2 1次関数へのおきかえ」で，$y=f(x)=5x-x^2$ の $x=1$ の近くでの変化を考えた．

それによると，$f(x)=5x-x^2$ は $x=1$ において，1次関数
$$y = g(x) = 3x+1$$
によって近似され，このとき $g(1)=4$ である．

しかし，$x=1$ のとき $y=4$ となるような1次関数はほかにもたくさんある．たとえば
$$h(x) = 2x+2$$
もその1つである．

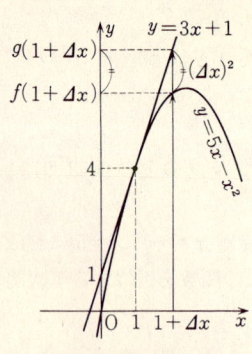

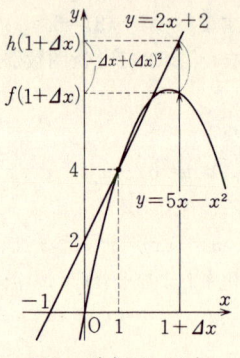

図1　$g(x)=3x+1$ と $f(x)=5x-x^2$

図2　$h(x)=2x+2$ と $f(x)=5x-x^2$

それなのに，とくに $g(x)=3x+1$ をとって，近似する1次関数とよび，点 $(1, 4)$ の近くでは $f(x)=5x-x^2$ のかわりに $g(x)$ でおきかえることができるのはどうしてであろうか．

$g(1)=4$, $h(1)=4$ で，これらは $f(1)=4$ に一致している．その限りでは，$x=1$ の近くで，$f(x)$ と $g(x)$, $f(x)$ と $h(x)$ の値は近いと考えられる．

実際
$$\lim_{\Delta x \to 0}\{g(1+\Delta x)-f(1+\Delta x)\}$$
$$= \lim_{\Delta x \to 0}[3(1+\Delta x)+1-\{5(1+\Delta x)-(1+\Delta x)^2\}]$$
$$= \lim_{\Delta x \to 0}(\Delta x)^2 = 0.$$

同様に，
$$\lim_{\Delta x \to 0}\{h(1+\Delta x)-f(1+\Delta x)\} = 0.$$

しかし，$x=1$ の近くで $g(x)$ も $h(x)$ も $f(x)$ に近い値をとる，といってもその程度には大きな差がある．このことをみるために
$$g(1+\Delta x)-f(1+\Delta x),$$
$$h(1+\Delta x)-f(1+\Delta x)$$
を，それぞれ Δx で割って，$\Delta x \to 0$ としてみると，つぎのようになる．

$$\lim_{\Delta x \to 0} \frac{g(1+\Delta x) - f(1+\Delta x)}{\Delta x} = \lim_{\Delta x \to 0} \frac{(\Delta x)^2}{\Delta x}$$
$$= \lim_{\Delta x \to 0} \Delta x$$
$$= 0.$$

$$\lim_{\Delta x \to 0} \frac{h(1+\Delta x) - f(1+\Delta x)}{\Delta x} = \lim_{\Delta x \to 0} \frac{-\Delta x + (\Delta x)^2}{\Delta x}$$
$$= \lim_{\Delta x \to 0} (-1 + \Delta x)$$
$$= -1.$$

前者は,絶対値が非常に小さい Δx で割っても,なお,0 に収束するのだから,Δx にくらべてけたはずれに小さいといえる.

しかし,後者ではそうはならない.

$h(x)$ として,$y=3x+1$ 以外の 1 次関数をとれば,たとえ $h(1)=4$ となってもこの極限値は 0 にはならない.

こういう意味で,$y=3x+1$ が $x=1$ の近くでの $y=5x-x^2$ の変化のようすをもっともよく表す 1 次関数と考えられる.そこで,これを近似 1 次関数ということがある.

2.2 導関数と変化率

2.2.1 導関数

これまでは x の1つの値に対する変化率を考えてきたが,ここでは x をいろいろに動かすと変化率がどうかわるかを考えよう.

問 $y=f(x)=x^2$ について 70 ページの例にならって計算し,下の表を完成せよ.

x	…	-2	-1	0	1	2	3	4	…	a	…
変化率							6				

上の表をみると,$x=a$ における変化率 $f'(a)$ として,$2a$ を対応させる新しい関数 $2x$ を考えればよいことがわかる.このとき $2x$ をもとの関数 $y=x^2$ の導関数という.

$y=f(x)$ の導関数は

$$y', \quad f'(x), \quad \frac{dy}{dx},$$

など,いろいろな記号で表される.

たとえば,$y=f(x)=x^2$ のとき,その導関数は $2x$ であるから

$$y' = 2x, \quad f'(x) = 2x, \quad \frac{dy}{dx} = 2x, \quad (x^2)' = 2x$$

などと書く.

関数 $y=f(x)$ の導関数 $f'(x)$ で,$x=a$ を代入した値

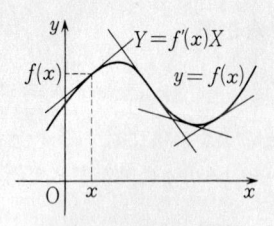

図1　各点に $Y=f'(x)X$ をはりつける.

$f'(a)$ が,その点における関数の変化率である.

導関数を考えることは,それぞれの点 $(x, f(x))$ で近似の1次関数 $Y=f'(x)X$ をはりつけることにあたる.あるいは,点 $(x, f(x))$ ごとに接線 $Y=f'(x)X$ をひくことであるといってもよい.

2.2.2　微分の公式

ある関数の導関数を求めることを,その関数を微分するという.

ここでは,いろいろな関数を微分するために必要な公式を導いておこう.

関数
$$y = x, \ y = x^2, \ y = x^3, \ \cdots$$
あるいは定数 c について,導関数はつぎのようになる.

$y = x$ 　のとき　$y' = 1$.
$y = x^2$ 　のとき　$y' = 2x$.
$y = x^3$ 　のとき　$y' = 3x^2$.

$$y = c \quad \text{のとき} \quad y' = 0.$$

$y=x^3$ について確かめてみよう.

$f(x)=x^3$ とおくと,任意にとった $x=\alpha$ について,$f'(\alpha)=3\alpha^2$ となることがいえればよい.

$$\begin{aligned}
f'(\alpha) &= \lim_{\Delta x \to 0} \frac{f(\alpha+\Delta x)-f(\alpha)}{\Delta x} \\
&= \lim_{\Delta x \to 0} \frac{(\alpha+\Delta x)^3 - \alpha^3}{\Delta x} \\
&= \lim_{\Delta x \to 0} \frac{3\alpha^2 \cdot \Delta x + 3\alpha \cdot (\Delta x)^2 + (\Delta x)^3}{\Delta x} \\
&= \lim_{\Delta x \to 0} \{3\alpha^2 + 3\alpha \cdot (\Delta x) + (\Delta x)^2\} \\
&= 3\alpha^2.
\end{aligned}$$

よって,$x=\alpha$ に対して変化率 $3\alpha^2$ を対応させる関数を考えて,$(x^3)'=3x^2$ が得られる.

このことから,$y=f(x)$ の導関数を求めるには,極限の計算をはじめから x を用いて

$$f'(x) = \lim_{\Delta x \to 0} \frac{f(x+\Delta x)-f(x)}{\Delta x}$$

として行えばよい.

問1 $y=x^4$ のとき,y' を求めよ.

一般に,n を自然数とするとき,つぎの公式がなりたつ.

I $(x^n)'=nx^{n-1}$

つぎに,$y=10x^2$ を微分してみよう.

$$(10x^2)' = \lim_{\Delta x \to 0} \frac{10(x+\Delta x)^2 - 10x^2}{\Delta x}$$
$$= \lim_{\Delta x \to 0}(20x + 10\Delta x)$$
$$= 20x.$$

一方,$(x^2)'=2x$ であるから

$$(10x^2)' = 20x = 10 \cdot 2x = 10(x^2)'.$$

そこで,$y=10x^2$ のとき $y'=10(x^2)'$.

これと同様に考えて,k を定数とすると,

$$y = kf(x) \text{ のとき } y' = kf'(x)$$

がなりたつ.すなわち

Ⅱ $\{kf(x)\}' = kf'(x).$

また,つぎの公式がなりたつ.

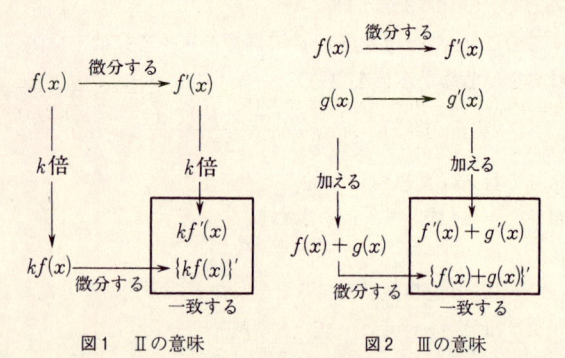

Ⅲ $\{f(x)+g(x)\}' = f'(x)+g'(x).$

図1 Ⅱの意味   図2 Ⅲの意味

問2 適当に例をとってⅢがなりたつことを確かめよ．

問3 a, b が定数のとき
$$\{af(x)+bg(x)\}' = af'(x)+bg'(x)$$
となることを示せ．

とくに，$\{f(x)-g(x)\}'=f'(x)-g'(x)$ となることを示せ．

問4 つぎの関数を微分せよ．
① $y=x^2+x-1$
② $y=4x^3-2x^2+3x-5$
③ $y=\dfrac{5}{3}x^3+\dfrac{1}{2}x^2-4x+3$

例 $y=(2x-5)^2$ を微分するには，右辺を展開してから微分すればよい．すなわち
$$y = 4x^2-20x+25.$$
$$\begin{aligned}y' &= (4x^2)'-(20x)'+(25)'\\ &= 8x-20.\end{aligned}$$

問5 つぎの関数を微分せよ．
① $y=(2x+3)(-x+1)$
② $y=x(3x-7)^2$
③ $y=4x^2(2x^2-x+5)$

問6 $f(x)=2x^3-3x^2$ について，つぎのおのおのの点における変化率を求めよ．
① $x=2$ ② $x=1$ ③ $x=-5$

2.2.3 接線

ある関数を近似する1次関数のグラフは，もとの関数のグラフの接線であることを70ページで述べた．

一般に，関数 $y=f(x)$ のグラフの上の点 $(\alpha, f(\alpha))$ における接線の式は，
$$y = f(\alpha)+f'(\alpha)(x-\alpha)$$
と表される．

微分の公式を用いていろいろな関数のグラフの接線を求めることができる．

例 $y=x^3$ のグラフの上の点 $(1, 1)$ における接線を求めてみよう．

$(x^3)'=3x^2$ であるから，$x=1$ とおいて，
$$3\times 1^2 = 3.$$

したがって，求める接線は
$$y = 1+3(x-1)$$
すなわち

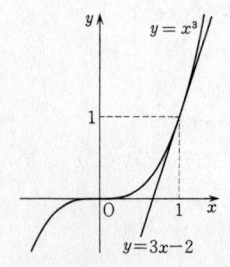

$y=x^3$ の上の点 $(1, 1)$ における接線

$$y = 3x - 2$$

となる.

問1 つぎの関数のグラフの ( ) 内の点における接線の式を求めよ. また, そのようすをグラフに示せ.

① $y = x^3$ (2, 8)

② $y = x^2$ $(-\sqrt{2}, 2)$

問2 $y = x^3$ の接線で, つぎの条件をみたすものの式をそれぞれ求めよ.

① 傾きが6である.

② 点 (1, 5) を通る.

2.2.4 いろいろな量の変化率

関数 $y = f(x)$ の変化率は, x, y がどんな量を表すかによって, それぞれ具体的な意味をもっている.

下の図のように

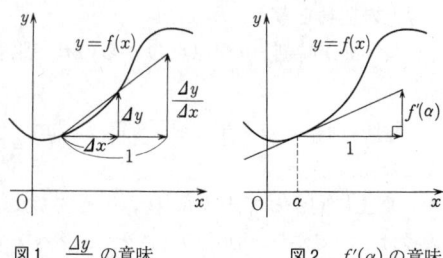

図1 $\dfrac{\Delta y}{\Delta x}$ の意味   図2 $f'(a)$ の意味

$$\frac{\Delta y}{\Delta x} = \frac{\left(\dfrac{\Delta y}{\Delta x}\right)}{1}$$

であるから，$\dfrac{\Delta y}{\Delta x}$ は

　　　　x の増分 1 あたりの y の増分

と考えられる．

また，$\dfrac{\Delta y}{\Delta x}$ の単位は y を表す単位を x を表す単位で割ったものになっている．

このことは，$\Delta x \to 0$ の極限を考えるときでもかわらない．

$$f'(\alpha) = \lim_{\Delta x \to 0} \frac{f(\alpha + \Delta x) - f(\alpha)}{\Delta x} = \lim_{\Delta x \to 0} \frac{\Delta y}{\Delta x}$$

であるから $x = \alpha$ になった瞬間の $y = f(x)$ の変化のようすが，x が 1 ふえると y が $f'(\alpha)$ ふえるような割合であることを示している．

また，$f'(\alpha)$ の単位は，y の単位を x の単位で割ったものになっている．

例 1　直線上の運動を考えよう．

$y = f(x)$ で，x が時刻，y が原点 O からの有向距離であるとする．

$\dfrac{\Delta y}{\Delta x}$ は，時間 Δx における平均速度であり，$\lim\limits_{\Delta x \to 0} \dfrac{\Delta y}{\Delta x}$ は瞬間の速度となる．

地上から真上に向かって 19.6 m/秒の初速度で投げ上げた小石の投げ上げてから x 秒後の高さを y m とすると，

$$y = 19.6x - 4.9x^2$$

となることが知られている.

この小石の 1 秒後の速度を求めてみよう.

$$y' = 19.6 - 4.9 \times 2x = 19.6 - 9.8x.$$

$x=1$ とおいて, 求める速度は

$$19.6 - 9.8 = 9.8 \quad (\text{m/秒}).\ [1)]$$

問 1 この例で, 3 秒後の速度, および小石が地上に落下した瞬間の速度を求めよ.

問 2 じゃ口をしだいにひらきながら水を注いでいったところ, 容器の中にたまる水の量がはじめの x 秒間で $(x^2+2x)l$ になったという. 水を注ぎはじめてから 10 秒後の水のたまる速さを求めよ.

例 2 長さ 50 cm の金属の棒 AB があって, 端 A は 0℃ に, 端 B は 100℃ に保たれている. この棒の上のいろいろな点での温度を調べてみたら, 端 A から x cm の点 P では, $\left(\dfrac{1}{25}x^2\right)$℃ になっていたという.

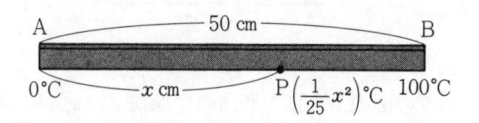

---

1) $x=1$ のときの瞬間速度をそのまま持続すれば, 1 秒間に 9.8 m 上昇する. 実際には速度は刻々かわるので, $x=2$ までには 4.9 m しか上昇しない.

この棒にそってAからBまで進むとき，$x=20$ となる点における，温度の距離 x に対する変化率を求めてみよう．

$$\left(\frac{1}{25}x^2\right)' = \frac{2}{25}x$$

であるから，求める変化率は $x=20$ とおいて

$$\frac{2}{25}\times 20 = 1.6 \quad (\text{℃}/\text{cm}).$$

問3 上り坂 AB があって，下の図のように，Aから水平に x m 進んだところの高さが $\frac{1}{12800}x^2(120-x)$ m であるという．つぎの値を求めよ．ただし，$0\leqq x\leqq 80$ とする．

① $x=30$ における坂の傾きを求めよ．

② この上り坂がいちばん急になる地点と，そこでの傾きを求めよ．

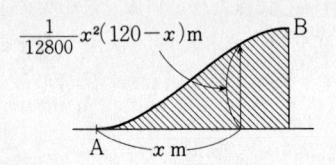

例3 つぎの図のように，底面の半径が r cm, 高さ h cm の円錐形の容器に水を入れ，水面が水平になるようにする．水面の高さが x cm のときの水の体積を $V(x)$ cm³ として，x に対する $V(x)$ の変化率を求めてみよう．

高さが x cm のときの水面の面積を $S(x)$ cm² とすると

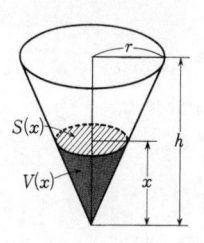

$$S(x) = \frac{\pi r^2}{h^2} x^2.$$

よって

$$V(x) = \frac{1}{3} S(x) \cdot x = \frac{\pi r^2}{3h^2} x^3.$$

$$V'(x) = \frac{\pi r^2}{3h^2} \cdot 3x^2 = \frac{\pi r^2}{h^2} x^2 = S(x) \quad (\mathrm{cm^3/cm}).$$

ここで，単位 $\mathrm{cm^3/cm}$ は，体積÷高さ であるから面積と考えられる．したがって，水の量 $V(x)$ の変化率は，水面の面積 $S(x)$ に等しい．

問4　下の図のような直角三角形 OPQ があって，∠OPQ=90°を保ちながら OP が伸びていく．OP=x cm，△OPQ=y cm^2 として，y の x に対する変化率を求めよ．

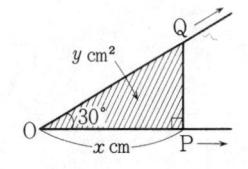

練習問題

1 つぎの関数を微分せよ．
  (1) $y=5x^3-3x^2+6x-2$
  (2) $y=\dfrac{1}{4}x^2(2-x)^2$
  (3) $y=(2x+5)(3x-1)$

2 $y=x^2(2-x)$ のグラフの上の点 $(-1, 3)$ における接線を求めよ．

3 $y=x^3-x^2$ のグラフの x 座標が1である点における接線を求めよ．また，これに平行なもう1つの接線とその接点を求めよ．

4 y 軸上の動点Pの時刻 x 秒における原点からの有向距離 y cm が
$$y = 2x^3 - 12x^2 + 18x$$
で与えられている．

　動点Pが静止する瞬間の位置を求めよ．

5 円の面積の半径に対する変化率を求めよ．これは何を表すか．

6 球の体積の半径に対する変化率を求めよ．これは何を表すか[1]．

---

1) 半径 r の球の体積は $\dfrac{4}{3}\pi r^3$ である．

2.3 関数の変化

2.3.1 増減・極値とグラフ

関数の導関数や変化率を用いて,関数の増減などを調べることができる.

変化率が正である点の近くでは,関数は増加の状態にあるから,関数 $y=f(x)$ は,導関数 $f'(x)$ の符号が正である x の範囲では増加の状態にある.

同様に,$f'(x)$ の符号が負である x の範囲では減少の状態にある.

例1 関数 $y=x^3+x$ は,導関数が
$$y' = 3x^2+1$$
で,どんな x の値に対しても $y'>0$ であるからいつでも増加の状態にある.

例2 $y=x^3-3x^2$ については

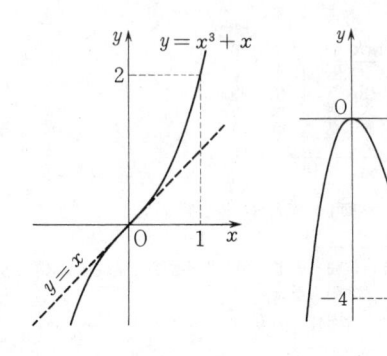

$$y' = 3x^2 - 6x = 3x(x-2).$$
したがって

　　　$x<0$ では，$y'>0$ となり増加，

　　　$0<x<2$ では，$y'<0$ となり減少，

　　　$2<x$ では，$y'>0$ となり増加

の状態にある．

　関数 $y=f(x)$ が増加の状態から減少の状態にかわるさかい目で，この関数は「極大になる」，といい，このときの y の値を極大値という．

　また，関数 y が減少の状態から増加の状態にかわるさかい目では，「極小になる」，といい，このときの y の値を極小値という[1]．

　極大値・極小値を合わせて極値という．

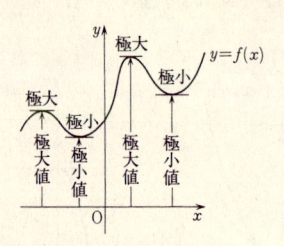

図1　極大値と極小値

---

1) 極大値はせまい範囲での最大値であるから，定義域全体の中での最大値になるとは限らない．
　極小値についても同様である．

87ページの例1では極値はないが，例2では，極大値・極小値が1つずつある．

例3 $y=f(x)=\dfrac{1}{3}x^3-\dfrac{1}{2}x^2-2x+1$ の増減，極値を調べてグラフをかいてみよう．

$$y' = \dfrac{1}{3}\times 3x^2 - \dfrac{1}{2}\times 2x - 2$$
$$= x^2 - x - 2$$
$$= (x-2)(x+1).$$

$x<-1$ および $2<x$ のときは $y'>0$ で y は増加の状態にある．

$-1<x<2$ では $y'<0$ で，y は減少の状態にある．

したがって，$x=-1$ のとき y は極大となり，

$$\text{極大値は}\ f(-1) = \dfrac{13}{6}.$$

同様に，$x=2$ のとき極小で，

$$\text{極小値は}\ f(2) = -\dfrac{7}{3}.$$

また，この関数のグラフは点 $(0, 1)$ を通る．

以上のことからつぎのページの図のようなグラフがかける．

このことは，その下のような表にするとわかりやすい．この表を増減表という[1]．

---

1) 表の ↗，↘ は，それぞれ y が増加の状態，減少の状態にあることを表す．

$y = (x-2)(x+1)$ のグラフ（左図）

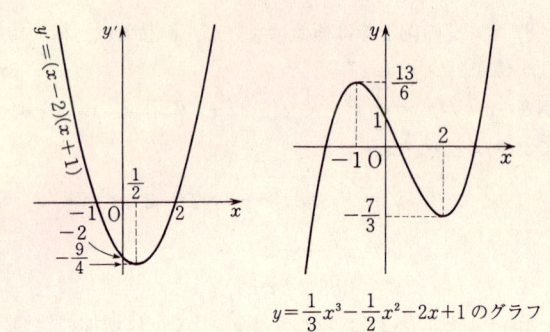

$y = \dfrac{1}{3}x^3 - \dfrac{1}{2}x^2 - 2x + 1$ のグラフ

x	$\cdots$	-1	$\cdots$	2	$\cdots$
y'	$+$	0	$-$	0	$+$
y	↗	$\dfrac{13}{6}$	↘	$-\dfrac{7}{3}$	↗

問 1 つぎのおのおのの関数で，増減，極値などを調べ，グラフをかけ．

① $y = 3x^2(x-1)$

② $y = -x^3 - 6x^2 - 9x + 4$

③ $y = x^3 - \dfrac{1}{2}x^2 - 2x$

④ $y = 1 - x - x^3$

問 2 関数 $y = f(x)$ について，$f'(x) = 0$ をみたす x の値に対してこの関数は必ず極値をとる，といってよいか．このことに注意して，つぎの関数のグラフをかけ．

① $y = x^3 - 6x^2 + 12x - 1$

② $y = \dfrac{1}{4}x^4 - x^3$

例題 3次方程式

$$x^3 - 3x = k$$

が,異なる3個の実根をもつような k の値の範囲を求めよ.

解 3次方程式 $x^3 - 3x = k$ の実根は,2つの関数

$$y = x^3 - 3x \quad \text{と} \quad y = k$$

のグラフの交点の x 座標として得られる.よって,これらの交点の数を調べればよい.$f(x) = x^3 - 3x$ とおくと,

$$\begin{aligned}f'(x) &= 3x^2 - 3 \\ &= 3(x^2 - 1) \\ &= 3(x+1)(x-1).\end{aligned}$$

増減表をつくる.

x	$\cdots$	-1	$\cdots$	1	$\cdots$
$f'(x)$	$+$	0	$-$	0	$+$
$f(x)$	↗	極大	↘	極小	↗

極大値は $f(-1) = 2$,
極小値は $f(1) = -2$.

したがって,つぎのようなグラフがかけるから,方程式

$$x^3 - 3x = k$$

が3個の実根をもつのは $-2 < k < 2$ のときである.

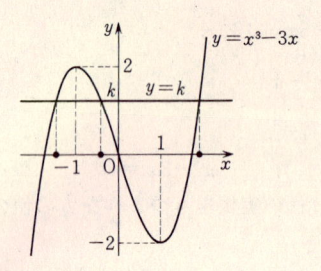

問3 3次方程式
$$x^3 - \frac{3}{2}x^2 = k$$
の実根の数は，k の値によってどのようにかわるか．

数学Ⅰで学んだ2次関数の最大値・最小値を求めることや，グラフをかくことは，導関数を用いて調べることもできる．

問4 つぎの2次関数のグラフをかけ．また，最大値あるいは最小値をいえ．
① $y = 2x^2 - 7x + 1$
② $y = -3x^2 + 5x$

2.3.2 最大・最小

58ページで考えた箱の問題を解いてみよう．
問題は
$$y = f(x) = x(10-2x)^2 \qquad (0 < x < 5)$$

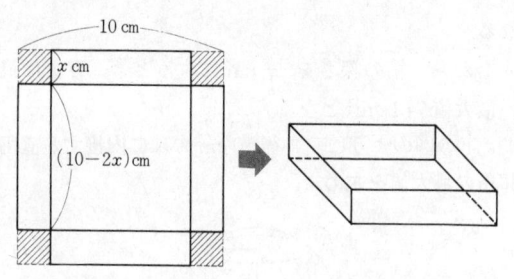

図1 正方形の厚紙の四すみを切って箱をつくる.

の最大値を求めることであった.

右辺を展開すると,
$$y = f(x) = 100x - 40x^2 + 4x^3$$
となる. よって
$$\begin{aligned} y' &= 100 - 80x + 12x^2 \\ &= 4(3x^2 - 20x + 25) \\ &= 4(x-5)(3x-5). \end{aligned}$$

増減表をつくるとつぎのようになる.

x	(0)	……	$\frac{5}{3}$	……	(5)
y'		+	0	−	(0)
y	(0)	↗	最大	↘	(0)

この表から y の最大値は
$$f\left(\frac{5}{3}\right) = \frac{2000}{27} \fallingdotseq 74.1 \quad (\text{cm}^3)$$

となる.

すなわち,箱の深さを $\dfrac{5}{3}$ cm にするとき,容積は最大で,最大値 74.1 cm³ となる.

問1 下の図のように,半径 10 cm の球に内接する直円柱の体積の最大値を求めよ.

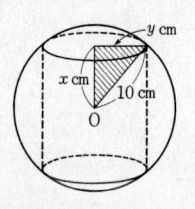

問2 表面積が一定で,$6a^2$ であるような正四角柱のうちで体積が最大なものは,立方体であることを示せ.

例題1 y 軸上の点 A(0, 2) と,$y=x^2$ のグラフの上の点 P(x, x^2) の距離の最小値を求めよ.

解 $AP=\sqrt{x^2+(x^2-2)^2}$
$=\sqrt{x^4-3x^2+4}.$

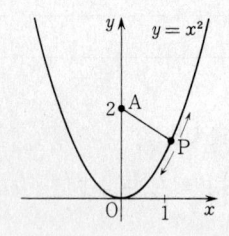

根号の中の式が最小になるとき AP も最小になる.
$$f(x) = x^4 - 3x^2 + 4$$
とおくと
$$f'(x) = 4x^3 - 6x$$
$$= 4x\left(x^2 - \frac{3}{2}\right)$$
$$= 4x\left(x + \frac{\sqrt{6}}{2}\right)\left(x - \frac{\sqrt{6}}{2}\right).$$

増減表はつぎのようになる.

x	$\cdots$	$-\frac{\sqrt{6}}{2}$	$\cdots$	0	$\cdots$	$\frac{\sqrt{6}}{2}$	$\cdots$
$f'(x)$	$-$	0	$+$	0	$-$	0	$+$
$f(x)$	↘	極小	↗	極大	↘	極小	↗

表から,
$$x = -\frac{\sqrt{6}}{2} \text{ または } x = \frac{\sqrt{6}}{2}$$
のとき, $f(x)$ は極小かつ最小となり,
$$f\left(\frac{\sqrt{6}}{2}\right) = f\left(-\frac{\sqrt{6}}{2}\right) = \frac{7}{4}.$$

このとき AP も最小になるから, 求める最小値は
$$\sqrt{\frac{7}{4}} = \frac{\sqrt{7}}{2}.$$

問3 前ページの例題1で, 点 A の位置をつぎのように変えたときの距離 AP の最小値を求めよ.

① $(0, 4)$　② $\left(0, \dfrac{1}{2}\right)$

例題2　$x \geq 0$ のとき，不等式
$$x^3 - 1 \geq 3(x-1)$$
がつねになりたつことを示せ．

解　$f(x) = x^3 - 1 - 3(x-1)$
$ = x^3 - 3x + 2$

とおく．$x \geq 0$ のとき，つねに $f(x) \geq 0$ となることを示せばよい．

$$f'(x) = 3x^2 - 3 = 3(x+1)(x-1).$$

$x \geq 0$ で増減表をつくる．

x	0	$\cdots$	1	$\cdots$
$f'(x)$		−	0	+
$f(x)$	2	↘	最小	↗

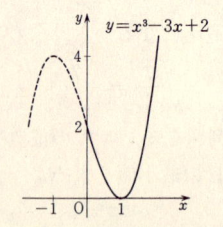

この表から，$x \geq 0$ のとき $f(x) \geq f(1)$．
ところで $f(1) = 1^3 - 3 \times 1 + 2 = 0$．

よって
$$f(x) \geq f(1) = 0.$$
ただし，等号は $x=1$ のときになりたつ．

$f(x) \geq 0$ が示されたから，問題の不等式は証明された．

問 4 つぎの不等式がなりたつことを証明せよ．ただし，$x \geq 0$ とする．

① $x^4 - 1 \geq 4(x-1)$　② $\dfrac{x^3-1}{3} \geq \dfrac{x^2-1}{2}$

③ $\dfrac{x^3+1}{2} \geq \left(\dfrac{x+1}{2}\right)^3$

2.3.3 原始関数

いままでは，ある関数を微分して導関数を求めてきたが，今度は逆に微分した結果の導関数を知ってもとの関数を求めてみよう．

導関数が $f(x)$ であるようなもとの関数を，$f(x)$ の原始関数という．

$$F(x) \xrightarrow{\text{微分する}} f(x)$$
$f(x)$ の原始関数　　　$F(x)$ の導関数

たとえば，x^2 の原始関数は，

$$\dfrac{x^3}{3}, \quad \dfrac{x^3}{3}+1, \quad \dfrac{x^3}{3}-2, \quad \dfrac{x^3}{3}+\sqrt{3},$$

など無数にあり，一般に，c を定数として，

$$\dfrac{x^3}{3}+c$$

と表される.

いま, $F(x)$ がつねに
$$F'(x) = 0$$
であるとすると, $F(x)$ は定数である. これは, たとえば時刻 x のときの座標が $F(x)$ であるような直線運動をする点を考えると, その速さ $F'(x)$ が 0 ならば, この点は動かないから位置は一定のまま, ということにあたる.

そこで, $F(x), G(x)$ を $f(x)$ の原始関数とすれば
$$\begin{aligned}\{G(x)-F(x)\}' &= G'(x)-F'(x) \\ &= f(x)-f(x) \\ &= 0.\end{aligned}$$

したがって,
$$G(x)-F(x) = c.$$

ゆえに,
$$G(x) = F(x)+c.$$

よって, $f(x)$ の任意の原始関数は, その 1 つを $F(x)$ とすると,
$$F(x)+c$$
と書くことができる.

すなわち, ある 1 つの関数の原始関数は, 定数の差をのぞいて一致する, といってよい.

例題 1 $F'(x)=2x$, $F(0)=3$ となるような $F(x)$ を求めよ.

解 $(x^2)'=2x$ から $F(x)=x^2+c$.
$F(0)=3$ であるから,

$$3 = 0^2 + c, \quad c = 3.$$

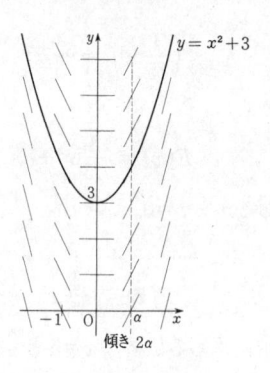

よって, $F(x) = x^2 + 3$ となる.

問1 つぎの条件をみたす $F(x)$ を求めよ.

① $F'(x) = 3x^2$, $F(0) = 2$

② $F'(x) = x$, $F(1) = 0$

問2 曲線 $y = f(x)$ は, 点 $(1, 2)$ を通り, $x = \alpha$ における接線の傾きが 3α であるという. この曲線の式を求めよ.

例題2 ある駅を発車した電車の, 発車してから x 秒後の速度が $\dfrac{4}{5}x^2$ m/秒であるとする. この電車の発車してから5秒後の位置を求めよ. ただし, $0 \leq x \leq 5$ とする.

解 この電車が, 発車してから x 秒後に駅から $F(x)$ m 離れたところに達するとすれば, $F'(x) = \dfrac{4}{5}x^2$, $F(0) = 0$ である.

$$\left(\frac{4}{15}x^3\right)' = \frac{4}{5}x^2$$

がなりたつから

$$F(x) = \frac{4}{15}x^3 + c.$$

$F(0)=0$ であるから $c=0$.

よって,

$$F(x) = \frac{4}{15}x^3.$$

したがって, 求める位置は $x=5$ として

$$F(5) = \frac{4}{15}\times 5^3 = \frac{100}{3} \fallingdotseq 33.3 \quad \text{(m)}.$$

問3 電車が 20 m/秒の速さで走っていて, ブレーキをかけはじめてから x 秒後の速度は $(20-4x)$ m/秒であるという. この電車はブレーキをかけてから止まるまでに何 m 走るか.

微分の公式をもとにして, これを逆に用いて原始関数を求める公式をつくっておくと便利である.

まず, 0 の原始関数は定数である.

下の表では, 原始関数につけ加えられる定数の c を省略してある.

もとの関数	1	x	x^2	x^3
原始関数	x	$\dfrac{x^2}{2}$	$\dfrac{x^3}{3}$	$\dfrac{x^4}{4}$

例 $5x^2-4x+3$ の原始関数を求めよう．x^2, x, 1 の原始関数は

$$\frac{x^3}{3}, \ \frac{x^2}{2}, \ x$$

であるから，これをもとにして，求める原始関数はつぎのようになる．

$$5\times\frac{x^3}{3}-4\times\frac{x^2}{2}+3\times x+c = \frac{5}{3}x^3-2x^2+3x+c.$$

問4 上の例で，$\frac{5}{3}x^3-2x^2+3x+c$ を微分して，これが $5x^2-4x+3$ の原始関数であることを確かめよ．

問5 つぎの関数の原始関数を求めよ．

① x^2-3x+2 ② $5x+12$

練習問題

1 方程式 $(x+1)(x-1)^2=x^2$ は異なる3つの実根をもつことを示せ．

2 $y=\frac{1}{3}x^3-2x$ のグラフをかけ．

3 半径 10 cm の球に内接する直円錐の体積の最大値を求めよ．

章末問題

1 つぎの関数のグラフをかけ.

(1) $y=-\dfrac{1}{4}(x^3-8x^2+16x)$

(2) $y=(x^2-1)^2$

(3) $y=3x^4-4x^3$

2 p, q が正の数で, $p>q$ とするとき, 3次方程式
$$x^3-3p^2x+2q^3=0$$
は, 異なる3つの実根をもつことを示せ.

3 $f(x)=\dfrac{x^3}{3}-2x^2+3x$ の $1\leqq x\leqq 5$ における最大値・最小値を求めよ.

4 $x>0$ のとき, つぎの不等式を証明せよ.

(1) $\dfrac{1}{3}x^3+\dfrac{2}{3}\geqq x$

(2) $\dfrac{1}{4}x^4+\dfrac{3}{4}\geqq x$

5 表面積が一定なふたのある円柱状の容器をつくりたい. 容積を最大にするには, 高さと底面の半径の比をいくらにすればよいか.

6 y 軸上の動点 P の時刻 x 秒における原点からの有向距離 y cm が
$$y=2x^3-12x^2+18x$$
で与えられている.

点Pが原点からもっとも遠く離れるのはいつか．また，そのときの原点からの距離はいくらか．ただし，$0 \leqq x \leqq 4$ とする．

7 方程式
$$x^3 - 8x^2 + 16x - k = 0$$
が異なる3つの実根をもつ条件を求めよ．

8 $a > 0$ とするとき，関数
$$f(x) = ax(x-4)^2$$
は，$x = 4$ のとき極小値をとり，その値は0であることを示せ．また，その極大値が16のとき，係数 a を求めよ．

9 $y = f(x)$ のグラフの上の点 $(x, f(x))$ における接線の傾きが
$$2x^2 - 5x + 2$$
で，$f(0) = 0$ であるという．

$f(x)$ を求め，そのグラフをかけ．

10 つぎの条件をみたす関数 $F(x)$ の極値を調べてグラフをかけ．
$$F'(x) = 2x^2 - x - 3, \quad F(0) = 1$$

数学の歴史　2

　ガリレオの死んだ1642年にニュートンが生まれた，といわれるが，当時のイギリスは旧暦であって，ニュートンの生まれた旧暦の1642年クリスマスというのは，ヨーロッパ大陸のほうの新暦では1643年の正月である．当時はまだ，ヨーロッパといっても，国ごとに暦すらが違っていたのである．

　アイザック・ニュートン (1643-1727) は，月たらずの未熟児として生まれた．誕生前に父は死んでいて，母は彼を残して再婚したので，ほとんど父母を知らずに過ごした．父を失い，母を奪われた心の傷が，彼の性格を作ったともいわれている．

　幼時から，機械づくりや錬金術に興味をもっていて，その好みは晩年にまでおよんでいる．ケンブリッジ大学では給費生で，寮の雑役をして寮費の免除を受けていた．この頃に恋愛をしたという説もあるが，一生を「女ぎらい」で過ごすこととなる．22歳のころには科学の最先端に達しているが，このころはペストが流行して大学が閉鎖されたり，ロンドンに大火が起こったりで，ニュートンは故郷へ

帰って，リンゴの木をながめて暮らすことになる．このときに，微積分と力学を構想し，引力と天体運行の法則とを導出したという．かつて，ケプラーは天体の運行を法則化し，ガリレオは物体落下を法則化したのだが，ここで天も地も，1つの〈数学原理〉として考えられるようになったのである．

26歳でケンブリッジの教授，30歳で王室協会にはいる．王室協会といっても，カトリックの王が帰ってきたので，大学を離れたプロテスタント系科学者が，王の認可をとってはじめた在野団体で，知識人サークルのようなものである．その中心人物は，7歳年長のフックで，彼とニュートンは終世，憎みあい論争しあう．後年にニュートンが王室協会の会長になったとき，最初にしたのは論敵フックの痕跡を完全に消去することだったという．

カトリックの王とケンブリッジとの対立の中で，ニュートンは政治づいて，名誉革命後は国会議員になるのだが，さらに政治的地位を求めて親友ロックと不和，精神錯乱のきざしがある．やがて，造幣局長官となり，ニセガネを追放するが，アイルランド収奪のもとをつくったともいわれている．王室協会の会長となっては，かつてのサークルを儀式的権威で固め，みずからは真紅の部屋にこもっていたという．

この間も，論争は続き，ベルリン学士院長ライプニッツとか，グリニッジ天文台長フラムスティッドとか，すべての知性を敵とし，知的最高権威を一身に集めずにはすまな

かった．一方，ユニテリアンの異端神学に没頭し，錬金術の実験を深夜に行うことも，一生続いた．

そして84歳で死んだときは，もう論敵はだれも生きていなかった．経済学者のケインズは，ニュートンのことを「最後の魔術師」とよんでいる．

1642　イギリス革命，始まる．
1649　イギリス，共和制となる．
1660　イギリス，王政復古．
1666　ロンドンの大火．
1675　グリニッジ天文台設立．
1688　名誉革命．日本は元禄時代．
1701　スペイン継承戦争．
1714　イギリスでハノーヴァー王朝始まる．
1726　スウィフト，『ガリバー旅行記』でニュートンを風刺．

第3章 積分

アンペールは散歩に出たとき,ドアに「留守です」と書いた札を出しておいた.考えごとをしながらもどってきた彼は,その札を見て「ああ,留守ではしかたがない,また来よう」と思って散歩を続けたという.

アンペール André-Marie Ampère (1775-1836)

電磁気の研究で有名なフランスの物理学者・数学者.電流の単位アンペアは彼の名に因む.

3.1 積分の概念

3.1.1 面積の求めかた

$y=t^2$ のグラフと t 軸のあいだの,$0 \leq t \leq 1$ における部分の面積を求めてみよう.

問1 方眼紙に $y=t^2$ のグラフを大きく,できるだけ正確にえがき,方眼をかぞえてこの面積のおよその値を求めてみよ.

この面積を数列の和を用いて計算してみよう.

図2のように,$0 \leq t \leq 1$ を10等分すると,$t=0$, $t=1$ およびおのおのの分点に対する y の値は

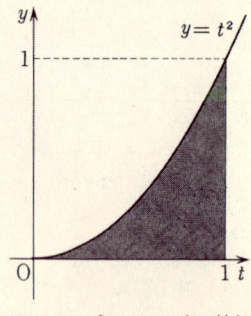

$$t = 0 \quad \text{のとき} \quad y = 0,$$
$$t = 0.1 \quad \text{のとき} \quad y = 0.01,$$

図1 $y=t^2$ のグラフと t 軸とのあいだの面積

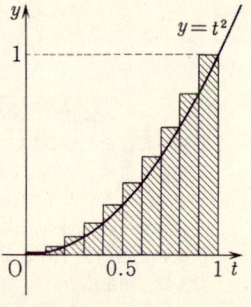

図2 $0 \leq t \leq 1$ を10等分して面積を近似する.

$t=0.2$ のとき $y=0.04$,

....

$t=0.9$ のとき $y=0.81$,
$t=1$ のとき $y=1$

である.

図のように, 幅 0.1 の長方形を 10 個つくってそれらの面積を加えると,

$0.01 \times 0.1 + 0.04 \times 0.1 + \cdots\cdots + 0.81 \times 0.1 + 1.0 \times 0.1$
$= (0.01 + 0.04 + 0.09 + 0.16 + 0.25 + 0.36 + 0.49$
$\quad + 0.64 + 0.81 + 1.0) \times 0.1$
$= 0.385.$

しかし, これは求める面積より大きいことは明らかである. そこで, $0 \leq t \leq 1$ をもっと細かく等分することにしよう.

いま, n 等分した場合はどうなるだろうか.

左から k 番目の分点は $t = \dfrac{k}{n}$ で, この点では $y = \left(\dfrac{k}{n}\right)^2$ であるから, 対応する長方形の面積は $\left(\dfrac{k}{n}\right)^2 \cdot \dfrac{1}{n}$ である. ただし, $k=n$ のときの分点は $t=1$ になると考える. この面積の $k=1$ から $k=n$ までのすべての和を求めれば, それが求める面積に近い値である. すなわち

$$\sum_{k=1}^{n}\left(\frac{k}{n}\right)^2 \frac{1}{n} = \frac{1}{n^3}\sum_{k=1}^{n} k^2$$
$$= \frac{1}{n^3} \times \frac{n(n+1)(2n+1)}{6} \quad \text{[1]}$$

---

[1] 第 1 章「数列」36 ページの公式 (5) 参照.

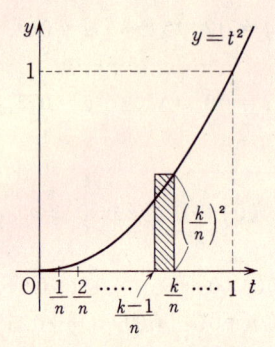

図3　k番目の長方形の面積

$$= \frac{1}{3} + \frac{1}{2n} + \frac{1}{6n^2}.$$

ここで，n を限りなく大きくして，$0 \leq t \leq 1$ の分割のしかたを細かくしていくと，この値は，$y = t^2$ と t 軸とのあいだの $t = 0$ から $t = 1$ までの部分の面積に近づいていく．

上の式の値は，n を大きくしていくと $\frac{1}{3}$ に近づいていくから，求める面積は $\frac{1}{3}$ である．

問2　$y = t^3$ のグラフと t 軸とのあいだにある $0 \leq t \leq 1$ の部分の面積を求めよ．

ただし，36ページの公式(6)を用いよ．

3.1.2　定積分と面積(1)

今度は，$a \leq t \leq b$ で $f(t) \geq 0$ である関数 $y = f(t)$ につい

て，そのグラフと t 軸とのあいだの $a \leq t \leq b$ における部分の面積を求めることを考えよう．

a と b のあいだに分点

$$t_1, t_2, \cdots, t_{n-1}$$

をとり，$b = t_n$ とおく．

ただし

$$t_1 < t_2 < t_3 < \cdots < t_{n-1} < t_n = b$$

とする．

$$t_1 - a = \Delta t_1, \quad t_2 - t_1 = \Delta t_2, \quad \cdots$$
$$t_{n-1} - t_{n-2} = \Delta t_{n-1}, \quad t_n - t_{n-1} = b - t_{n-1} = \Delta t_n$$

とおいて，

$$f(t_1)\Delta t_1 + f(t_2)\Delta t_2 + \cdots + f(t_n)\Delta t_n = \sum_{k=1}^{n} f(t_k)\Delta t_k \quad (1)$$

を考える．

これは，n が大きく Δt_k がいずれも小さいときには，求

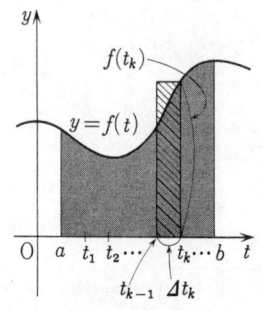

図1 $a \leq t \leq b$ を n 個に分割する．

める面積に近い値になっている．

そこで，Δt_k がすべて0に近づくように，n を限りなく大きくしていったときに，式(1)の近づいていく値が求める面積であると考えることができる．

n を限りなく大きくしたとき式(1)の近づいていく値，すなわち $a \leq t \leq b$ で $y = f(t)$ のグラフと t 軸とのあいだにある部分の面積を，

$$\int_a^b f(t)dt$$

という記号で表す[1]．

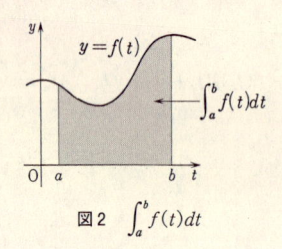

図2　$\int_a^b f(t)dt$

例　109-110ページで計算したのは

$$\int_0^1 t^2 dt = \frac{1}{3}$$

で，110ページの問2は

$$\int_0^1 t^3 dt$$

を求めよ，ということである．

---

[1] インテグラル a から b までの $f(t)dt$ などと読む．$\int$ はローマ字Sのかつて用いられていた字体で，和 Sum を意味する．

ところで式(1)は $a \leq t \leq b$ で, $f(t) \geq 0$ でなくても考えることができる.

そこで, $f(t)$ の符号にかかわらず式(1)を考え, それが近づいていく値のことも

$$\int_a^b f(t)dt$$

と表す. これを $y=f(t)$ の $t=a$ から $t=b$ までの定積分ということにする.

a, b を定積分の下端, 上端といい, $a \leq t \leq b$ を積分範囲という.

3.1.3 定積分と面積(2)

$f(t)>0$ のときは, 定積分の値は正で, 面積を表す.

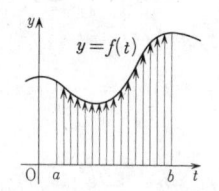

図1　$f(t)>0$ のときの $\int_a^b f(t)dt$

そのほかのときについて考えてみよう.

$a \leq t \leq b$ で $f(t) \leq 0$ のとき, $y=f(t)$ のグラフは t 軸の下側にある. このグラフと t 軸の間にある $a \leq t \leq b$ の部分の面積は, この部分を t 軸について対称移動した図形の面積, すなわち

$$\int_a^b \{-f(t)\}dt$$

に等しい.

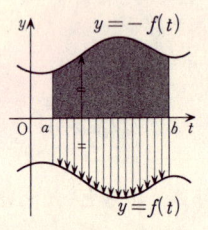

図2　$\int_a^b f(t)dt = -\int_a^b \{-f(t)\}dt$

ところで, 111 ページの (1) について

$$\sum_{k=1}^n \{-f(t_k)\}\Delta t_k = -\sum_{k=1}^n f(t_k)\Delta t_k$$

であるから, つぎの等式がなりたつ.

$$\int_a^b \{-f(t)\}dt = -\int_a^b f(t)dt.$$

したがって, このとき,

$$\int_a^b f(t)dt = -\int_a^b \{-f(t)\}dt$$

で, $\int_a^b f(t)dt$ は, $y=-f(t)$ のグラフと t 軸とのあいだにある $a \leq t \leq b$ の部分の面積に負の符号をつけたものを表している.

例1　つぎの図では

$$\int_1^3 f(t)dt = -4$$

である．

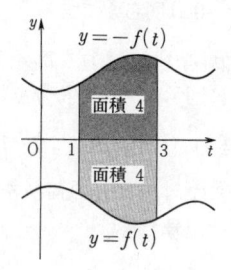

(図: $y=-f(t)$ と $y=f(t)$ のグラフ, $t=1$ から 3 まで，面積 4 と 面積 4)

さらに，$f(t)$ が正にも負にもなるときには，定積分
$$\int_a^b f(t)dt$$
は，面積にそれぞれの符号をつけたものの和になる．

例2 下の図では
$$\int_{-1}^5 f(t)dt = 3-4+2 = 1$$
である．

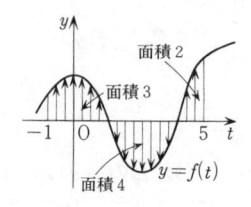

(図: $y=f(t)$ のグラフ，面積3，面積4，面積2)

定積分 $\int_a^b f(t)dt$ を求めることを，$f(t)$ を $t=a$ から

$t=b$ まで積分する，という[1].

なお，$\int_a^a f(t)dt = 0$ は明らかであろう．

問1 つぎの定積分は，どのような部分の面積になっているか，例2のように図示し，その符号をいえ．

① $\int_1^2 t^2 dt$ ② $\int_{-1}^1 (t^2-4)dt$ ③ $\int_{-2}^5 t\, dt$

問2 下の図①，②の斜線部分の面積を符号をつけて求め，これを定積分の記号で書け．

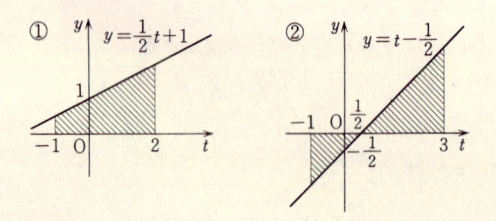

① $y = \frac{1}{2}t+1$

② $y = t - \frac{1}{2}$

問3 つぎのおのおののグラフをかいて面積を符号をつけて求め，定積分の値をいえ．

① $\int_1^3 (t+1)dt$ ② $\int_0^3 (3-t)dt$ ③ $\int_0^5 (t-2)dt$

3.1.4 定積分と微分

図1では，$f(t)$ の t 軸からの高さはいろいろに変化している．これをたいらにならして，その高さを h とすると，

---

[1] $\int_a^b f(t)dt$ は，$\sum_{k=1}^n f(t_k)\Delta t_k$ の極限であったから，$\sum_{k=1}^n$ と $\int_a^b$ が，また，$f(t)dt$ と $f(t_k)\Delta t_k$ がそれぞれ相当している．

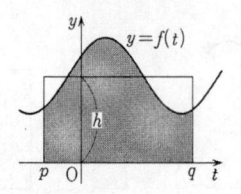

図1 $y=f(t)$ の $p \leq t \leq q$ における平均値

つぎの等式がなりたつ.
$$\int_p^q f(t)dt = (q-p)h.$$

したがって,
$$h = \frac{1}{q-p}\int_p^q f(t)dt.$$

これを, $y=f(t)$ の $p \leq t \leq q$ における平均値という.

さて, $y=f(t)$ の $t=a$ から $t=x$ までの定積分を上端 x の関数とみて,
$$F(x) = \int_a^x f(t)dt$$
とおく.
$$F(x+\Delta x) - F(x) = \int_x^{x+\Delta x} f(t)dt$$
であるから,
$$\frac{F(x+\Delta x) - F(x)}{\Delta x} = \frac{1}{\Delta x}\int_x^{x+\Delta x} f(t)dt.$$

右辺は, $x \leq t \leq x+\Delta x$ における $f(t)$ の平均値である. 図3から, $\Delta x \to 0$ のとき, 右辺は $f(x)$ に近づくことがわかる. すなわち,

図2　$F(x+\Delta x)-F(x)$

図3　$\dfrac{F(x+\Delta x)-F(x)}{\Delta x}$ の意味

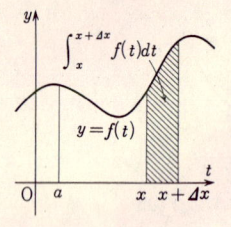

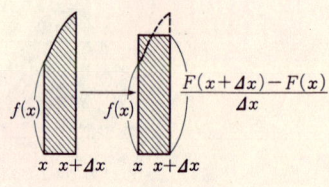

$$\lim_{\Delta x \to 0}\frac{F(x+\Delta x)-F(x)}{\Delta x} = f(x).$$

よって，$F'(x)=f(x)$ となっている．
すなわち，つぎの関係がなりたつ．

$$\left(\int_a^x f(t)dt\right)' = f(x). \tag{1}$$

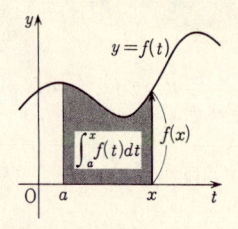

図4　微分すると切り口の高さになる．

問　$f(t)=t$ について(1)がなりたつことを確かめよ．

(1)は，それぞれ別々に考えられた定積分と微分が，たが

3.1.5 定積分の求めかた

$\left(\int_a^x f(t)dt\right)' = f(x)$ であるから

$$\int_a^x f(t)dt$$

は $f(x)$ の原始関数の 1 つである.

$f(x)$ の 2 つの原始関数のあいだには定数の差しかなかったから[1]，$f(x)$ の任意の原始関数を $G(x)$ とすると

$$G(x) = \int_a^x f(t)dt + c \qquad (1)$$

と書ける．c はある定数である．

$x=a$ とおくと，

$$G(a) = \int_a^a f(t)dt + c = 0 + c = c$$

であるから，

$$G(x) = \int_a^x f(t)dt + G(a).$$

そこで，$x=b$ とおいて，$G(a)$ を移項すると，つぎの等式が得られる．

$$\int_a^b f(t)dt = G(b) - G(a). \qquad (2)$$

このように，原始関数を用いると数列の計算をすることなく定積分の値を求めることができる．

---

[1] 第 2 章「微分」98 ページ参照．

例1 $f(t)=2t$ とおくとその原始関数は
$$G(t) = t^2+c.$$
よって $\int_1^3 2t\,dt=(3^2+c)-(1^2+c)=8.$

　定積分は,111ページの式(1)が近づいていく値として定義されたが,それは面積に必要に応じて符号をつけたものとして表された.したがって,定積分の値は積分範囲とグラフの形だけから定まり,横軸の変数すなわち積分の記号の中の変数の名付けかたによらない.

　たとえば,
$$\int_0^1 t^2\,dt = \int_0^1 x^2\,dx = \int_0^1 u^2\,du = \cdots = \frac{1}{3}.$$
ここで,$G(b)-G(a)$ を
$$\Big[G(x)\Big]_a^b$$
で表せば,(2)は
$$\int_a^b f(x)dx = \Big[G(x)\Big]_a^b \tag{3}$$
と書くことができる.

例2 $\displaystyle\int_0^2 x^2\,dx = \Big[\frac{x^3}{3}+c\Big]_0^2$
$$=\Big(\frac{2^3}{3}+c\Big)-\Big(\frac{0^3}{3}+c\Big)=\frac{8}{3}.$$

　この例からわかるように,定積分の計算では,定数 c は

省略してもよい.

問 つぎの定積分を求めよ.

① $\int_1^3 3x^2\,dx$　② $\int_2^5 x^2\,dx$　③ $\int_{-2}^1 2x\,dx$

いままでは，定積分で上端のほうが下端より大きい場合を考えてきた．しかし，式(2)あるいは(3)を用いると，$a<b$ のときの定積分 $\int_a^b f(x)dx$ をもとにして，$\int_b^a f(x)dx$ を考えることができる．すなわち

$$\int_a^b f(x)dx = G(b)-G(a)$$
$$= -\{G(a)-G(b)\}$$
$$= -\int_b^a f(x)dx$$

であるから

$$\int_b^a f(x)dx = -\int_a^b f(x)dx$$

とすればよい.

なお，$\int_a^b 1\,dx$ を $\int_a^b dx$ と書く.

3.1.6 不定積分

119ページ 3.1.5 の式(1)

$$G(x) = \int_a^x f(t)dt + c$$

で $G(x)$ は $f(x)$ の任意の原始関数であった.

この式は，原始関数 $G(x)$ が $f(x)$ を積分するという手続きで得られることを示している．

このように，原始関数 $G(x)$ を，もとの関数 $f(x)$ を積分して得られたものとみるとき，これを $f(x)$ の不定積分といい，

$$\int f(x)dx$$

で表す．

この記号を用いて，100ページの原始関数についてのいろいろな公式を不定積分の公式になおすことができる．すなわち，

$$\int 0\,dx = c,$$

$$\int 1\,dx = \int dx = x+c,$$

$$\int x\,dx = \frac{x^2}{2}+c,$$

$$\int x^2\,dx = \frac{x^3}{3}+c.$$

一般に，n を自然数としてつぎの公式がなりたつ．

$$\int x^n\,dx = \frac{1}{n+1}x^{n+1}+c.$$

また，つぎの公式もなりたつ．

$$\int \{f(x)+g(x)\}dx = \int f(x)dx + \int g(x)dx.\,[1]$$

---

1) この等式における等号は，定数の差をのぞいて等しい，という意味である．第2章「微分」98ページから100ページ参照．

$$\int kf(x)dx = k\int f(x)dx.$$

例1
$$\int(2x^2-3x+2)dx = 2\int x^2\,dx - 3\int x\,dx + 2\int dx$$
$$= 2\cdot\frac{x^3}{3} - 3\cdot\frac{x^2}{2} + 2x + c$$
$$= \frac{2}{3}x^3 - \frac{3}{2}x^2 + 2x + c.$$

問1 つぎの不定積分を求めよ．

① $\int(x^2+2x+3)dx$

② $\int\left(\frac{3}{7}x^2-\frac{4}{5}x-1\right)dx$

③ $\int(3x^2-4)dx$

例2
$$\int(x+1)(2x-3)dx = \int(2x^2-x-3)dx$$
$$= 2\cdot\frac{x^3}{3} - \frac{x^2}{2} - 3\cdot x + c$$
$$= \frac{2}{3}x^3 - \frac{x^2}{2} - 3x + c.$$

問2 つぎの不定積分を求めよ．

① $\int(x+2)(x+3)dx$

② $\int x^2(1-2x)dx$

③ $\int(2x+1)(3x+2)dx$

問3 $\int (2x^3-3x^2-2x)dx$ を求め，これを用いて
$$\int_{-1}^{3}(2x^3-3x^2-2x)dx$$
を求めよ．

練習問題

1 $\int_{1}^{4}(2x+3)dx$ をつぎの2つの方法で求めよ．
  (1) 対応する図形の面積を求める．
  (2) 原始関数を用いる．

2 $\int (x^3-3x^2-2x-1)dx = \dfrac{x^4}{4}-x^3-x^2-x+c$
をつぎの2つの方法で確かめよ．
  (1) 右辺を微分する．
  (2) 不定積分の公式を用いる．

3 $\int (x^2-x+5)dx = \dfrac{x^3}{3}-\dfrac{x^2}{2}+5x+c$
を確かめ，これを用いて，$\int_{-1}^{2}(x^2-x+5)dx$ を求めよ．

3.2 定積分の性質と計算

3.2.1 定積分の加法性

2つの関数
$$y_1 = f_1(x), \quad y_2 = f_2(x)$$
があるとき，これらを加えると，図1のように
$$y_1 + y_2 = f_1(x) + f_2(x)$$
となる．それで，定積分についても
$$\int_a^b \{f_1(x) + f_2(x)\} dx = \int_a^b f_1(x) dx + \int_a^b f_2(x) dx$$
がなりたつ．

これは，つぎのようにして確かめられる．

$f_1(x)$, $f_2(x)$ の原始関数をそれぞれ，$G_1(x)$, $G_2(x)$ とすると，

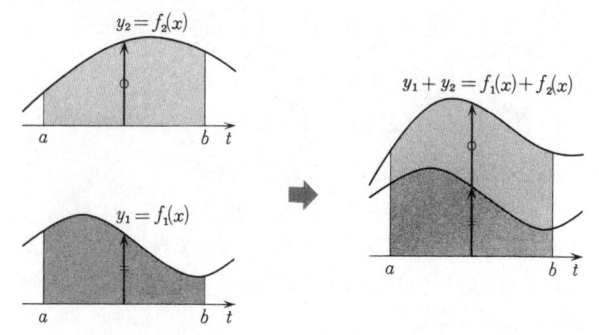

図1 $\displaystyle\int_a^b \{f_1(x) + f_2(x)\} dx = \int_a^b f_1(x) dx + \int_a^b f_2(x) dx$

$$\{G_1(x)+G_2(x)\}' = f_1(x)+f_2(x)$$

であるから,

$$\int_a^b \{f_1(x)+f_2(x)\}dx$$
$$= \Big[G_1(x)+G_2(x)\Big]_a^b$$
$$= \{G_1(b)+G_2(b)\}-\{G_1(a)+G_2(a)\}$$
$$= \{G_1(b)-G_1(a)\}+\{G_2(b)-G_2(a)\}$$
$$= \int_a^b f_1(x)dx + \int_a^b f_2(x)dx$$

すなわち,

$$\int_a^b \{f_1(x)+f_2(x)\}dx = \int_a^b f_1(x)dx + \int_a^b f_2(x)dx. \quad (1)$$

ここで, あらためて

$$f_1(x)+f_2(x) = f(x), \quad f_1(x) = g(x)$$

とおき, $f(x) > g(x)$ とすれば, 式(1)は

$$\int_a^b f(x)dx = \int_a^b g(x)dx + \int_a^b \{f(x)-g(x)\}dx$$

となるから, つぎの等式がなりたつ.

$$\int_a^b \{f(x)-g(x)\}dx = \int_a^b f(x)dx - \int_a^b g(x)dx.$$

図2からわかるように, これは2曲線

$$y = f(x), \quad y = g(x)$$

のあいだにある, $a \leq x \leq b$ の部分の面積を表している. これはまた, $y=f(x)-g(x)$ と x 軸のあいだの, $a \leq x \leq b$ の部分の面積に等しい.

同じように, 関数 $y=f(x)$ を k 倍すると

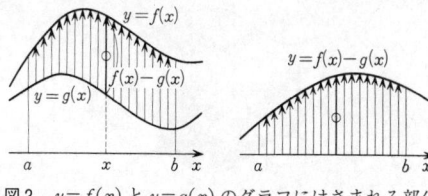

図2 $y=f(x)$ と $y=g(x)$ のグラフにはさまれる部分の面積 $\int_a^b \{f(x)-g(x)\}dx$

$$ky = kf(x)$$

になるので、定積分についても図3のように

$$\int_a^b kf(x)dx = k\int_a^b f(x)dx$$

となる.

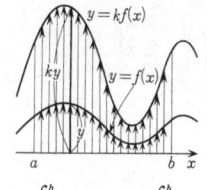

図3 $\int_a^b kf(x)dx = k\int_a^b f(x)dx$

とくに，

$$\int_a^b \{-f(x)\}dx = -\int_a^b f(x)dx$$

となることは，すでに114ページで述べた．

以上のことから，定積分の計算では，おのおのの項ごとに計算すればよく，さらに，係数は積分記号の外に出すこ

図4 $\int_a^b \{-f(x)\} dx = -\int_a^b f(x) dx$

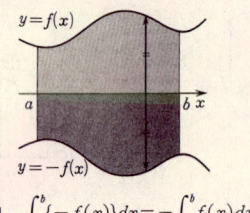

とができる.

定積分の計算についてのこのような性質を, 定積分の加法性ということがある.

例1 $\int_0^1 (2x^2 + 3x + 2) dx$

$= 2\int_0^1 x^2 dx + 3\int_0^1 x\, dx + 2\int_0^1 dx$

$= 2\left[\dfrac{x^3}{3}\right]_0^1 + 3\left[\dfrac{x^2}{2}\right]_0^1 + 2\Big[x\Big]_0^1$

$= \dfrac{2}{3} + \dfrac{3}{2} + 2$

$= \dfrac{25}{6}.$

例2 $\int_2^4 (2x^2 + 3x + 2) dx$

$= 2\left[\dfrac{x^3}{3}\right]_2^4 + 3\left[\dfrac{x^2}{2}\right]_2^4 + 2\Big[x\Big]_2^4$

$= 2 \times \dfrac{4^3 - 2^3}{3} + 3 \times \dfrac{4^2 - 2^2}{2} + 2 \times (4-2)$

$= 2 \times \dfrac{64-8}{3} + 3 \times \dfrac{16-4}{2} + 4$

$$= \frac{112}{3} + 22$$

$$= \frac{178}{3}.$$

問1 つぎの計算をせよ．

① $\int_0^1 (x^2 - 3x + 4) dx$

② $\int_2^5 (-x^2 + x - 2) dx$

③ $\int_{-1}^3 \left(\frac{1}{2}x^2 - \frac{1}{3}x + 5\right) dx$

④ $\int_{-2}^3 (x^3 - 2x^2 - 2x + 1) dx$

また，多項式の定積分について，この式がいくつかの因数の積の形で表されているときは，それを展開してから計算すればよい．

例3 $\int_1^2 (x+1)(2x-3) dx$

$$= \int_1^2 (2x^2 - x - 3) dx$$

$$= 2\left[\frac{x^3}{3}\right]_1^2 - \left[\frac{x^2}{2}\right]_1^2 - 3\left[x\right]_1^2$$

$$= 2 \times \frac{2^3 - 1}{3} - \frac{2^2 - 1}{2} - 3 \times (2 - 1)$$

$$= \frac{2 \times 7}{3} - \frac{3}{2} - 3$$

$$= \frac{1}{6}.$$

問2 つぎの計算をせよ．

① $\int_{-\frac{1}{2}}^{1}(2x+1)(x-1)dx$

② $\int_{0}^{4}(x+2)(x-2)dx$

③ $\int_{0}^{5}x(x-5)^2dx$

問3 つぎの計算をせよ．その結果どんなことがわかるか．

① $\int_{-\alpha}^{\alpha}(4x^3+3x^2+2x+1)dx$

② $\int_{0}^{\alpha}(4x^3+3x^2+2x+1)dx$

3.2.2 積分範囲の分割

$a<p<b$ のとき，a から p までの定積分と，p から b までの定積分をつぎ合わせると

$$\int_a^p f(x)dx + \int_p^b f(x)dx = \int_a^b f(x)dx \qquad (1)$$

になる．これは，図1からわかる．

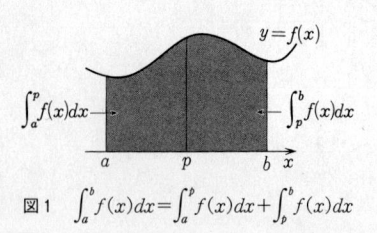

図1　$\int_a^b f(x)dx = \int_a^p f(x)dx + \int_p^b f(x)dx$

上の等式(1)は，a, p, b の大小の関係にかかわらずつねになりたつ．

問1 式(1)がなりたつことを示せ．

問2 $y = f(x)$ が

$$f(x) = \begin{cases} -x & (x \leq 0) \\ x^2 & (x \geq 0) \end{cases}$$

で与えられているとき，

$$\int_{-1}^{2} f(x) dx$$

を求めよ．

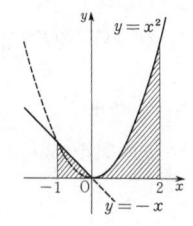

ときには，たんなる多項式ではなく

$$\int_{a}^{b} |f(x)| dx$$

のような定積分を計算する場合がある．

$|f(x)|$ は，$f(x) \geq 0$ をみたす x の範囲で

$$|f(x)| = f(x),$$

$f(x) < 0$ をみたす x の範囲で

$$|f(x)| = -f(x)$$

である.

$y=f(x)$ のグラフと $y=-f(x)$ のグラフが x 軸について対称であることに注意すると, $y=|f(x)|$ のグラフは図2のようになる.

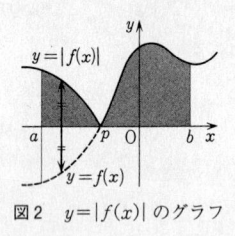

図2　$y=|f(x)|$ のグラフ

例　$\int_0^3 |x^2-4|\,dx$ を求めてみよう.

$y=|x^2-4|$ のグラフは下の図のようになるから, 積分範囲を2つに分ける.

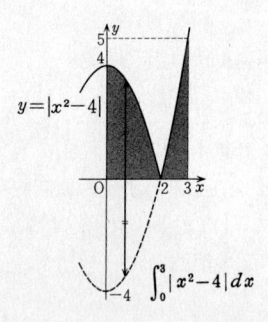

$\int_0^3 |x^2-4|\,dx$

$0 \leqq x \leqq 2$ のとき $y = 4-x^2$,

$2 \leqq x \leqq 3$ のとき $y = x^2-4$,

$$\int_0^3 |x^2-4| dx = \int_0^2 (4-x^2)dx + \int_2^3 (x^2-4)dx$$

$$= \left[4x - \frac{x^3}{3}\right]_0^2 + \left[\frac{x^3}{3} - 4x\right]_2^3$$

$$= 4 \times 2 - \frac{2^3}{3} + \frac{3^3-2^3}{3} - 4 \times (3-2)$$

$$= 4 + \frac{3^3 - 2 \times 2^3}{3}$$

$$= 4 + \frac{11}{3}$$

$$= \frac{23}{3}.$$

問3 定積分 $\int_0^4 |x-1| dx$ を計算せよ.

3.2.3 積分範囲の移動

$$S_1 = \int_1^3 (x-1)(3-x)dx$$

は次ページ上図の影の部分の面積で,

$$S_2 = \int_0^2 X(2-X)dX$$

は次ページ下図の影の部分の面積である.

この2つの領域は図形として合同でその面積は等しい.

このことは,座標軸を移動してみればわかる.

いま,点 $(1, 0)$ が原点になるように,x 軸に重ねて X 軸

図1 $\int_1^3 (x-1)(3-x)dx$ と $\int_0^2 X(2-X)dX$

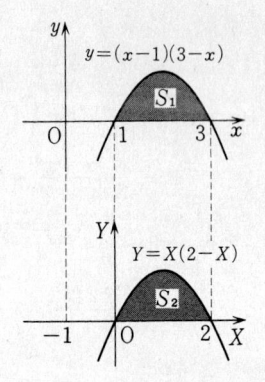

を, y 軸に平行に Y 軸をとると, x-y 座標と X-Y 座標のあいだには,

$$\begin{cases} x = X+1 \\ y = Y \end{cases} \text{あるいは} \begin{cases} X = x-1 \\ Y = y \end{cases}$$

という関係がある.

そこで, $f(x) = (x-1)(3-x)$ は

$$f(X+1) = \{(X+1)-1\}\{3-(X+1)\}$$
$$= X(2-X)$$

にかわり, 積分範囲 $1 \leq x \leq 3$ は

$$1 \leq X+1 \leq 3 \quad \text{すなわち} \quad 0 \leq X \leq 2$$

にかわる.

したがって, つぎの等式がなりたつ.

$$\int_1^3 (x-1)(3-x)dx = \int_0^2 X(2-X)dX.$$

問 1 この 2 つの定積分を別々に計算して値が一致することを確かめよ．

このように，定積分では積分範囲を適当に移動させると計算が容易になることがある．

問 2 定積分 $\int_1^3 (x-1)(x+2)dx$ が

$$\int_0^2 X(X+3)dX$$

になることを説明し，この値を求めよ．

問 3 つぎのおのおのを定積分の下端が 0 になるように変形し，その値を求めよ．

① $\int_2^3 (x-2)(x-3)dx$

② $\int_1^3 (x-1)(x-2)(x-3)dx$

③ $\int_{-2}^0 (x+2)(1-x)dx$

一般に，つぎの等式がなりたつ．

$$\int_\alpha^\beta (x-\alpha)dx = \frac{(\beta-\alpha)^2}{2},$$

$$\int_\alpha^\beta (x-\alpha)^2 dx = \frac{(\beta-\alpha)^3}{3}.$$

問 4 上の 2 つの式を，つぎの 2 つの方法で確かめよ．

① 積分範囲を移動する．

② 展開する．

問5 つぎの定積分を求めよ．
$$\int_\alpha^\beta (x-\alpha)^3\,dx$$

問6 つぎの定積分をいろいろな方法で計算せよ．

① $\int_2^5 (x-2)\,dx$ ② $\int_{-3}^1 (x+3)^2\,dx$

③ $\int_1^{10} (x-1)^3\,dx$

定積分の計算では，つぎのような形の式の計算をすることがよくある．
$$\int_\alpha^\beta (x-\alpha)(\beta-x)\,dx,$$
$$\int_\alpha^\beta (x-\alpha)^2(\beta-x)\,dx,$$
$$\int_\alpha^\beta (x-\alpha)(\beta-x)^2\,dx.$$

これらの定積分は，展開して直接計算することもできるが，下端が0になるように変形すると容易に求めることができる．

例1
$$\begin{aligned}\int_2^5 (x-2)(5-x)\,dx &= \int_0^3 X(3-X)\,dX\\&= \int_0^3 (3X-X^2)\,dX\\&= \left[\frac{3}{2}X^2 - \frac{X^3}{3}\right]_0^3\\&= 3^3\left(\frac{1}{2} - \frac{1}{3}\right)\end{aligned}$$

$$y = (x-2)(5-x)$$

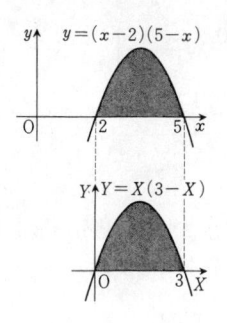

$$Y = X(3-X)$$

$$= \frac{27}{6} = \frac{9}{2}.$$

例 2 $\quad \displaystyle\int_1^2 (x-1)^2(2-x)dx$

$$= \int_0^1 X^2(1-X)dX$$

$$= \int_0^1 (X^2 - X^3)dX$$

$$= \left[\frac{X^3}{3} - \frac{X^4}{4}\right]_0^1$$

$$= \frac{1}{3} - \frac{1}{4} = \frac{1}{12}.$$

例 3 $\quad \displaystyle\int_{-1}^4 (x+1)(4-x)^2 \, dx$

$$= \int_0^5 X(5-X)^2 \, dX$$

$$= \int_0^5 (25X - 10X^2 + X^3)dX$$

$$= \left[\frac{25}{2}X^2 - \frac{10}{3}X^3 + \frac{X^4}{4}\right]_0^5$$

$$= 5^4\left(\frac{1}{2} - \frac{2}{3} + \frac{1}{4}\right)$$

$$= \frac{5^4}{12} = \frac{625}{12}.$$

問7 例1から例3までの定積分を展開して計算せよ．

問8 つぎの定積分を求めよ．

① $\int_{-2}^{1}(x+2)(1-x)dx$

② $\int_{3}^{5}(x-3)(5-x)dx$

③ $\int_{1}^{4}(x-1)^2(4-x)dx$

④ $\int_{-2}^{1}(x+2)(1-x)^2 dx$

問9 $-2x^2+5x-2$ を因数分解し，136ページ例1の方法を用いて，定積分

$$\int_{\frac{1}{2}}^{2}(-2x^2+5x-2)dx$$

を求めよ．

練習問題

1 つぎの定積分をいろいろな方法で求めよ．

(1) $\int_{-1}^{3}(x+1)(3-x)dx$

(2) $\int_{\frac{2}{3}}^{2}(3x-2)(2-x)dx$

(3) $\int_{-1}^{2}(x+1)(2-x)^2\,dx$

2 $-6x^2+x+1$ を因数分解し，これを用いてつぎの定積分を求めよ．

$$\int_{-\frac{1}{3}}^{\frac{1}{2}}(-6x^2+x+1)dx$$

3 つぎの等式がなりたつことを示せ．

$$\int_{\alpha}^{\beta}(x-\alpha)(\beta-x)dx = \frac{(\beta-\alpha)^3}{6}$$

4 (1) $\int_{0}^{c}X^2(c-X)^2\,dX$ を求めよ．

(2) $\int_{1}^{3}(x-1)^2(3-x)^2\,dx$ を求めよ．

3.3 面積と体積

3.3.1 2曲線のかこむ面積

前節で，定積分のいろいろな計算法を学んだ．これを用いて2曲線のかこむ面積を求めてみよう．

126ページで述べたように，$f(x) > g(x)$ のとき，2つの曲線 $y = f(x)$ と $y = g(x)$ のあいだの $a \leq x \leq b$ における部分の面積は，

$$\int_a^b \{f(x) - g(x)\} dx$$

で求めることができる．

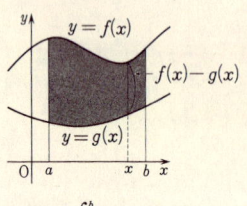

図1　$\int_a^b \{f(x) - g(x)\} dx$

これは，この部分を y 軸に平行に切った切り口に微小な幅をかけて加えることを意味している．

例　$-1 \leq x \leq 2$ の範囲で

$$y = x^2 + 1 \text{ および } y = \frac{1}{4}(x-1)^2$$

のあいだにはさまれる部分の面積を求めよう．

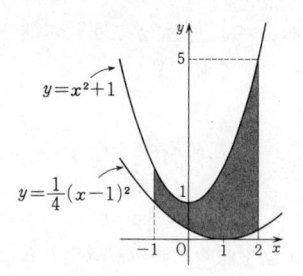

上の図から，求める面積は

$$\int_{-1}^{2}\left\{(x^2+1)-\frac{1}{4}(x-1)^2\right\}dx$$

$$=\int_{-1}^{2}\left(\frac{3}{4}x^2+\frac{1}{2}x+\frac{3}{4}\right)dx \text{ }^{1)}$$

$$=\left[\frac{1}{4}x^3+\frac{1}{4}x^2+\frac{3}{4}x\right]_{-1}^{2}$$

$$=\frac{1}{4}\{(8+4+6)-(-1+1-3)\}$$

$$=\frac{21}{4}$$

問1 $1\leqq x\leqq 2$ で，

$$y=2x-3 \text{ と } y=x^2$$

のあいだにはさまれる部分の面積を求めよ．

---

1) この定積分は

$$\int_{0}^{3}\left\{\frac{3}{4}(X-1)^2+\frac{1}{2}(X-1)+\frac{3}{4}\right\}dX$$

と変形できる．

2つの曲線あるいは直線でかこまれる部分の面積を，いろいろな場合について求めよう．

数学Ⅰで，
$$y > 2x-1$$
は，直線
$$y = 2x-1$$
で区切られる x-y 平面の上側の領域を表した．

同じように，不等式
$$y > -x^2+6x-4$$
は，下の図のように，放物線
$$y = -x^2+6x-4$$
で区切られる x-y 平面の上側の領域を表し，
$$y < -x^2+6x-4$$
は下側の領域を表す．

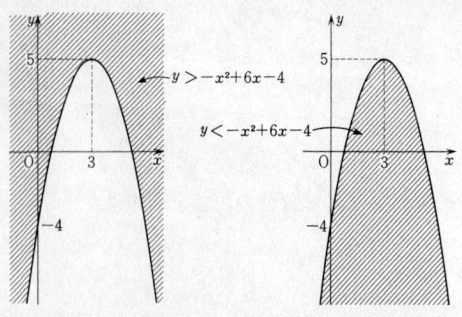

図2　$y>-x^2+6x-4$ が表す領域．境界をふくまない．　　図3　$y<-x^2+6x-4$ が表す領域．境界をふくまない．

一般の曲線 $y=f(x)$ についても同様に,

$y > f(x)$ でその上側の領域,

$y < f(x)$ でその下側の領域

を表すものと考える.

したがって, 2つの不等式

$$y \geqq 2x-1 \text{ および } y \leqq -x^2+6x-4$$

を同時にみたす領域は, これらの領域の共通部分として下の図4の斜線の部分である.

この部分の面積を求めてみよう.

$$y = -x^2+6x-4 \text{ と } y = 2x-1$$

との交点を求めるために,

$$-x^2+6x-4 = 2x-1$$

とおくと,

$$x^2-4x+3 = 0.$$

これを解いて

$$x = 1, \ x = 3.$$

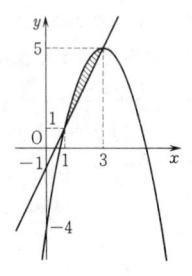

図4 2つの不等式 $2x-1 \leqq y$, $y \leqq -x^2+6x-4$ を同時にみたす領域

そこで，
$$(-x^2+6x-4)-(2x-1) = (x-1)(3-x)$$
であるから，135ページの問1で確かめたことを用いて，求める面積は
$$\int_1^3 (x-1)(3-x)dx = \int_0^2 X(2-X)dX = \frac{4}{3}.$$

問2 つぎの2つの不等式を同時にみたす領域を図示し，その面積を求めよ．
$$x^2 \leq y, \ y \leq 2x+3$$

問3 2つの曲線
$$y = -2x^2+2x, \ y = x^2-1$$
によってかこまれる部分の面積を求めよ．

例題 $y=x^3$ のグラフと，その上の点 $(1, 1)$ における接線とがかこむ図形の面積を求めよ．

解 $y=x^3, \ y'=3x^2$.

これから，点 $(1, 1)$ における接線の傾きは3であるから，接線の式は
$$y-1 = 3(x-1) \ \text{すなわち} \ y = 3x-2$$
である．曲線と接線の共有点の x 座標は
$$x^3 = 3x-2,$$
$$x^3-3x+2 = 0,$$
$$(x+2)(x-1)^2 = 0.$$
これを解いて，$x=1, -2$ が得られる．ただし，$x=1$ は重根である．

したがって，求める面積は

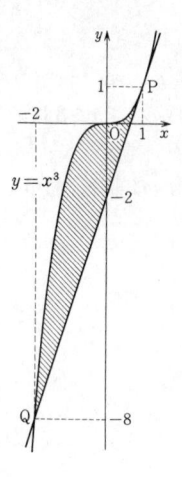

$$\int_{-2}^{1}\{x^3-(3x-2)\}dx = \int_{-2}^{1}(x+2)(1-x)^2\,dx$$
$$= \int_{0}^{3} X(3-X)^2\,dX$$
$$= \int_{0}^{3}(9X-6X^2+X^3)dX$$
$$= \left[\frac{9}{2}X^2-\frac{6}{3}X^3+\frac{1}{4}X^4\right]_{0}^{3}$$
$$= 3^4\left(\frac{1}{2}-\frac{2}{3}+\frac{1}{4}\right) = \frac{27}{4}.$$

問4 前ページの例題で,点 $(-2, -8)$ における接線と曲線でかこまれる部分の面積を求めよ.

問5 つぎの2つの不等式
$$2x-1 \leq y, \quad y \leq -x^3+5x^2-5x+2$$
を同時にみたす領域の $1 \leq x \leq 3$ における部分の面積を求めよ．

問6 つぎの図で斜線の部分の面積を求めよ．

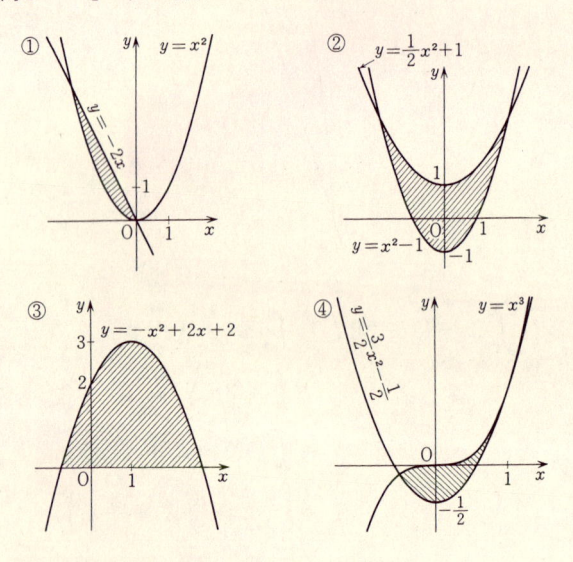

① $y=x^2$, $y=-2x$

② $y=\frac{1}{2}x^2+1$, $y=x^2-1$

③ $y=-x^2+2x+2$

④ $y=x^3$, $y=\frac{3}{2}x^2-\frac{1}{2}$

3.3.2 体積

定積分を用いて，いろいろな立体の体積を求めることができる．

いま，空間に z 軸をとり，立体の高さが $a<b$ として

$z=a$ から $z=b$ まであって,z 軸に垂直な平面による切り口の断面積が,0 からの高さ z のところで $f(z)$ になっているとする.

$z=a$ と $z=b$ の間に n 個の分点 $z_1, z_2, z_3, \cdots, z_{n-1}, z_n$ をとり

$$a < z_1 < z_2 < \cdots < z_{n-1} < z_n = b$$

とする.

$$z_1 - a = \Delta z_1,$$
$$z_2 - z_1 = \Delta z_2,$$
$$z_3 - z_2 = \Delta z_3,$$
$$\cdots\cdots\cdots\cdots$$
$$z_n - z_{n-1} = b - z_{n-1} = \Delta z_n$$

とおき,111 ページの式(1)にならって,

$$\sum_{k=1}^{n} f(z_k) \Delta z_k \tag{1}$$

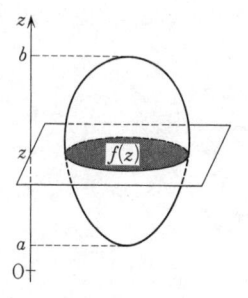

図1 立体を z 軸に垂直な平面で切る.

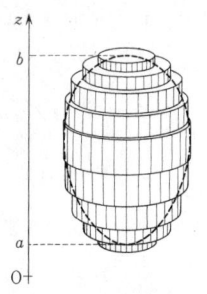

図2 立体の体積を薄い板をつみ重ねて表す.

をつくれば，これは図2のような薄い板をたくさんつみ重ねた立体の体積で，求める体積に近い．

そこで，すべての Δz_k が0に近づくように n を限りなく大きくしていったとき，上の式(1)の近づいていく値

$$\int_a^b f(z)dz$$

が求める体積にほかならない．

これは，z 軸に垂直な平面で立体を切ったときの切り口の面積に微小な厚さをかけて加えることを意味している．

例 底面積が S，高さが h の錐体の体積は

$$\frac{1}{3}Sh$$

であることを示そう．

底面に垂直に z 軸をとり，頂点で $z=0$ とし，高さ z における切り口の面積を $f(z)$ とする．

この切り口の図形は底面と相似形で，底面との相似比は

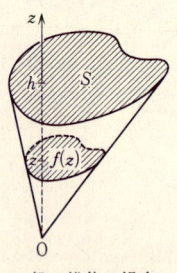

一般の錐体の場合

$\dfrac{z}{h}$ である.面積比は相似比の2乗であるから,それは $\left(\dfrac{z}{h}\right)^2$ になり

$$f(z) = \left(\dfrac{z}{h}\right)^2 S = \dfrac{S}{h^2}\cdot z^2.$$

したがって,この錐体の体積は,

$$\int_0^h \dfrac{S}{h^2}\cdot z^2\,dz = \dfrac{S}{h^2}\cdot\dfrac{h^3}{3}$$

$$= \dfrac{1}{3}Sh. \quad^{1)} \qquad (2)$$

問1 底面の半径 a,高さ h の直円錐の場合,および底面が1辺 a の正方形で高さ h の四角錐の場合に上の式(2)がなりたつことを確かめよ.

問2 底面の半径が 10 cm の直円柱がある.底面の直径を含み,底面と 45° の角をつくる平面でこの直円柱を切るとき,切りとられる部分の立体の体積を求めたい.下の図の直径 AB に垂直な切り口を考えて,これを求めよ.

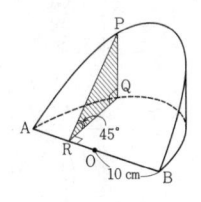

---

1) 錐体の体積=底面積×高さ×$\dfrac{1}{3}$

3.3.3 回転体の体積

下の図1のように，z軸のまわりに，ある曲線を回転して得られる立体，すなわち回転体の体積を求めよう．

このとき，z軸に垂直な平面によるこの回転体の切り口は，z軸と平面との交点を中心とする円になっている．

この場合，高さzの点でz軸と立体の表面との距離rが，
$$r = g(z)$$
になっているとすると，この点における切り口の面積$f(z)$は，
$$f(z) = \pi r^2 = \pi\{g(z)\}^2$$
であるから，この回転体の体積は，
$$\pi \int_a^b \{g(z)\}^2 \, dz$$
となる．

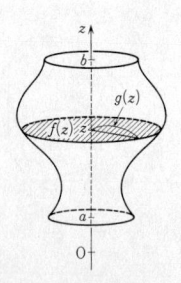

図1　回転体の場合

例　半径aの球の体積を求めてみよう．

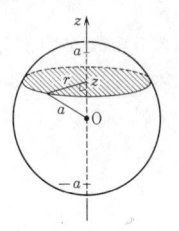

半径aの球

この球が，$-a \leq z \leq a$にあるものとして，$z=0$からの高さzにおける切り口の円の半径をrとすると，三平方の定理から
$$z^2 + r^2 = a^2.$$
したがって
$$r^2 = a^2 - z^2.$$
そこで，求める球の体積は
$$\pi \int_{-a}^{a} (a^2 - z^2) dz$$
となる．これを計算すると，
$$\begin{aligned}\pi \int_{-a}^{a} (a^2 - z^2) dz &= \pi \left[a^2 z - \frac{z^3}{3} \right]_{-a}^{a} \\ &= \pi \left(2a^3 - \frac{2}{3} a^3 \right) \\ &= \frac{4}{3} \pi a^3.\end{aligned}$$
すなわち，半径aの球の体積は$\dfrac{4}{3}\pi a^3$である．

問 1 底面の半径が a, 高さが h の直円錐を回転体と考えて, その体積を求めよ.

問 2 放物線 $y=x^2$ の $0 \leq x \leq 2$ の部分を y 軸のまわりに回転してできる回転体の体積を求めよ.

また, 同じ部分を x 軸のまわりに回転してできる回転体の体積を求めよ.

練習問題

1 つぎの図の斜線部分の面積を求めよ.

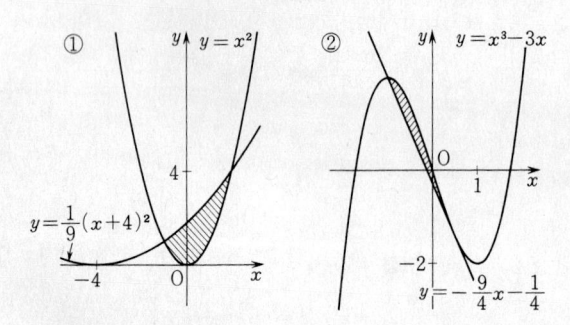

2 上底が半径 a の円, 下底が半径 b の円で厚さが h である円錐台の体積を求めよ.

3 つぎの 2 つの不等式
$$0 \leq y, \quad y \leq -x^2+4x-3$$
で表される領域を x 軸のまわりに回転してできる立体の体積を求めよ.

3.4 量と積分

3.4.1 速度と変位

定積分を用いていろいろな量を求めることができる.

$\int_a^b f(t)dt$ は, 111-112 ページで述べたように, $f(t_k)\Delta t_k$ を加え合わせることがもとになっている. したがって

$$\int_a^b f(t)dt$$

が表す量の単位は, $f(t)$ が表す量の単位と t が表す量の単位をかけたものになっている.

たとえば, $f(t)$ が速度, t が時刻を表すときは $f(t_k)\Delta t_k$ は

速度×時間

であるから, Δt_k 時間の位置の変化, すなわち有向距離を表している.

ここで, 速度 $f(t)$ が一定ならば $t=a$ から $t=b$ までの有向距離は, 下の図のような長方形の面積に符号をつけて表される. $f(t)>0$ なら, この面積は正で前進したことを

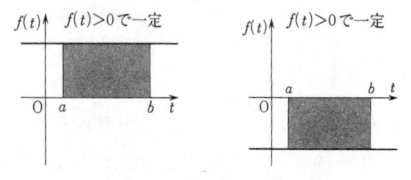

図1 長方形の面積は有向距離を表す.

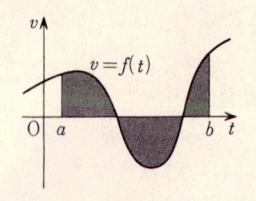

図2 $v=f(t)$ が連続的に変化する場合

示し，$f(t)<0$ なら，この面積は負で後もどりしたことを示す．

速度 $f(t)$ が一定でなく，連続的に変化するとき，$t=a$ から $t=b$ までの位置の変化は，$v=f(t)$ のグラフと t 軸とのあいだの，$a\leqq t\leqq b$ における面積，すなわち

$$\int_a^b f(t)dt$$

で表される．ただし，ここでの面積には前ページに述べたように正・負の符号がついている．

問1 $t=a$ から $t=b$ までに動いた有向距離，すなわち変位が

$$\int_a^b f(t)dt$$

で表されることを，111 ページの式(1)のように考えて説明せよ．

例 直線上の動点 P のはじめの位置が原点 O から 2 cm のところにあり，時刻 t 秒における速度 $f(t)$ が (t^2-1) cm/

秒であるとする.

つぎのおのおのを求めてみよう.

$$\int_0^1 (t^2-1)dt, \qquad \int_1^3 (t^2-1)dt, \qquad \int_0^3 (t^2-1)dt.$$

これらはそれぞれ何を表すだろうか.

また, $t=3$ のときの点Pの位置を求めてみよう.

上の3つの定積分は, 下の図の S_1, S_2, および S_1+S_2 を表している. ただし, $S_1<0$, $S_2>0$ である. S_1, S_2, S_1+S_2 を計算すると

$$S_1 = \int_0^1 (t^2-1)dt = \left[\frac{t^3}{3}-t\right]_0^1 = -\frac{2}{3}.$$

この S_1 は, 点Pが $t=0$ のときの位置から $\frac{2}{3}$ cm だけ後もどりすること, すなわち負の方向に $\frac{2}{3}$ cm だけ移動

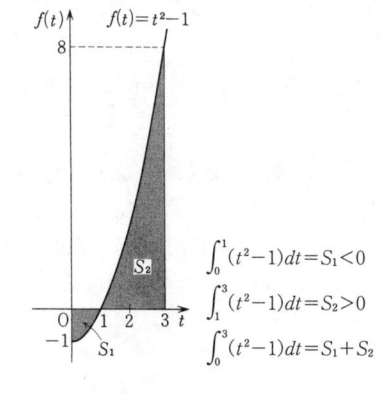

$\int_0^1 (t^2-1)dt = S_1 < 0$

$\int_1^3 (t^2-1)dt = S_2 > 0$

$\int_0^3 (t^2-1)dt = S_1 + S_2$

することを示す.

$$S_2 = \int_1^3 (t^2-1)dt = \left[\frac{t^3}{3}-t\right]_1^3 = \frac{20}{3}.$$

S_2 は, 点 P が $t=1$ のときの位置から $\frac{20}{3}$ cm だけ進むこと, すなわち, 正の方向へ $\frac{20}{3}$ cm だけ移動することを示している.

$$S_1+S_2 = \int_0^3 (t^2-1)dt = \left[\frac{t^3}{3}-t\right]_0^3 = 6.$$

これは, 点 P がはじめの位置から 6 cm だけ進むことを示している. $\frac{2}{3}$ cm 後退し, $\frac{20}{3}$ cm 進んだので, 結局 6 cm だけ進んだのである.

したがって, $t=3$ のときの位置は,

  (はじめの位置)+(変位) $= 2+6 = 8$ (cm)

として計算すればよい.

このとき, 実際に動いた距離, すなわち道のりはつぎのようになる.

$$|S_1|+|S_2| = \frac{2}{3}+\frac{20}{3} = \frac{22}{3} \quad \text{(cm)}.$$

一般に,

  (あとの位置) $=$ (はじめの位置)+(変位)

がなりたつ.

したがって, 動点 P の時刻 t における速度が $f(t)$, 位置が $F(t)$ で与えられるとき, はじめの位置を $F(a)$ とすると $t=x$ のときの位置は

$$F(x) = F(a)+\int_a^x f(t)dt$$

で表される.

問2 154ページの例で,点Pが出発した点をふたたび通過する時刻を求めよ.

問3 容器の中に5 l の水が入っていて,さらに水を注ぐ.注入される水の量は,注ぎはじめてから t 秒後には (t^2+t) l/秒になるという.10秒後の水の量は全部で何 l か.

3.4.2 傾きと高度差

曲線の傾きを用いて高度差を求めることもできる.

下の図のような坂があって,点Aから水平に x m 進んだ点Bでは,傾きが $\frac{1}{100}x$ になっているとする.点Aから水平に100 m 進むと,この坂は点Aよりどれくらい高くなるだろうか.

点Bにおける傾きが $\frac{1}{100}x$ であるから,ここからさら

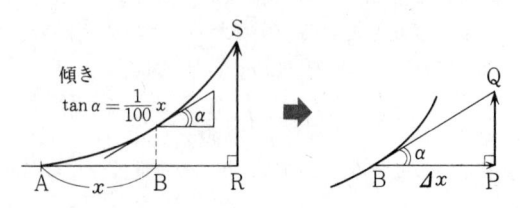

図1 傾き $\frac{1}{100}x$ の坂と高度差　PQ=$\varDelta x \tan\alpha = \frac{1}{100}x \cdot \varDelta x$

に Δx m 進むと $\frac{1}{100}x \cdot \Delta x$ m だけ高くなる．これは図の矢線 PQ である．

求める高度差は図の矢線 RS であるが，これは，PQ で示される微小な高度差を加えたものとみることができる．よって，RS は

$$\int_0^{100} \frac{1}{100} x \, dx = \left[\frac{1}{200} x^2\right]_0^{100} = 50 \quad (\text{m})$$

となる．

問 前ページの例で，A から水平に x m 進んだ地点における傾きが

$$x - 0.1 x^2$$

であるとすれば，A から水平に 10 m 進めば，何 m 高くなるか．

3.4.3 密度と質量

底面積 10 cm² の円柱状の容器ににごった水がはいっていて水の深さは 50 cm である．このにごり水の密度が容器の底では 2 g/cm³，水の表面では 1 g/cm³ で，深さとともに一様に変化している．すなわち，容器の底から x cm のところにおける密度を $f(x)$ g/cm³ とすると

$$f(x) = 2 - \frac{1}{50} x$$

となっているとする．このにごり水の質量はいくらだろうか．

底から x cm のところで，厚さ Δx cm の部分を考えると

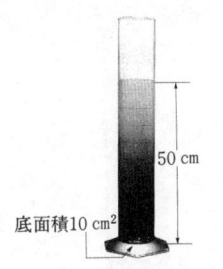

図1 にごった水の密度が深さとともに一様にかわる.

その体積は $10\Delta x\ \mathrm{cm}^3$ だからその部分の質量は

$$f(x)\times 10\Delta x = 10\left(2-\frac{1}{50}x\right)\Delta x \quad (\mathrm{g})$$

となり,求める質量はつぎのようになる.

$$\int_0^{50}10\left(2-\frac{1}{50}x\right)dx = \left[20x-\frac{1}{10}x^2\right]_0^{50}$$
$$= 750 \quad (\mathrm{g}).$$

問 地球の大気の密度は地表では
$$1.3\times 10^{-3}\ \mathrm{g/cm^3}$$
で,高度とともに減少し,地上 $x\,\mathrm{km}$ の高さでは地表の
$$\left(\frac{1}{39.5}\right)^4(x-39.5)^4\ 倍$$
になるという.ただし,地上 $39.5\,\mathrm{km}$ のところで大気はなくなるものとする.

これを用いて,地表に立てた底面積が $1\,\mathrm{cm}^2$ の気柱の質量を求めよ.

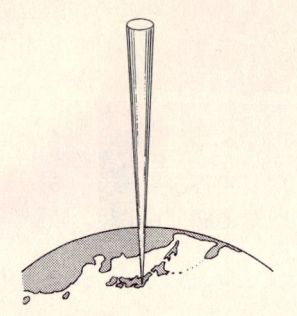

底面積 1 cm² の気柱

この質量は, 底面積 1 cm², 高さ 76 cm の水銀柱の質量にほぼ等しい. ただし, 水銀の密度は 13.6 g/cm³ である.

練習問題

1 直線上の動点 P の時刻 t 秒における速度は
$$t(2-t) \text{ cm/秒}$$
である. ただし, $t=0$ のときの動点 P の位置を原点とする.
(1) 時刻 x 秒における動点 P の原点からの有向距離 y を定積分を用いた式で表せ.
(2) 動点 P がふたたび原点を通るのは, 出発してから何秒後か.
(3) 動点 P がふたたび原点を通るまでに動いた道のりを求めよ.

2 長さ1mの金属棒の一端の温度が10℃で,この棒にそって x cm 進んだところでの温度の変化率は,$(x-0.01x^2)$ ℃/cm であるという.他端での温度を求めよ.

章末問題

1 $f(x)=1-x^2$ の $-1 \leq x \leq 1$ における平均値 M を求め，これを用いてつぎの定積分を計算せよ．

(1) $\int_{-1}^{1} \{f(x)-M\} dx$

(2) $\int_{-1}^{1} \{f(x)-M\}^2 dx$

(3) $\int_{-1}^{1} |f(x)-M| dx$

2 つぎの 2 つの曲線あるいは直線がかこむ部分の面積を求めよ．

(1) $y=-x^2-4x+5$, $y=2x+5$

(2) $y=x^2-x+3$, $y=-x^2+4x+1$

3 つぎの曲線と x 軸がかこむ部分の面積を求めよ．

(1) $y=x^3-3x^2$

(2) $y=(x^2-4)^2$

(3) $y=x(2-x)^3$

4 つぎの 2 つの不等式
$$x^2 \leq y, \quad y \leq x^4-5x^2+9$$
でかこまれる領域の面積を求めよ．

5 $y=ax^2+b$ が点 $(1, 1)$ を通り，この点における接線は，$y=x^3$ の上の点 $(1, 1)$ における接線と一致するという．

(1) a, b の値を求めよ．

(2) この 2 曲線でかこまれる部分の面積を求めよ．

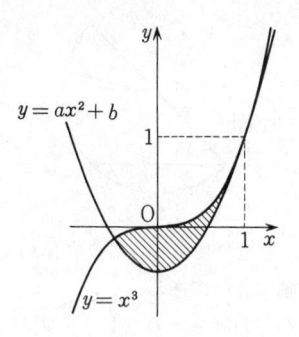

[図: $y=ax^2+b$ と $y=x^3$ のグラフ。点 $(1,1)$ を通る]

6 下の図のような，真上から見ると円，正面から見ると半円，真横から見ると直角二等辺三角形であるような立体の体積を求めよ．ただし，この円および半円の直径と，直角二等辺三角形の斜辺の長さは等しく，$2a$ であるとする．

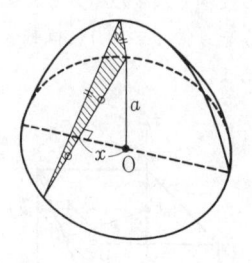

7 半球状の容器に水を入れて，つぎの図のように $45°$ 傾けたとき，容器の中に残っている水の量を求めよ．ただし，半球の半径を a とする．

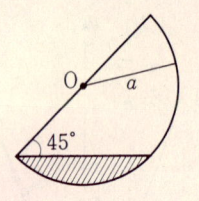

8 下の図は，1 辺の長さが a の立方体 OABC-DEFG で，辺 OD を z 軸にとってある．

いま，O からの高さ z の点 P から辺 OC に平行な直線をひき，辺 CG との交点を Q とする．さらに，点 Q から辺 BC に平行な直線をひき，対角線 BG との交点を R，辺 BF との交点を S とする．P と R を結ぶと △PQR で ∠PQR=90° である．このことを用いてつぎの問いに答えよ．

(1) 線分 PR の長さ r を z の関数で表せ．
(2) 対角線 BG を z 軸のまわりに回転して得られる回転体の体積を求めよ．

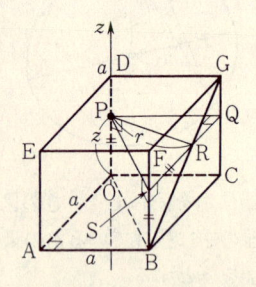

9 3次関数 $y=f(x)$ は, $f(0)=0$, $f(1)=9$ で, $x=4$ で極小値 0 をとるという. この 3 次関数のグラフと x 軸によってかこまれる部分の面積を求めよ.

数学の歴史　3

　微積分は，ニュートンやライプニッツの以前にも，ガリレオやケプラー以来の歴史があり，なかでもケプラーが回転体の体積の計算をしたり，パスカルが積分の変数の変換を考えたことなどがあるが，さらにその淵源をたずねると，ギリシア数学者，なかでもシチリアにいたアルキメデス（前287?-212）に，微積分の発想を見いだすことができる．

　その超技術者ぶりは，プルタークに出ているが，これはちょっと信じがたい．ローマの軍艦を鉄の角で海底に突きさしたり，鉤でつりあげて岩にぶつけて砕いたり，はては，つるしてぐるぐる回して乗組員をふり落としたり，鏡で太陽光線を集めて遠くの艦隊を燃やしたり，といった調子である．

　また，一方では，入浴中に発見したことに，「ユリイカ！（わかった！）」と叫びながら街頭を裸で走った話も有名である．もっとも，これと矛盾するようだが，ものを考えだすと風呂に入らなかったという説話もあり，無理に風呂に入れて油を塗ると，それに線を引いて幾何を考えはじめた

ともいう．

どうも，この2つのタイプの説話は，とても信じられない技術のもち主か，まったく世俗性をもたない真理への献身者というように，ドラマチックに誇張したきらいがある．いまに残っているアルキメデスの書簡は，むしろ生活者の抑制のきいた文体である．しかし，ローマ軍がシラクサに侵入したとき，図形をかいて考えていて，兵士に殺されたことによって，歴史物語に名をとどめている．「わしの図形からどけ」とわめいた，という説もある．

それはともかく，アルキメデスの発想には，確かに後代の微積分につながるものがあった．しかし，そのことはまた，ギリシア数学の正統から離れることでもあり，アルキメデス自身，そのことを苦にしていた．そもそも，無限といった発想は，ギリシアではタブーだったのである．ギリシアにあっては，有限の世界に完全な調和をもって万物はあらねばならなかった．ガリレオやケプラーが克服せねばならなかったのも，そうしたギリシア的制約だったのである．

この時代，ギリシアといってもアレクサンダー大王没後の時代の東地中海一帯だが，その時代のギリシア数学の高揚は，ギリシア数学の限界をつき破る域に達していた．アルキメデスにしても，そうしたギリシア数学の矛盾を先鋭に体現していたのである．学問がある発想の枠組みで成熟し，やがてその枠組みを突破することがある．時代が成熟していれば，それは学問の転換の契機になるだろう．

ただし，ギリシア数学の場合，アルキメデスの時代で，その矛盾は凍結されてしまった．ギリシア数学正統は，それから数世紀にわたって，精緻に学問の花を咲かせるのではあるが，17世紀のヨーロッパまで，この問題が論ぜられることはなかった．

前305 エジプトにプトレマイオス王朝．この頃，ユークリッドがアレキサンドリアにいた？
前275 ローマ軍，南イタリア征服．
前264 ローマ，カルタゴと戦う．
前218 カルタゴのハンニバル，アルプス越え．この頃に中国では，万里の長城が完成．
前211 ローマ軍，シラクサに侵入．
前202 スキピオ，ハンニバルを撃破．中国では，劉邦が項羽を破る．
前146 カルタゴ滅亡．

第4章 指数関数・対数関数

親睦(しんぼく)旅行の車中で，生まれて初めてトランプ遊びをしたY老先生「ババぬきって，おもしろいですねえ」

10時から12時までの講義に，12時すぎに来られたI先生，教室に残って弁当を食べていた学生たちに「あ，まだいいですか，じゃはじめましょう」

用務員室にやってきたM先生「おばさん，今日は学生がいないけど，どうしたの」「いやだね先生，もう冬休みですよ」

みな日本の立派な数学者たちである．

4.1 指数関数

4.1.1 倍々の法則

「まだある．ガマの油の効能は，……白紙を一まい切ってごらんに入れる．白紙一まい切れるときにおいては，人間の生皮…たしか，一分は切れるという．どうだ，一まいが二まい，二まいが四まい，四まいが八まい，八まいが十と六まい，十と六まいが三十と二まい，三十と二まいが六十と四まい，六十と四まいが一百と二十八まい，プフーッ．」

上の文は古典落語「蟇の油」の一節である．

1枚の紙を半分，その半分，またその半分，…と切って，それらを重ねていく．20回切ることが可能だとすれば，「その厚さ」はどれくらいになるだろうか．1枚の紙の厚さ

を 0.1 mm として計算してみよう．

問1 その厚さはだいたいつぎのどれになると思うか．見当で答えよ．

① 10 cm ② 1 m ③ 10 m ④ 100 m ⑤ その他

紙の厚さを A とすれば，

  1回切って重ねた厚さは　　　　　　　　$A \times 2$，

  2回では　　　　　　$(A \times 2) \times 2 = A \times 2^2$，

  3回では　　　　　　$(A \times 2^2) \times 2 = A \times 2^3$，

  ……………

  20回では　　　　　　　　　　　　　　$A \times 2^{20}$，

$$2^{10} = 1024 \fallingdotseq 1000$$

であるから[1]，　　$2^{20} \fallingdotseq 1000^2 = 1000000$．

よって，その厚さはだいたい

$$0.0001 \times 1000000 = 100 \quad (\text{m})$$

となる．予想はあたったであろうか．

例 消費者物価が毎月 1% ずつ上昇していくとする．この割合でいけば現在 400 円のラーメンは，10 年後にはいくらになっているだろうか．

  1カ月後には　　　400 円 $\times 1.01$，

  2カ月後には　　　400 円 $\times 1.01^2$，

  …………

  1年後には　　　　400 円 $\times 1.01^{12}$，

---

[1] 第1章「数列」22ページ参照．

10 年後には　　400 円 × 1.01^{120}.

ここで, 1.01^{120} を計算すると[1]

$$1.01^{120} \fallingdotseq 3.3.$$

したがって,

$$400 \times 3.3 = 1320 \quad (円).$$

物価が毎月 1% 上昇していくと, 400 円のラーメンは, 10 年後には 1320 円になる.

問 2　光線がある種のガラス板を 1 枚通過するごとに, その光度の $\dfrac{1}{10}$ を失うという.

ガラス板を通過する前の光度を A とし, x 枚のガラス板を通過した光度を y とする. つぎの問いに答えよ.

① y は x のどんな式で表されるか.
② 10 枚通過したときの光度を求めよ[2].

4.1.2　指数の拡張(1)

ある種のバクテリアを培養基で増殖させると, その変化は一定の法則にもとづくことが知られている.

つぎの表 1 およびグラフは, そのバクテリアの増殖のようすを示したもので, x は時刻, y はバクテリアの量を mg で測った値である.

このバクテリアは, 測定をはじめたときの量は 3 mg で,

---

1)　この値は,「4.2 対数関数」で計算することができる.
2)　電卓で計算してもよい.

4.1 指数関数

表1 バクテリアの増殖

時刻 x 時間	バクテリアの量 y mg
0.0	3.00
0.1	3.22
0.2	3.45
0.3	3.69
0.4	3.96
0.5	4.24
0.6	4.55
0.7	4.87
0.8	5.22
0.9	5.60
1.0	6.00
1.1	6.43
1.2	6.89
1.3	7.39
1.4	7.92
1.5	8.49
1.6	9.09
1.7	9.75
1.8	10.45
1.9	11.20
2.0	12.00
2.1	12.86
2.2	13.78
2.3	14.77
2.4	15.83
2.5	16.97
2.6	18.19
2.7	19.49
2.8	20.89
2.9	22.39
3.0	24.00
3.1	25.72
3.2	27.57
3.3	29.55
3.4	31.67
3.5	33.94
3.6	36.38
3.7	38.99
3.8	41.79
3.9	44.79
4.0	48.00
…	…

$y = 3 \times 2^x$

1時間後には6mgになるから,その量は1時間で2倍にふえた.表1をみると,どの1時間の経過に対してもその量はいつでも2倍になっている[1].

表1から,x が自然数の場合をとり出してみると,下の表2のようになる.このことから,x が自然数の場合,x 時間後のバクテリアの量を y mg とすると

$$y = 3 \times 2^x \tag{1}$$

がなりたつ.

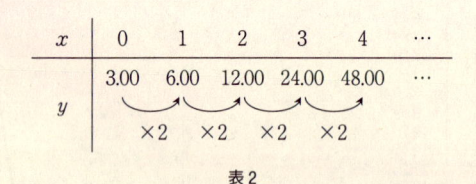

x	0	1	2	3	4	⋯
y	3.00	6.00	12.00	24.00	48.00	⋯

×2　×2　×2　×2

表2

今度は,1時間前,2時間前,3時間前,…のバクテリアの量を考えてみよう.

次ページの表3からわかるように,

−1時間後 　　 $3 \times \dfrac{1}{2}$,

−2時間後 　　 $3 \times \dfrac{1}{2^2}$,

−3時間後 　　 $3 \times \dfrac{1}{2^3}$,

---

[1] x が自然数の場合をのぞいて小数第3位を4捨5入してあるので,いくぶんのちがいはある.

$$
\begin{array}{c|ccccccc}
x & \cdots & -3 & -2 & -1 & 0 & 1 & \cdots \\
\hline
 & & \multicolumn{5}{c}{\times 2 \quad \times 2 \quad \times 2 \quad \times 2} \\
y & \cdots & \dfrac{3}{8} & \dfrac{3}{4} & \dfrac{3}{2} & 3 & 6 & \cdots \\
 & & \multicolumn{5}{c}{\times \dfrac{1}{2} \quad \times \dfrac{1}{2} \quad \times \dfrac{1}{2} \quad \times \dfrac{1}{2}}
\end{array}
$$

表3

……

$-n$ 時間後　　$3 \times \dfrac{1}{2^n}$

となり[1]，

0 時間後　　3

である．

数学 I で学んだように

$$2^{-n} = \frac{1}{2^n},$$

$$2^0 = 1$$

であったから，式(1)は x の任意の整数についてのバクテリアの量を表している．

たとえば，5 時間前のバクテリアの量は，式(1)で，$x = -5$ とおいて

---

[1]　$-n$ 時間後とは，n 時間前のことである．

$$3 \times 2^{-5} = 3 \times \frac{1}{2^5} = \frac{3}{32} \quad (\text{mg})$$

となる.

問 はじめ 5 mg あって，1 時間に 3 倍となるバクテリアがある.

① x 時間後のバクテリアの量はどんな式で表されるか.
② 3 時間後，2 時間前，0 時間後のバクテリアの量を求めよ.

4.1.3 指数の拡張(2)

前項で扱ったバクテリアは，1 時間たつごとに 2 倍になり，2 時間ごとに 4 倍，3 時間ごとに 8 倍になった.

このように，174 ページで学んだつぎの式

$$y = 3 \times 2^x \tag{1}$$

は，x が一定時間たつごとに y は一定倍になる，という性質がある.

問1 173 ページの表 1 から，0.3 時間たつごとに，バクテリアの量のふえる倍率が一定になっているかどうか調べよ.

つぎに，x が整数でないときも，(1)がバクテリアの量を表すように 2^x の意味を定めよう. そのために，x が一定時間たつごとに y は一定倍になるという性質を使う.

たとえば，20 分後，すなわち $\frac{1}{3}$ 時間後の量は $x = \frac{1}{3}$ を (1)の右辺に代入して

$$3\times 2^{\frac{1}{3}}$$

と表せる.

一方,20分ごとにバクテリアがp倍になるとすると,その量は

$$\begin{aligned}&20\text{分後} &&3\times p,\\ &40\text{分後} &&3\times p^2,\\ &1\text{時間後} &&3\times p^3\end{aligned}$$

になる.

x	0	$\frac{1}{3}$	$\frac{2}{3}$	1	$\frac{4}{3}$	$\frac{5}{3}$	2	…
y	3	$3p$	$3p^2$	$3p^3$	$3p^4$	$3p^5$	$3p^6$	…

表1

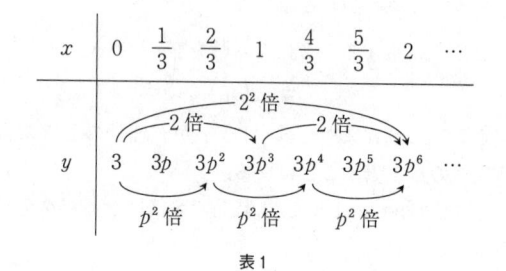

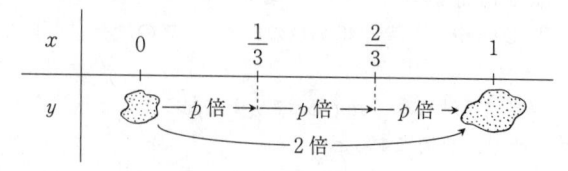

表2 20分でp倍,1時間で2倍になる.

ところで,1時間後には2倍になるから

$$3\times p^3 = 3\times 2 \quad \text{すなわち} \quad p^3 = 2$$

がなりたち, p は3乗すると2になる数であることがわかる[1]).

そして
$$3\times 2^{\frac{1}{3}} = 3\times p \quad \text{すなわち} \quad 2^{\frac{1}{3}} = p$$
がなりたつから, 同じように, 1時間40分後, すなわち $\frac{5}{3}$ 時間後のバクテリアの量は,
$$3\times 2^{\frac{5}{3}} = 3p^5 = 3\times \left(2^{\frac{1}{3}}\right)^5.$$
したがって, $2^{\frac{5}{3}} = \left(2^{\frac{1}{3}}\right)^5$ となる.

ここで, m 乗すると2になる数を $2^{\frac{1}{m}}$ と書き,
$$2^{\frac{n}{m}} = \left(2^{\frac{1}{m}}\right)^n$$
と定める. これにより, 式(1)は x が有理数のときにもバクテリアの量を表すことになる.

問2 はじめ 5 mg あって, 1時間で8倍になるバクテリアがある.

① x 時間後のバクテリアの量 y を表す式を書け.

② 20分後, 1時間40分後のバクテリアの量を求めよ.

一般に, はじめ A mg あって, 1時間ごとに a 倍になるバクテリアを例にすると,
$$\begin{cases} \left(a^{\frac{1}{m}}\right)^m = a \quad [2]) \\ a^{\frac{n}{m}} = \left(a^{\frac{1}{m}}\right)^n \end{cases}$$

[1) 3乗して2になる数は約 1.260 だから $p \doteqdot 1.260$ である.
[2) $a^{\frac{1}{m}}$ を $\sqrt[m]{a}$ という記号で表すこともある.

と定められる．

問3 つぎの値を求めよ．

① $8^{\frac{2}{3}}$ ② $9^{0.5}$ ③ $16^{\frac{3}{2}}$ ④ $32^{0.4}$

指数が有理数の場合も，つぎの指数法則 I～IV がなりたつ．

I $a^s a^t = a^{s+t}$．

II $a^{-t} = \dfrac{1}{a^t}$．

III $(a^s)^t = a^{st}$．

IV $(ab)^t = a^t b^t$．

たとえば，$a^{\frac{1}{4}} = p$ とおくと，

$$a^{\frac{1}{2}} \times a^{\frac{3}{4}} = p^2 \times p^3 = p^5 = \left(a^{\frac{1}{4}}\right)^5 = a^{\frac{5}{4}}$$

であるから，

$$a^{\frac{1}{2}} \times a^{\frac{3}{4}} = a^{\frac{1}{2} + \frac{3}{4}} = a^{\frac{5}{4}}.$$

また，$a^{\frac{1}{2}} \div a^{\frac{3}{4}}$ も，

$$a^{\frac{1}{2}} \div a^{\frac{3}{4}} = a^{\frac{1}{2}} \times \frac{1}{a^{\frac{3}{4}}} = a^{\frac{1}{2}} \times a^{-\frac{3}{4}}$$

$$= a^{\frac{1}{2} + \left(-\frac{3}{4}\right)} = a^{-\frac{1}{4}} = \frac{1}{a^{\frac{1}{4}}}$$

のように計算できる．

じつは，バクテリアを例にしておこなった指数の拡張も，形式的には上の I～IV がなりたつように拡張したことにほかならない．

問4 つぎの計算をせよ．

① $5^{\frac{1}{3}} \times 5^{\frac{1}{6}}$ ② $\left(2^{-\frac{2}{3}}\right)^{\frac{9}{2}}$

③ $\dfrac{a^{\frac{1}{3}} \times a^{\frac{3}{2}}}{a^{\frac{9}{4}}}$ ④ $\left(a^{\frac{2}{3}} \times a^{-\frac{1}{2}}\right)^6$

問5 つぎの式を展開せよ．

① $\left(a^{\frac{1}{2}} + b^{\frac{1}{2}}\right)\left(a^{\frac{1}{2}} - b^{\frac{1}{2}}\right)$ ② $\left(a^{\frac{1}{2}} - b^{\frac{1}{2}}\right)^2$

4.1.4 指数関数とそのグラフ

これまでに，$y = A \times a^x$ で表される現象を考えてきたが，ここで，

$$y = a^x \tag{1}$$

の形の関数について調べよう．

式(1)で表される関数を，a を底とする指数関数という[1]．指数関数は実数全体で定義され，その値域は正の実数全体である[2]．

つぎの3つの指数関数

$$y = 2^x, \tag{2}$$

$$y = 8^x, \tag{3}$$

$$y = \left(\frac{1}{2}\right)^x \tag{4}$$

---

1) $a > 0$, $a \neq 1$ である．
   指数関数という場合，以後 $a > 0$, $a \neq 1$ はことわらない．
2) 関数 $y = f(x)$ で，変数 x の変域に対する関数 y のとりうる値の範囲を値域という．

x	2^x	8^x	$\left(\dfrac{1}{2}\right)^x$
-2.0	0.25	0.02	4.00
-1.5	0.35	0.04	2.83
-1.0	0.50	0.13	2.00
-0.5	0.71	0.35	1.41
0.0	1.00	1.00	1.00
0.5	1.41	2.83	0.71
1.0	2.00	8.00	0.50
1.5	2.83	22.63	0.35
2.0	4.00	64.00	0.25

表1 $y=2^x$, $y=8^x$, $y=\left(\dfrac{1}{2}\right)^x$ の表

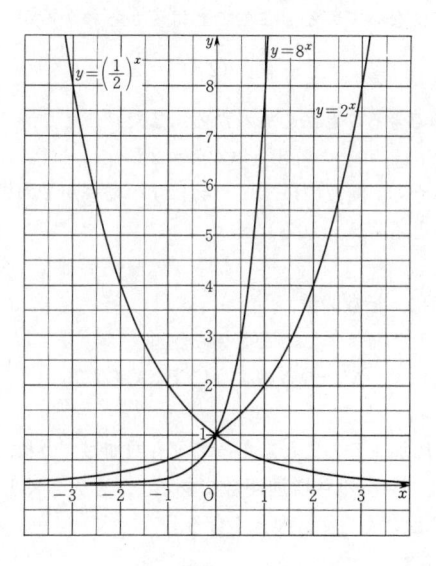

の変化について調べてみよう.

(2), (3), (4)の関数の表はそれぞれ前ページの表1のようになり, それをもとにしてこれらのグラフをかくとその下のようになる.

問1 $-2 \leqq x \leqq 2$ の範囲で, つぎの関数のグラフをかけ.

① $y=3^x$　　② $y=\left(\dfrac{1}{3}\right)^x$

③ $y=1.1^x$　　④ $y=0.1^x$

関数 $y=2^x$ と $y=\left(\dfrac{1}{2}\right)^x$ のグラフはたがいに y 軸に関して対称になっている. このことは表からわかるが,

$$\left(\dfrac{1}{2}\right)^x = (2^{-1})^x = 2^{-x}$$

と変形できることからもわかる. また,

$$8^x = (2^3)^x = 2^{3x}$$

であるから, 関数(2), (3), (4)はすべて底が2の指数関数であるとも考えられる.

一般に, 指数関数

$$y = a^x$$

の性質について, つぎのようにまとめられる.

Ⅰ　$a>1$ のとき

x が増加するのにともなって y も増加し, つねに増加する関数, すなわち増加関数である. x を大きくしていくと, a^x はいくらでも大きくなる.

x が負で絶対値を大きくしていくと，a^x はいくらでも 0 に近づく．すなわち，x 軸は $y=a^x$ のグラフの漸近線である．

また，$x=0$ のとき $y=1$ である．

Ⅱ　$0<a<1$ のとき

$\dfrac{1}{a}>1$ で，$a^x=\left(\dfrac{1}{a}\right)^{-x}$ であるから，$y=a^x$ のグラフは，図 2 のように増加関数 $y=\left(\dfrac{1}{a}\right)^x$ のグラフと y 軸に関して対称になる

したがって，$y=a^x$ はつねに減少する関数，すなわち減少関数である．やはり x 軸が漸近線で $x=0$ のとき $y=1$ となる．

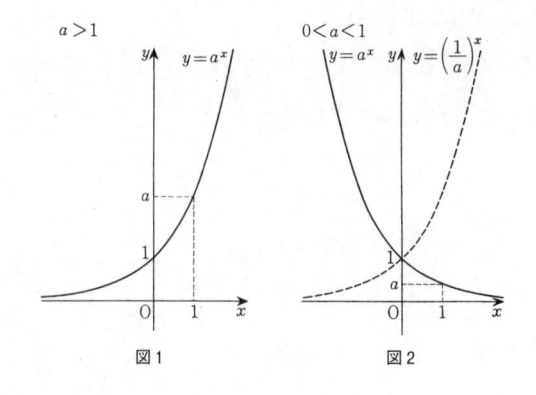

図 1　　図 2

例題　$27^{\frac{1}{4}}$ と $81^{\frac{1}{5}}$ の大小をくらべよ．

解　$27^{\frac{1}{4}}=(3^3)^{\frac{1}{4}}=3^{\frac{3}{4}}$，$81^{\frac{1}{5}}=(3^4)^{\frac{1}{5}}=3^{\frac{4}{5}}$．

$3^{\frac{3}{4}}$ より $3^{\frac{4}{5}}$ のほうが大きい．

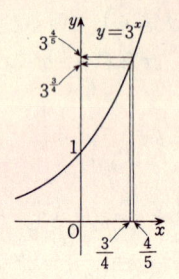

関数 $y=3^x$ は，増加関数である．$\dfrac{3}{4} < \dfrac{4}{5}$ だから $3^{\frac{3}{4}} < 3^{\frac{4}{5}}$ がなりたつ．

したがって $27^{\frac{1}{4}} < 81^{\frac{1}{5}}$．

問2 つぎの数の大小をくらべよ．

① $4^{\frac{1}{3}}$, $8^{\frac{1}{5}}$　② $\left(\dfrac{1}{9}\right)^{\frac{1}{3}}$, $\left(\dfrac{1}{27}\right)^{\frac{1}{4}}$

【補足】 累乗根(るいじょうこん)

2乗すれば a になる数を2乗根といったように, n 乗すれば a になる数, すなわち

$$x^n = a \tag{1}$$

となる x を a の n 乗根という. 2乗根, 3乗根, …, n 乗根, …をまとめて累乗根という.

ここでは, 累乗根を実数の範囲で考えることにする.

(1)から, 実数 a の n 乗根は, 関数

$$y = x^n \tag{2}$$

で, $y=a$ のときの実数 x の値であるから, 関数 $y=x^2$, $y=x^3$ などのグラフを考え, つぎのことがいえる.

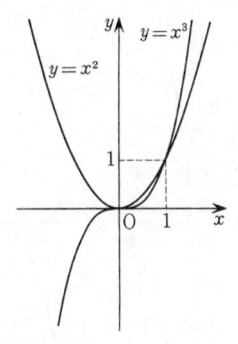

図1 $y=x^2$ と $y=x^3$ のグラフ

I n が偶数のとき

$a>0$ なら，a の n 乗根は正・負2つあってその絶対値は等しい．正のほうを $\sqrt[n]{a}$ で表し，負のほうを $-\sqrt[n]{a}$ と表す．

ただし，$\sqrt[2]{a}$ は単に $\sqrt{a}$ と書く．

とくに，$a=0$ のときは，n の偶数・奇数にかかわらず，その n 乗根は0である．すなわち

$$\sqrt[n]{0} = 0.$$

$a<0$ なら，a の n 乗根は実数の範囲にない．

II n が奇数のとき

a の n 乗根は，a の正・負にかかわらず実数の範囲にただ1つだけある．これを $\sqrt[n]{a}$ で表す．

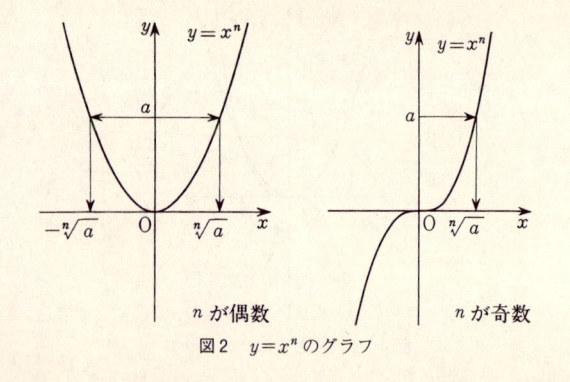

図2 $y=x^n$ のグラフ

$\sqrt[n]{a}$ は n 乗して a になる数のことだから,
$$(\sqrt[n]{a})^n = a \tag{3}$$
となる.

たとえば,$3^3=27$ だから $\sqrt[3]{27}=3$,
同じように $\sqrt[4]{16}=2$, $\sqrt[3]{-8}=-2$.
-27 の3乗根は,
$$\sqrt[3]{-27} = -3.$$
16 の 4 乗根は,
$$\sqrt[4]{16} = 2 \quad \text{と} \quad -\sqrt[4]{16} = -2.$$

また,n が正の整数で,$a>0$,$a \neq 1$ のとき
$$\left(a^{\frac{1}{n}}\right)^n = a \tag{4}$$
となることは,178 ページですでに述べた.

よって,(3), (4) から
$$\sqrt[n]{a} = a^{\frac{1}{n}} \tag{5}$$
と表せる.

したがって,
$$\sqrt[3]{27} = 27^{\frac{1}{3}} = (3^3)^{\frac{1}{3}} = 3.$$

$a>0$ のとき,
$$\sqrt[4]{a} = a^{\frac{1}{4}}, \quad \sqrt[5]{a} = a^{\frac{1}{5}},$$
$$\sqrt{\sqrt{a}} = \left(a^{\frac{1}{2}}\right)^{\frac{1}{2}} = a^{\frac{1}{4}}.$$

累乗根について，平方根と同じようにつぎのことがなりたつ．

$a>0$, $b>0$ のとき
$$\sqrt[n]{a}\sqrt[n]{b} = \sqrt[n]{ab},$$
$$(\sqrt[n]{a})^m = \sqrt[n]{a^m}.$$

練習問題

1 つぎの式を簡単にせよ．ただし，文字はすべて正とする．

(1) $4^{\frac{2}{3}} \times 8^{-\frac{1}{2}} \div 16^{-\frac{1}{6}}$

(2) $\left(a^{\frac{1}{3}} - 1\right)\left(a^{\frac{2}{3}} + a^{\frac{1}{3}} + 1\right)$

(3) $(a^x + a^{-x})^2 - (a^x - a^{-x})^2$

2 $2^x = 3$ のとき $\dfrac{2^{3x} + 2^{-3x}}{2^x + 2^{-x}}$ の値を求めよ．

3 つぎの数の大小をくらべよ．

$$0.5^4, \quad 0.5^{-3}, \quad 2^{-2}$$

4 $y = 2^x$ のグラフとつぎの関数のグラフの位置関係を調べよ．

(1) $y = \left(\dfrac{1}{2}\right)^x$ (2) $y = 2^{-x}$

(3) $y = \left(\dfrac{1}{2}\right)^{-x}$ (4) $y = 2^x + 1$

(5) $y = 2^{x-1}$ (6) $y = 2^{x+1} - 1$

5 指数関数 $y = a^x$ で，x の値が 2 だけ増したとき，y の値は 9 倍になったという．この指数関数を求めよ．

6 つぎの不等式はなりたつか．

(1) $5^{0.1} < 5^{0.2}$

(2) $\left(\dfrac{1}{5}\right)^{0.1} < \left(\dfrac{1}{5}\right)^{0.2}$

7 つぎの不等式をみたす x の範囲を求めよ．
 (1) $2^x > 8$
 (2) $0.3^x > 0.09$
 (3) $a^x > a^2$，ただし，$a > 0$, $a \neq 1$ とする．

4.2 対数関数

4.2.1 常用対数

非常に大きな数や小さな数を表すとき，10^n という記法がよく利用される．

たとえば，

$$100000 \text{ は } 10^5, \quad 0.00001 \text{ は } 10^{-5}$$

というように書く．

問1 つぎの数を 10^n の形に表せ．

① 100   ② 100000000
③ 1   ④ 0.1
⑤ 0.01   ⑥ 0.00000001

ところで，10 を底とする指数関数

$$y = 10^x$$

は増加関数で，そのグラフは下の図のようになる．

このグラフからわかるように，$y>0$ のとき，y の1つの

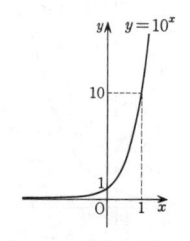

図1 $y=10^x$ のグラフ

値を指定すれば，それに対応する x の値が 1 つある．

このことは，どんな正の数も，10^x の形で表すことができることを示している．

それでは，2 を 10^x の形で表すと x はどんな値になるのだろうか．

この x を求めるのにつぎのような方法がある．すなわち，
$$2 = 10^x$$
とおいて両辺を 10 乗すると，
$$2^{10} = (10^x)^{10} = 10^{10x}.$$
ここで，$2^{10} = 1024 \fallingdotseq 10^3$ だから
$$10^3 \fallingdotseq 10^{10x}.$$
したがって，$x \fallingdotseq 0.3$．

すなわち，2 を 10^x の形で表すと，およそ $10^{0.3}$ となることがわかる．

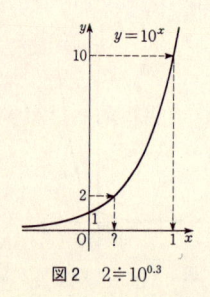

図 2　$2 \fallingdotseq 10^{0.3}$

つぎに，20 を 10^x の形で表すことを考えてみよう．

これは，$2 \doteqdot 10^{0.3}$ を用いると，
$$20 = 2 \times 10 \doteqdot 10^{0.3} \times 10 = 10^{1.3}$$
であるから，およそ $10^{1.3}$ と表せる．

ある正の数 p が 10 の x 乗で表せるとき，すなわち，$p = 10^x$ のとき，この x を
$$\log_{10} p \quad \text{あるいは単に} \quad \log p$$
と書き，p の常用対数という[1]．

上の 2 つの例を，この記号を用いて書くと
$$\log 2 = 0.3, \qquad \log 20 = 1.3$$
となる．

また，
$$100 = 10^2, \qquad 0.001 = 10^{-3}$$
であるから
$$\log 100 = 2, \qquad \log 0.001 = -3$$
である．

問 2 つぎの値をいえ．

① $\log 10$ ② $\log 10000$
③ $\log 1$ ④ $\log 0.0001$

4.2.2 手づくりの常用対数

巻末 287-288 ページに，1.00 から 9.99 までの数の常用対数のくわしい値の表，すなわち常用対数表がのせてある．

---

[1] log は，logarithm の略で，$\log p$ は，ログ p と読む．

数	0 ... 3 ...
1.0	.0000
⋮	
2.0	.3010
⋮	
6.1 →	→ .7875
⋮	

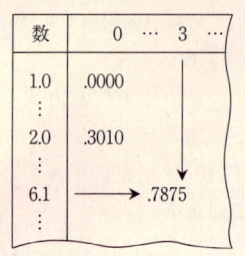

図1 常用対数表のひきかた $\log 6.13 = 0.7875$

この表は,小数第5位を4捨5入して小数第4位までのせたもので,4けたの対数表という.また,電卓を使うともっとくわしい値を知ることもできる.

巻末の常用対数表によれば,
$$\log 2 = 0.3010$$
で,前ページで計算した値
$$\log 2 \doteqdot 0.3$$
は,数表の値とよくあっていることがわかる.

そこで,ほかのいくつかの数についても"手づくり"の常用対数を求めてみよう.

まず,
$$4 = 2^2 \doteqdot (10^{0.3})^2 = 10^{0.6},$$
$$8 = 2^3 \doteqdot (10^{0.3})^3 = 10^{0.9},$$
$$5 = \frac{10}{2} \doteqdot \frac{10}{10^{0.3}} = 10^{1-0.3} = 10^{0.7}$$

であるから,

$$\log 4 = 0.6,$$
$$\log 8 = 0.9,$$
$$\log 5 = 0.7$$

となる.

問1 上で求めた結果を,巻末の常用対数表の値とくらべてみよ.

つぎに,$\log 3$ を考えてみよう.
$$3^2 = 9 \fallingdotseq 10$$

だから, $3 \fallingdotseq 10^{0.5}$.

したがって, $\log 3 = 0.5$.

この値は,あまりよい値ではないので,もうすこしくふうしてみよう.
$$9^2 = 81 \fallingdotseq 80 = 8 \times 10$$
$$= 10^{0.9} \times 10 = 10^{1.9}.$$

ゆえに $9 \fallingdotseq 10^{0.95}$.

したがって, $3 = 10^{0.48}$.

こうすると,
$$\log 3 = 0.48$$

が得られる. また,同時に
$$\log 9 = 0.95$$

が得られるが,これらは常用対数表の値とくらべて,より近い値になっている.

問2 ① $7^2 = 49 \fallingdotseq 50$ を使って $\log 7$ の値を求めよ.

② $\log 6$ をくふうして求めよ.

常用対数を使って，つぎのような問題を解くことができる．

例題　$\log 3 = 0.48$ を用いて，3^{20} が何けたの数か調べよ．

解　$\log 3 = 0.48$ から，$3 = 10^{0.48}$．よって，
$$3^{20} = (10^{0.48})^{20} = 10^{9.6}.$$
$10^9 < 10^{9.6} < 10^{10}$ であるから，
$$10^9 < 3^{20} < 10^{10}.$$
したがって，3^{20} は 10 けたの数である．

問 3　$\log 2 = 0.3$ を用いて，つぎの数のけた数を求めよ．
　① 2^{20}　　② 2^{30}

問 4　ある雑誌につぎのようなことが書かれていた．

「過疎現象で，村の人口が毎年 1 割ずつへっていくので，このままでは 10 年たつと村はからっぽになる．…」

これは正しいか．

さて，$\log p = x$，すなわち
$$p = 10^x$$
のとき，
$$10p = 10 \cdot 10^x = 10^{x+1},$$
$$100p = 10 \cdot 10^{x+1} = 10^{x+2},$$
$$1000p = 10 \cdot 10^{x+2} = 10^{x+3},$$
$$10000p = 10 \cdot 10^{x+3} = 10^{x+4},$$
$$\cdots\cdots\cdots$$
であるから，
$$\log 10p = x+1,$$

$$\log 100p = x+2,$$
$$\log 1000p = x+3,$$
$$\log 10000p = x+4,$$
....

となっている．

これは，ある数 p を 10 倍するごとに，その常用対数は 1 が加えられていくことを示す．下の図はこのようすを表にしたもので，けた数が 1 つふえるたびに常用対数の値は 1 ずつふえる．したがって，1.00 から 9.99 までの数の常用対数がわかると，この値をもとにしてすべての正の数の常用対数がわかるので，巻末の常用対数表もこの範囲の値しかのせられていない．

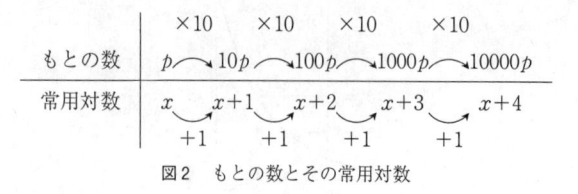

	×10 ×10 ×10 ×10
もとの数	$p \to 10p \to 100p \to 1000p \to 10000p$
常用対数	$x \to x+1 \to x+2 \to x+3 \to x+4$
	+1 +1 +1 +1

図2　もとの数とその常用対数

常用対数表を使って，$\log 2670$ を求めてみよう．
$$\log 2.67 = 0.4265$$
で，$2670 = 2.67 \times 1000$ だから，
$$\log 2670 = 0.4265 + 3 = 3.4265.$$

問5　p の整数部分が 1 けたの数，すなわち $1 \leq p < 10$ であるとき，
$$0 \leq \log p < 1$$

であることを使って, 次の数 q, r は何けたの数であるかを考えよ.

① $\log q = 1.23$　② $\log r = 3.37$

4.2.3 常用対数の性質

指数には指数法則があったが，これをもとにして，対数のいろいろな法則を調べてみよう．
$$10^s = p, \quad 10^t = q$$
とおくと，$10^s \times 10^t = 10^{s+t}$ から，
$$p \times q = 10^{s+t}.$$

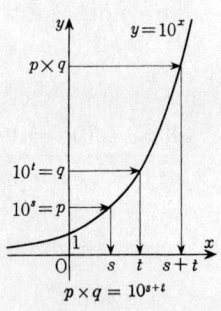

図1　y 軸上のかけ算が x 軸上のたし算になる．

これを常用対数で表すと
$$\log(p \times q) = s + t. \tag{1}$$
ところが，$10^s = p$, $10^t = q$ はそれぞれ
$$s = \log p, \quad t = \log q \tag{2}$$
であるから，(1), (2) より

I $\log(p \times q) = \log p + \log q$.

さらに，指数法則
$$10^s \div 10^t = 10^{s-t}, \quad (10^s)^t = 10^{st}$$
から，つぎの性質がわかる．

II $\log \dfrac{p}{q} = \log p - \log q$.

III $\log p^t = t \log p$.

例題1 $\log 2 = a$, $\log 3 = b$ とするとき，つぎの式を a, b を使って表せ．

(1) $\log 24$ (2) $\log 15$

解 (1) $\log 24 = \log(2^3 \times 3)$
$$= \log 2^3 + \log 3$$
$$= 3 \log 2 + \log 3$$
$$= 3a + b.$$

(2) $\log 15 = \log(3 \times 5)$
$$= \log 3 + \log 5$$
$$= \log 3 + \log \frac{10}{2}$$
$$= \log 3 + \log 10 - \log 2$$
$$= 1 - a + b.$$

問1 $\log 2 = 0.3010$, $\log 3 = 0.4771$ を用いて，つぎの値を求めよ．

① $\log 200$ ② $\log \sqrt{6}$ ③ $\log \dfrac{\sqrt{5}}{9}$

例題2 つぎの式を簡単にせよ[1].

(1) $\log 12 + \log \dfrac{2}{3}$ (2) $\log 20 - 2\log \sqrt{2}$

解 (1) $\log 12 + \log \dfrac{2}{3} = \log(2^2 \times 3) + \log \dfrac{2}{3}$

$\qquad\qquad\qquad\quad = (2\log 2 + \log 3) + (\log 2 - \log 3)$

$\qquad\qquad\qquad\quad = 3\log 2.$

(2) $\log 20 - 2\log \sqrt{2} = \log(2 \times 10) - \log 2$

$\qquad\qquad\qquad\quad = 1 + \log 2 - \log 2$

$\qquad\qquad\qquad\quad = 1.$

問2 つぎの式を簡単にせよ.

① $3\log 2 + \log 18 - 2\log 12$

② $\dfrac{1}{3}\log \dfrac{8}{27} - \dfrac{1}{2}\log \dfrac{16}{9}$

問3 つぎの等式がなりたつことを示せ.

$$\log \dfrac{1}{q} = -\log q$$

例題3 体内にはいった水銀が体外に排出されて,もとの量の $\dfrac{1}{2}$ になるには 125 日かかるといわれている[2].もとの量の $\dfrac{1}{10}$ 以下になるには何日かかるか.

---

1) (1),(2)はつぎのようにも計算できる.

(1) $\log\left(12 \times \dfrac{2}{3}\right) = \log 8 = 3\log 2.$

(2) $\log 20 - 2\log \sqrt{2} = \log \dfrac{20}{2} = \log 10 = 1.$

2) ある量がもとの量の $\dfrac{1}{2}$ になるのにかかる時間を半減期という.

ただし，$\log 2 = 0.3010$ とする．

解 もとの量を A とし，1日ごとに残量が a 倍になっていくとすると，

$$A \times a^{125} = A \times \frac{1}{2} \quad \text{だから} \quad a^{125} = \frac{1}{2}.$$

ゆえに

$$a = \left(\frac{1}{2}\right)^{\frac{1}{125}}.$$

x 日後にもとの量の $\frac{1}{10}$ になったとすると，

$$A \times a^x = A \times \frac{1}{10} \quad \text{だから} \quad a^x = \frac{1}{10}.$$

そこで

$$\left(\frac{1}{2}\right)^{\frac{x}{125}} = \frac{1}{10}.$$

両辺の常用対数を考えて，

$$\frac{x}{125} \log \frac{1}{2} = \log \frac{1}{10}.$$

$$x\left(-\frac{\log 2}{125}\right) = -1.$$

ゆえに

$$x = \frac{125}{\log 2} = \frac{125}{0.3010} \fallingdotseq 415.3.$$

したがって，416 日かかる．

問4 ある放射性物質の放射能の強さは一定の割合で減少し，23日後の強さがはじめの $\frac{1}{3}$ になるという．

はじめの強さの $\dfrac{1}{2}$ となるのは何日後か．また，$\dfrac{1}{10}$ となるのは何日後か．

巻末の対数表を用いて計算せよ．

問5 寒天の中のバクテリアの量は 3 時間ごとに 2 倍になるという．もとの量の 10 万倍をこえるのは何時間後か．

ただし，$\log 2 = 0.3010$ とする．

問6 光線がある種のガラス板を 1 枚通過するごとに，その光度の $\dfrac{1}{10}$ を失うという．

このガラス板を何枚重ねたら，光度がもとの $\dfrac{1}{3}$ 以下になるか．ただし，$\log 3 = 0.4771$ とする[1]．

例 昨夜，今から 24 時間前に A さんは B 君から電話代 10 円を借りた．その時の約束が，"10 分間で 1 割の利息をつける" ということであった．

さて，A さんは B 君に，いまいくら返済しなくてはならないかを考えてみよう．

10 分間で 1 割の利息というのは，10 分ごとに 1 割の利息がついていく複利なので，24 時間後，つまり 1440 分後の元利合計 S は

$$S = 10 \times 1.1^{144}.$$

そこで，1.1^{144} を計算するために

$$x = 1.1^{144}$$

とおき，両辺の常用対数をとると，

---

[1] 172 ページ問 2 を参照．

$$\log x = \log 1.1^{144} = 144 \log 1.1.$$

巻末の常用対数表によれば $\log 1.1 = 0.0414$ だから

$$\log x = 144 \times 0.0414 = 5.9616.$$

ゆえに

$$x = 10^{5.9616} = 10^5 \times 10^{0.9616}.$$

ここで，対数 0.9616 の値は表にない．このような場合は，0.9616 にいちばん近い値 0.9614 を読む．そして，常用対数表を下の図のように逆に見ると，9.15 が得られる．

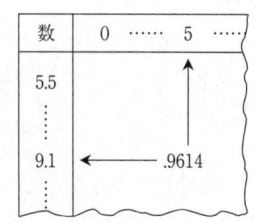

数	0	⋯⋯	5	⋯⋯
5.5				
9.1			.9614	

図2　対数の値を知ってもとの数をさがす．

ゆえに

$$x = 9.15 \times 10^5.$$

すなわち

$$S = 9.15 \times 10^6.$$

したがって，10 分間で 1 割の利息だと 10 円が 1 日で約 10000000 円となる．

4.2.4 対数

10 を底とする常用対数について，$\log p$ をつぎのように

定めた.

$10^x = p$ のとき $\log_{10} p = x$ と書く.

逆に,$\log_{10} p = x$ のとき $10^x = p$ と書くことができる.このことを記号でつぎのように表す.

$$10^x = p \iff \log_{10} p = x.$$

つぎに,底が 10 でない場合を考えよう.

たとえば,

$$2^3 = 8$$

を,常用対数と同様に

$$\log_2 8 = 3$$

と書き,$\log_2 8$ を,2 を底とする 8 の対数という.

一般に,指数関数

$$y = a^x$$

で,任意の正の数 p に対して,方程式

$$a^x = p$$

の実根 $x = s$ がただ 1 つ定まる.すなわち

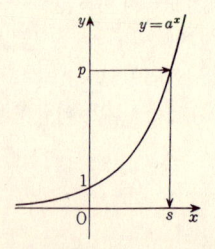

$$a^s = p$$

図1 $a>1$ の場合の $y = a^x$ のグラフ

となる実数 s が1つある.このとき "p は a の s 乗" となっていて,このことを
$$\log_a p = s$$
と書き,$\log_a p$ のことを,a を底とする p の対数という[1].

すなわち,
$$a^s = p \iff \log_a p = s$$
である.

例1 $3^4 = 81 \iff \log_3 81 = 4$.

$2^{-3} = \dfrac{1}{8} \iff \log_2 \dfrac{1}{8} = -3$.

$5^0 = 1 \iff \log_5 1 = 0$.

問1 つぎの等式を $\log_a p = s$ の形に表せ.

① $2^4 = 16$ ② $3^{-2} = \dfrac{1}{9}$ ③ $4^0 = 1$

問2 つぎの等式を $a^s = p$ の形に表せ.

① $\log_2 32 = 5$ ② $\log_3 \dfrac{1}{27} = -3$

③ $\log_3 \sqrt{3} = \dfrac{1}{2}$ ④ $\log_7 1 = 0$

例2 $\log_5 125$ の値を求めよう.

$\log_5 125 = x$ とおくと,
$$5^x = 125 \text{ だから } 5^x = 5^3.$$
ゆえに,$x = 3$ すなわち $\log_5 125 = 3$.

---

[1] $\log_a p$ というのは "p は a の何乗か" ということである.
$\log_a p$ と書く場合,以後 $a > 0$, $a \neq 1$, $p > 0$ はとくにことわらない.

問3 つぎの対数の値を求めよ.

① $\log_3 27$ ② $\log_2 \dfrac{1}{4}$ ③ $\log_4 4$

④ $\log_{\sqrt{2}} 8$ ⑤ $\log_a a$ ⑥ $\log_a 1$

一般の対数についてもつぎの性質がなりたつ.

Ⅰ $\log_a(p \times q) = \log_a p + \log_a q$

Ⅱ $\log_a \dfrac{p}{q} = \log_a p - \log_a q$

Ⅲ $\log_a p^t = t \log_a p$

Ⅰ, Ⅱ, Ⅲは, 199 ページで学んだように指数法則 Ⅰ, Ⅱ, Ⅲ[1]からただちに導くことができる.

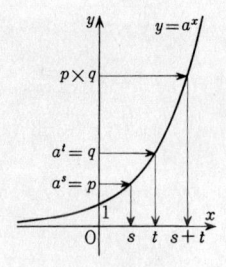

図2 $a^s \times a^t = a^{s+t}$

問4 対数の性質 Ⅰ, Ⅱ, Ⅲ を指数法則を用いて説明せよ.

問5 $\log_a p = s$, $\log_a q = t$ とするとき, つぎの式を s, t で

---

1) 指数法則 Ⅰ $a^s \times a^t = a^{s+t}$, Ⅱ $\dfrac{a^s}{a^t} = a^{s-t}$, Ⅲ $(a^s)^t = a^{st}$.
179 ページ参照.

表せ.

① $\log_a \dfrac{q^3}{p^2}$ ② $\log_a \sqrt{p^3 q^5}$

問6 つぎの等式を導け.
$$\log_a \frac{1}{q} = -\log_a q$$

例題1 つぎの式を簡単にせよ.
$$A = \log_2 \frac{3}{2} + 2\log_2 \sqrt{3} - 2\log_2 6$$

解 $A = (\log_2 3 - \log_2 2) + \log_2 3 - 2(\log_2 2 + \log_2 3)$
$= -3\log_2 2$
$= -3.$

問7 つぎの式を簡単にせよ.

① $\log_2 100 - 2\log_2 5$
② $3\log_2 \dfrac{2}{3} + 2\log_2 \dfrac{3}{4} + \log_2 6$

ここで底が10でない場合の対数の値,たとえば $\log_2 3$ の値を常用対数を用いて求めることを考えてみよう.

$\log_2 3 = x$ とおくと,$2^x = 3$.

この両辺の常用対数は等しいから,
$$\log 2^x = \log 3.$$
よって
$$x \log 2 = \log 3.$$
$$x = \frac{\log 3}{\log 2} = \frac{0.4771}{0.3010} \fallingdotseq 1.585.$$

したがって
$$\log_2 3 \fallingdotseq 1.585.$$
一般に，対数の底をつぎのように変えることができる．

[底の変換公式]　$\log_p q = \dfrac{\log_a q}{\log_a p}.$

例題2　$\log 2 = 0.3010$，$\log 3 = 0.4771$ として，$\log_9 8$ の値を求めよ．

解　底の変換公式により，
$$\log_9 8 = \frac{\log_{10} 8}{\log_{10} 9} = \frac{3\log 2}{2\log 3} = \frac{3 \times 0.3010}{2 \times 0.4771} \fallingdotseq 0.9463.$$

問8　$\log 2 = a$，$\log 3 = b$ とするとき，つぎの式を a, b で表せ．

① $\log_2 9$　② $\log_{27} 16$　③ $\log_3 5$

問9　つぎの等式を証明せよ．
$$(\log_a b)(\log_b a) = 1$$

4.2.5 対数関数とそのグラフ

$a > 0$，$a \neq 1$ のとき
$$y = \log_a x \tag{1}$$
で表される関数を，a を底とする対数関数という．対数関数は正の実数全体で定義され，その値域は実数全体である．

対数の定義から，
$$y = a^x \iff x = \log_a y$$
であるから，対数関数(1)は指数関数 $y = a^x$ の逆関数である．

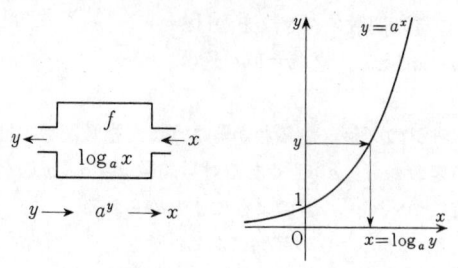

図1 $y=a^x \iff x=\log_a y$

したがって，関数 $y=\log_a x$ のグラフは $y=a^x$ のグラフと直線 $y=x$ に関して対称で[1]，$a>1$ のときつぎのようになる．

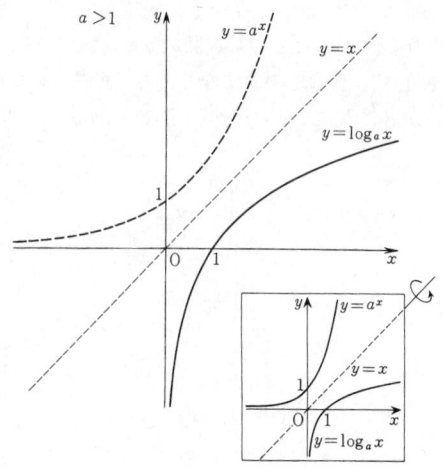

図2 $y=a^x$ と $y=\log_a x$ のグラフ

問1 つぎの関数のグラフをかけ.
① $y=\log_2 x$ ② $y=\log_3 x$

前ページのグラフからわかるように,指数関数の性質や対数の定義から,$a>1$ である対数関数 $y=\log_a x$ のグラフの性質について,つぎのようにまとめられる.

Ⅰ グラフは $x>0$ の範囲にある.
Ⅱ グラフは点 $(1, 0)$ を通る.
Ⅲ y 軸が漸近線である.
Ⅳ x が増加するのにともなって,$\log_a x$ は増加する.すなわち,$\log_a x$ は $x>0$ で増加関数である.

また,$0<a<1$ のときの対数関数 $y=\log_a x$ については,上の性質Ⅰ,Ⅱ,Ⅲはそのままなりたち,Ⅳについては,図3からわかるように,$x>0$ で減少関数である.

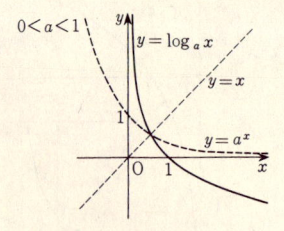

図3 $0<a<1$ のときの $y=\log_a x$ のグラフ

---

1) x 軸と y 軸の単位の長さが等しいときに限る.

例 $1 \leq x \leq 10$ のとき,$y = \log_{0.1} x$ の値域を求めよう.

この関数は減少関数であるから
$$\log_{0.1} 1 \geq \log_{0.1} x \geq \log_{0.1} 10$$
したがって
$$-1 \leq \log_{0.1} x \leq 0.$$

例題 $1 \leq x \leq 8$ のとき,$\log_2 x$ の値はどんな範囲にあるか.

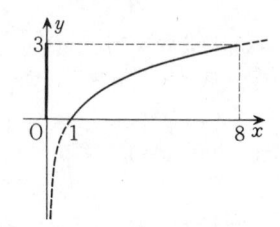

$1 \leq x \leq 8$ における $y = \log_2 x$ のグラフ

解 $\log_2 x$ は底が 1 より大きいから増加関数である.
$$\log_2 1 = 0, \quad \log_2 8 = 3$$
だから,$1 \leq x \leq 8$ のとき $0 \leq \log_2 x \leq 3$.

問2 上の例題で $\log_4 x$ の値の範囲を求めよ.

4.2.6 底の変換と指数関数

対数では底の変換が可能であった.このことは,指数についても底の変換が可能なことを示している.

実際,$2 = 10^{0.3010} = 10^{\log 3}$ となり,2 は 10 を底とする指数で表された.さらに,2 は 3 を底とする指数で表すこともできる.

いま，
$$2 = 3^x$$
とおいて，両辺の 3 を底とする対数をとると
$$\log_3 2 = \log_3 3^x = x \log_3 3.$$
ゆえに
$$x = \log_3 2.$$
したがって
$$2 = 3^{\log_3 2}.$$

問1 2 をつぎの数を底とする指数で表せ．

① 7
② a， ただし $a>0$, $a \neq 1$ とする．

上のことから，$2 = 10^{\log 2}$, $3 = 10^{\log 3}$ であるから
$$y = 2^x = (10^{\log 2})^x = 10^{x \log 2},$$
$$y = 3^x = (10^{\log 3})^x = 10^{x \log 3}$$
である．すなわち，指数関数 $y = a^x$ は標準的な底を 1 つ考えればすむことになる[1]．

問2 つぎの数を求めよ．

① $2^{\log_2 3}$ ② $3^{-2\log_3 2}$

---

[1] 数値計算では底を 10 あるいは 2 にすることが多い．なお，関数としての性質を研究するには e という数を用いる．
$e = 2.718281\cdots$ で，「微分・積分」で学ぶ．

【補足】対数目盛りと対数方眼紙

等間隔目盛りに対して，対数目盛りというのがある．それは下に示したように1直線上で基準点Oから，

$$\log_{10} x$$

の長さに対応する点に x を目盛ったものである．

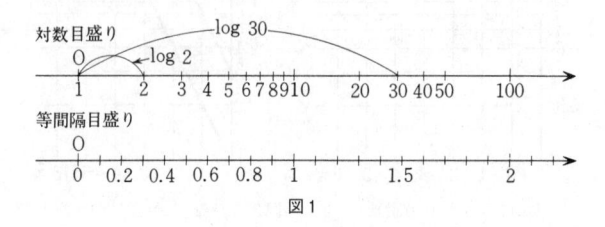

図1

直交座標軸で，X軸，Y軸をつぎのように目盛った方眼紙を半対数方眼紙という（図2）．

$\begin{cases} 横軸\ X：目盛りはふつうの\ X\ のまま, \\ 縦軸\ Y：\log_{10} Y\ の長さのところに\ Y\ を目盛る. \end{cases}$

指数関数のグラフをふつうの方眼紙にかくと，急上昇して方眼紙からすぐはみ出してしまう．

ところが，対数目盛りでは，小さい値も大きい値も相対的に等しくあつかうことができる．すなわち，一定の倍率を表す幅はどの位置にあっても同じである．

したがって，倍率を表す指数関数は，半対数方眼紙を用

図2　半対数方眼紙

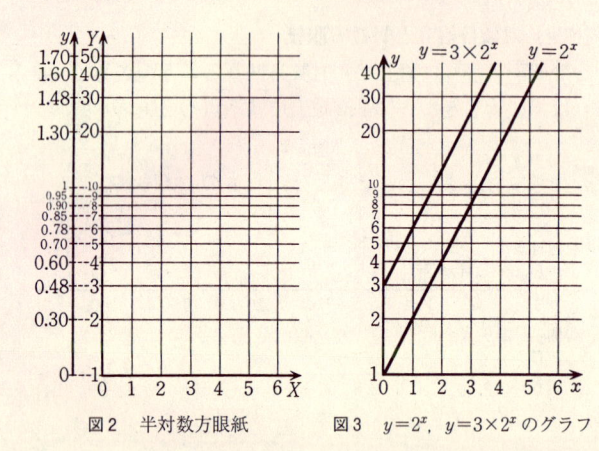

図3　$y=2^x$, $y=3\times 2^x$ のグラフ

いるとその変化を調べるのにたいへん便利なことが多い．

たとえば，半対数方眼紙に

$$y = 2^x \tag{1}$$
$$y = 3 \times 2^x \tag{2}$$

のグラフをかくと，図3のような直線になる．それは，x の1あたりの変化に対して，y は2倍の変化をするが，y 軸が対数目盛りなのでその間隔がつねに $\log_{10} 2$，すなわち 0.3010 となっているからである．

バクテリアの増殖や光の量の吸収などのように，一定時間に一定倍で変化する現象は，社会現象の中にも多く見い

だすことができる.

下の表1は,世界の人口の推移,表2は登録自動車数の推移の統計表である.それぞれのグラフを半対数方眼紙にかいて,その変化のようすを調べてみよう.

年 次	人 口 (単位百万人)
1950	2 501
1955	2 772
1960	2 986
1965	3 288
1970	3 610
1975	3 968
1980	4 374
1985	4 817
1990	5 280
1995	5 763
2000	6 254

表1　世界人口の推移
　　　国連資料

年 次	台 数 (単位千台)
1968	9 378
1969	11 120
1970	12 779
1971	14 566
1972	16 895
1973	19 047
1974	21 041
1975	23 019
1976	24 817
1977	26 488
1978	28 520

表2　登録自動車数の推移
　　　陸運統計要覧

練習問題

1 $0.3 < \log_{10} 2 < 0.4$ がなりたつことを示せ.

2 $\log_{10} 2 = a$, $\log_{10} 3 = b$, $\log_{10} 7 = c$ とする. 下の表の( )を, a, b, c を用いてうめよ.

x	1	2	3	4	5	6	7	8	9	10	…	70	…	600	…
$\log_{10} x$	( )	a	b	( )	( )	( )	c	( )	( )	( )	…	( )	…	( )	…

3 $\log_{10} 3 = 0.4771$ とするとき, 3^{50} のけた数を求めよ.

4 つぎの式の値を求めよ.

(1) $\log_{\sqrt{2}} 2$ 　(2) $\log_3 \dfrac{4}{3} - 2\log_3 \sqrt{12}$

(3) $(\log_3 2)(\log_8 9)$ 　(4) $\dfrac{\log_5 8}{\log_5 4}$

5 $\log_2 3 = a$, $\log_2 7 = b$ のとき, つぎの式を a, b で表せ.

(1) $\log_2 \dfrac{9}{7}$ 　(2) $\log_6 21$

6 つぎの数の大小を調べよ.

$\log_2 3$,　　1.5

7 1時間に1回の割合で2つに分裂するバクテリアがある. このバクテリア1個が10万個以上に繁殖するには何時間かかるか. ただし, $\log_{10} 2 = 0.3010$ とする.

8 $y = \log_2 x$ のグラフとつぎのおのおのの関数のグラフとはどんな位置関係にあるか.

(1) $y = \log_2 \dfrac{1}{x}$ 　(2) $y = 2^x$

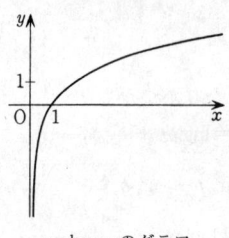

$y = \log_2 x$ のグラフ

9 つぎの不等式をみたす x の範囲を求めよ．
(1) $\log_{10} x > 2$ (2) $\log_{0.1} x > 2$

章末問題

1 つぎの等式はなりたつか.
(1) $\log_a(p+q) = \log_a p + \log_a q$
(2) $\dfrac{\log_a p}{\log_a q} = \log_a p - \log_a q$
(3) $(\log_a p)^2 = 2\log_a p$

2 つぎの式を簡単にせよ.
(1) $(ab^{-1}+a^{-1}b)^2 - (ab^{-1}-a^{-1}b)^2$
(2) $(\log_2 3 + \log_4 9)(\log_3 4 - \log_9 2)$

3 ある品物の値段が A 円で,1年後には2倍となり,その翌年にはその年の3倍となった.平均すると1年に何倍になるか.

4 つぎの方程式を解け.
$$\log_2(x-1) = 3$$

5 下の図は,対数関数 $y = \log_2 x$ のグラフである.点 P,Q の y 座標はそれぞれ,$\log_2 3$,$\log_2 12$ で,点 M は2点 P,Q の中点である.
(1) 点 M の y 座標を求めよ.

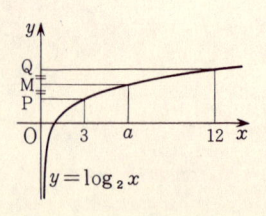

(2) a の値を求めよ.

6 $\log_{10} 2 = 0.3010$ とするとき, $\left(\dfrac{1}{2}\right)^{30}$ は小数第何位にはじめて 0 でない数字が現れるか.

7 あるバクテリアは 20 分ごとに 1 回分裂して 2 倍の個数にふえていく. 40 個のバクテリアが 100 万個をこえるのは何時間何分後か. ただし, $\log_{10} 2 = 0.3010$ とする.

数学の歴史　4

　16世紀末に小数が市民権をうるようになるとすぐに，その加法と乗法を媒介するものとして，対数が生まれた．それは，0の個数として，いわばけた数を小数表示するものだからである．そこには，何人かの数学者の名があげうるが，なかでもスコットランドのジョン・ネピア（1550-1617）の功が大きい．これも，16世紀から17世紀へかけて，数量的世界の成立の一幕であった．複利計算表は対数表にかえられ，天文計算にそれはなくてならぬものとなった．

　しかし，その意味は計算にとどまるものではない．指数的な変化は，自然の基本法則であり，やがて微積分がつくられたとき，それがもっとも有効に作用したのは，指数関数においてであった．

　ライプニッツとともに，微積分の形成に力をつくしたのは，スイスのベルヌーイ兄弟だが，それを完成したのは，弟のヨハン・ベルヌーイの弟子だったレオンハルト・オイラー（1707-1783）である．指数関数とならぶ重要な関数である三角関数を，指数関数と結合させたのもオイラーである．オイラーは，現代につながるあらゆる分野の礎石をつ

くり，豊富な数値計算による洞察は，19世紀以後のような論理的な証明をつけなかったにもかかわらず，基本的につねに正しい結果に到達した．オイラーのような計算力も洞察力もない，後世の人間たちは，証明によってオイラーの結果の正しさを確認している．そして，おそらくは計算の過労によって，28歳で右眼の視力を失い，64歳には両眼とも視力を失うのだが，それでも数学を生産し続け，計算をしながら孫と遊んでいたオイラーが，「もう死ぬよ」といって死んだのは，76歳のときだった．

18世紀のヨーロッパは，文化先進国であるフランスのパリについで，新興国のプロシアのベルリンと，ロシアのペテルブルクとが新しい文化の中心だった．いずれも，ライプニッツの手によって，アカデミーのつくられたところである．当時の数学界に君臨していたヨハン・ベルヌーイは，二人の息子をペテルブルクに派遣していたが，やがてオイラーもペテルブルクにいく．彼は20歳，ロシアはアンナ女帝の時代である．やがて，アンナが死んで宮廷は陰謀が続き，エリザベータ女帝の時代になるのだが，このころオイラーは，ベルリンのフリードリヒ大王によばれる．ときに33歳，それからの最盛期をベルリンで過ごすことになる．しかし，籍はなおロシアにあったらしい．やがて，7年戦争でベルリンは，オーストリア・ロシア連合軍の騎兵の蹄鉄に荒らされることになる．ロシアはエカテリーナ女帝の時代，59歳のオイラーはふたたびペテルブルクへうつり，死ぬまで孫たちにかこまれて暮らした．

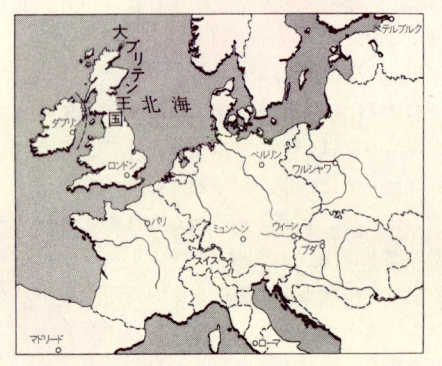

1707　イギリスとスコットランドが合併．富士山噴火，宝永山ができる．
1714　イギリスでハノーヴァー王朝始まる．
1725　ピョートル一世死す．
1740　プロシアにフリードリヒ大王，オーストリアにマリア・テレジア女王が即位．青木昆陽，蘭語を学習．
1751　『百科全書』刊行．
1756　7年戦争始まる．
1765　ワットが蒸気機関を改良．
1776　アメリカ独立宣言．平賀源内のエレキテル．
1783　イギリスがアメリカ合衆国の独立を承認．

第5章 三角関数

ヒルベルトはお客を招待した晩に,奥さんから「ネクタイの柄(がら)が悪い」と注意された.そこでネクタイをとりかえに二階の寝室に上がっていった彼は,ネクタイをはずし,何となくパジャマに着がえ,そのまま寝てしまった.

ヒルベルト　David Hilbert　(1862-1943)

ドイツに生まれた,今世紀前半の数学のスーパー・スター.

5.1 三角関数

5.1.1 回転と一般角

　飛行場の管制塔では，刻々と変化する飛行機の位置をレーダーで測定し，誘導している．レーダーは，基準の点を中心として回転している走査線上の輝点で飛行機の位置を示す．

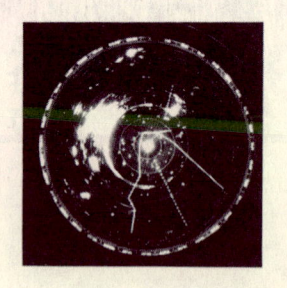

　走査線の位置を示すには，基準に選んだ半直線からの角度を示せばよい．このとき，基準に選んだ半直線を始線といい，走査線にあたる半直線を動径という[1]．

　座標平面上では，始線としてふつう x 軸の正の部分を選び，始線 Ox という．Ox から動径までの角を測るとき，時計の針の回転と反対の向きに測った値は正，同じ向きに測った値は負であるものとする．

　こうして，角 $360°$ より大きい範囲に，また，$0°$ より小さ

---

[1] 管制塔からの距離が r km で，始線からの角が θ の飛行機の位置は (r, θ) と表すと便利である．

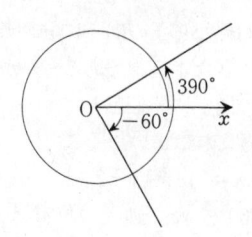

図1　390°, −60° を表す動径

い負の範囲に拡張するとき，このように拡張された角を一般角という．

上の図では，390°, −60° を表す動径が示してある．

問1　270°, 330°, 480°, 1110°, −135°, −420° を表す動径をかけ．

問2　下の図は，円周を12等分したものである．動径 OA, OB の表す角を 0° から 360° までの間で求めよ．また，−180° から 180° までの間ではどうか．

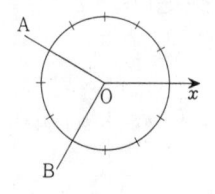

n を自然数とするとき，
$$\alpha + n \cdot 360°$$

を表す動径は，始線から正の向きに n 回転してから，α を表す動径の位置にきた半直線である．n が負の整数のときは，始線から負の向きに n 回転してから，α を表す動径の位置まできたと考えればよい．そこで

$$n = 0,\ \pm 1,\ \pm 2,\ \pm 3,\ \cdots$$

のとき，$\alpha + n \cdot 360°$ を表す動径の位置はすべて同じである．

逆に，動径 OP が角 α の位置にあるとき，OP は，つぎの角を表す．

$$\alpha + n \cdot 360°,\ \text{ただし，n は整数．}$$

これらの角を，動径 OP の表す一般角という．

問3 問2の OA, OB の表す一般角を示せ．

座標平面は座標軸によって4つの部分に分けられる．これらを，始線 Ox から正の向きに，順に，第1象限，第2象限，第3象限，第4象限という．

なお，座標軸はどの象限にも属さないものとする．

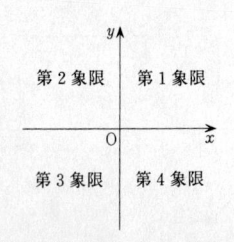

図2 座標平面を4つに分ける．

ある一般角を表す動径が，4つの象限のある1つに含まれるとき，その一般角をその象限の角という．たとえば，150°は第2象限，390°は第1象限，−135°は第3象限の角である．

問4 つぎの角は第何象限の角か．

100°，210°，−240°，−980°

5.1.2 三角関数

数学Ⅰでは，0°から180°までの角 θ について，$\sin\theta$，$\cos\theta$，$\tan\theta$ の値を定めた．ここでは，一般角 θ に対してこれらの値を定めよう．

下の図1のように，点 $\mathrm{P}(x, y)$ を第1象限にとり，$\mathrm{OP}=r$，OPの角を θ とすると

$$\cos\theta = \frac{x}{r}, \qquad \sin\theta = \frac{y}{r}, \qquad \tan\theta = \frac{y}{x}$$

であった．

一般角 θ に対しても，$\cos\theta$，$\sin\theta$，$\tan\theta$ の値を上の式で定める．

図1

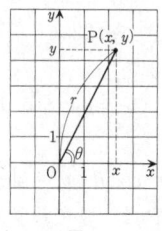

図2

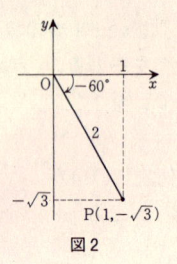

たとえば，$\theta=-60°$ としたとき，$r=2$ とすれば，$x=1$, $y=-\sqrt{3}$ となるから

$$\cos(-60°) = \frac{1}{2},$$

$$\sin(-60°) = \frac{-\sqrt{3}}{2} = -\frac{\sqrt{3}}{2},$$

$$\tan(-60°) = \frac{-\sqrt{3}}{1} = -\sqrt{3}$$

となる．

問1 つぎの値を求めよ．

$\sin(-30°)$, $\cos(-30°)$, $\tan(-30°)$,
$\sin 225°$, $\cos 225°$, $\tan 225°$

いま，点 $P(x, y)$ を OP=1 となるようにとり，OP の角を θ とおくと，

$$x = \cos\theta, \ y = \sin\theta$$

となる．このとき点 P は，原点 O を中心とする半径 1 の

図3 $x = \cos\theta$, $y = \sin\theta$

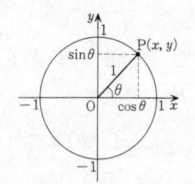

円の周上にある．このような円 O を単位円という．

$\cos\theta$, $\sin\theta$ の値を知るには，図4のように単位円周上に OP の角が θ となる点 P をとり，OP を直径とする円と，x 軸，y 軸との交点の座標を読みとる．これらが，それぞれ $\cos\theta$, $\sin\theta$ の値である．

図4

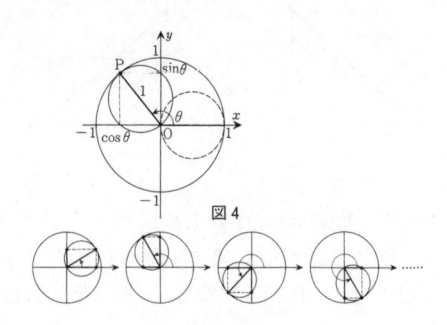

これからもわかるように，$n = 0, \pm 1, \pm 2, \pm 3, \cdots$ のとき，$\theta + n \cdot 360°$ を表す動径はすべて重なるから，
$$\cos(\theta + n \cdot 360°) = \cos\theta,$$
$$\sin(\theta + n \cdot 360°) = \sin\theta$$

がなりたつ.

$\tan\theta$ の値については，OP の角が θ となる点 P を直線 $x=1$ の上にとると P$(1, y)$ で

$$\tan\theta = \frac{y}{1} = y$$

であるから，点 P の y 座標を読めばよい.

点 P の原点 O に関する対称点 P' をとると P'$(-1, -y)$ で，このとき

$$\tan(\theta+180°) = \frac{-y}{-1} = y = \tan\theta.$$

よって，$\tan\theta$ は $180°$ ごとに同じ値をとる.

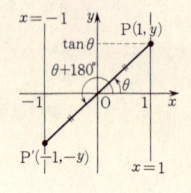

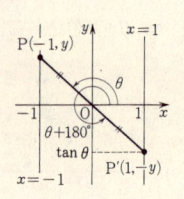

図 5

したがって，直線 $x=-1$ の上に点 P$(-1, y)$ をとったときには，点 P の原点 O に関する対称点 P'$(1, -y)$ を直線 $x=1$ の上にとり，P' の y 座標を読めば，それが $\tan\theta$ の値である.

$\cos\theta$, $\sin\theta$, $\tan\theta$ を総称して三角関数という．三角関数がおのおのの象限でとる値の符号はつぎのようになる.

θ	$\cos\theta$	$\sin\theta$	$\tan\theta$
第1象限	+	+	+
第2象限	−	+	−
第3象限	−	−	+
第4象限	+	−	−

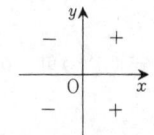

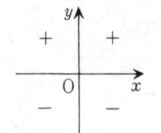

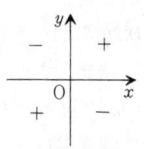

図6 $\cos\theta$ の正負　　$\sin\theta$ の正負　　$\tan\theta$ の正負

三角関数相互の間には，θ がどの象限の角であってもつぎの関数がなりたつ．

$$\tan\theta = \frac{\sin\theta}{\cos\theta}, \qquad 1+\tan^2\theta = \frac{1}{\cos^2\theta}.$$

例 θ が第1象限の角で $\tan\theta = \dfrac{4}{3}$ のとき $\sin\theta$, $\cos\theta$ を求めよう．

$$\cos^2\theta = \frac{1}{1+\tan^2\theta} = \frac{1}{1+\dfrac{16}{9}} = \frac{9}{25}.$$

$\cos\theta > 0$ だから，$\cos\theta = \dfrac{3}{5}$．

$$\sin\theta = \cos\theta\cdot\tan\theta = \frac{3}{5}\cdot\frac{4}{3} = \frac{4}{5}.$$

問2　$\cos\theta = \dfrac{1}{\sqrt{2}}$ のとき，$\tan\theta$ を求めよ．

5.1.3　いくつかの公式

巻末286ページの三角関数表には 0° から 90° までの角に対する値しかのっていない．これは，90° をこえる角や負の角に対する三角関数の値は，つぎのように，いずれも 0° から 90° までの角で表すことができるからである．

いま，単位円周上の2点 P と Q について，OP の角を θ，OQ の角を $-\theta$ とすると，
P の座標は
$$(\cos\theta,\ \sin\theta),$$
Q の座標は
$$(\cos(-\theta),\ \sin(-\theta))$$
となる．2点 P, Q をこのように定めると，θ がどの象限の角であっても，P, Q は，x 軸に関して対称であるから
$$\cos(-\theta) = \cos\theta, \quad \sin(-\theta) = -\sin\theta$$
がなりたつ．そこで，つぎの関係が得られる．

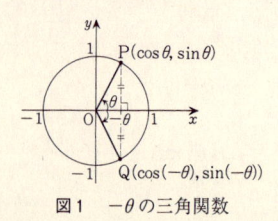

図1　$-\theta$ の三角関数

I $\begin{cases} \cos(-\theta)=\cos\theta \\ \sin(-\theta)=-\sin\theta \\ \tan(-\theta)=-\tan\theta \end{cases}$

例題 1　$\sin(-67°)$ を求めよ．

解　$\sin(-67°)=-\sin 67°$.

巻末の三角関数表から，$\sin 67°=0.9205$.

そこで，$\sin(-67°)=-0.9205$.

問 1　$\cos(-36°)$ を求めよ．

同じように，単位円周上の 2 点 P, Q について，OP の角を θ，OQ の角を $90°-\theta$ とすると，
P, Q の座標はそれぞれ
$$(\cos\theta,\ \sin\theta)$$
$$(\cos(90°-\theta),\ \sin(90°-\theta))$$
となる．ところで，
$$\theta = 45°-(45°-\theta),$$
$$90°-\theta = 45°+(45°-\theta)$$
であるから，θ がどの象限の角であっても P と Q は直線 $y=x$ に関して対称である．

そこで，
$$\cos(90°-\theta) = \sin\theta,$$
$$\sin(90°-\theta) = \cos\theta$$
がなりたち，また，
$$\tan(90°-\theta) = \frac{1}{\tan\theta}$$

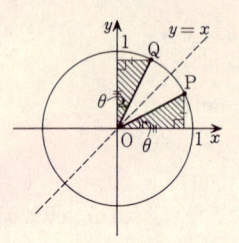

図2 90°−θ の三角関数

である．

すなわち，つぎの関係が得られる．

II $\begin{cases} \cos(90°-\theta)=\sin\theta \\ \sin(90°-\theta)=\cos\theta \\ \tan(90°-\theta)=\dfrac{1}{\tan\theta} \end{cases}$

θ はどの象限の角でもよかったから，θ のかわりに $-\theta$ とおくことができ，

$\begin{cases} \cos(\theta+90°)=-\sin\theta \\ \sin(\theta+90°)=\cos\theta \\ \tan(\theta+90°)=-\dfrac{1}{\tan\theta} \end{cases}$

もなりたつ．

例題2 $\cos 164°$ を求めよ．

解 $\cos 164°=\cos(74°+90°)$

$\qquad =-\sin 74°$

$\qquad =-0.9613.$

問2 $\sin 170°$ を求めよ.

例 $\sin 1543°$ を求めよう.
$1543° = 4 \times 360° + 103°$ だから,
$$\begin{aligned}\sin 1543° &= \sin 103° \\ &= \sin(13° + 90°) \\ &= \cos 13° \\ &= 0.9744.\end{aligned}$$

問3 $\theta + 180° = (\theta + 90°) + 90°$ を用いて
$$\begin{cases}\cos(\theta + 180°) = -\cos\theta \\ \sin(\theta + 180°) = -\sin\theta\end{cases}$$
を導け.

また, $\tan(\theta + 180°) = \tan\theta$ を導け.

問4 つぎの三角関数を, θ の三角関数で表せ.

$\cos(180° - \theta), \quad \sin(180° - \theta), \quad \tan(180° - \theta)$

5.1.4 加法定理

次ページの図1で点 P の座標を (x, y) とし, $\mathrm{OP} = r$, OP の角を θ とすると,
$$\cos\theta = \frac{x}{r}, \quad \sin\theta = \frac{y}{r}.$$

したがって, x, y は
$$\begin{cases}x = r\cos\theta \\ y = r\sin\theta\end{cases} \tag{1}$$
あるいは

図1　$x = r\cos\theta,\ y = r\sin\theta$

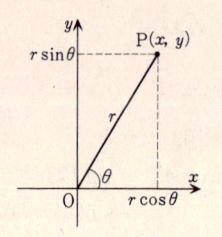

$$\begin{cases} x = \mathrm{OP}\cos\theta \\ y = \mathrm{OP}\sin\theta \end{cases}$$

のように表される．すなわち，P の座標は

$$(\mathrm{OP}\cos\theta,\ \mathrm{OP}\sin\theta). \tag{2}$$

下の図 2 で，OP=1，OP の角を $\alpha+\beta$ とすると，点 P の座標は

$$(\cos(\alpha+\beta),\ \sin(\alpha+\beta))$$

となる．

x 軸，y 軸を原点 O のまわりに β だけ回転させてそれぞれを X 軸，Y 軸とし，点 P から OX, OY へ垂線 PQ, PR

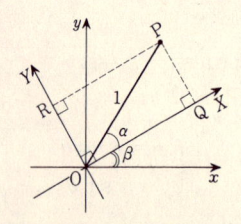

図2　x 軸，y 軸を回転する．

をひく．
(1)から
$$\begin{cases} OQ = \cos\alpha \\ OR = \sin\alpha \end{cases}$$
であるから，Qの座標は，(2)の形で
$$(OQ\cos\beta,\ OQ\sin\beta)$$
すなわち
$$(\cos\alpha\cos\beta,\ \cos\alpha\sin\beta).$$

また，Rの座標は，
$$(OR\cos(\beta+90°),\ OR\sin(\beta+90°))$$
すなわち $(-OR\sin\beta,\ OR\cos\beta)$ であり，$OR=\sin\alpha$ であるから，
$$(-\sin\alpha\sin\beta,\ \sin\alpha\cos\beta)$$
となる．

四辺形 OQPR は長方形だから，OP の中点と QR の中点とは一致する．よって
$$\frac{\cos(\alpha+\beta)}{2} = \frac{\cos\alpha\cos\beta - \sin\alpha\sin\beta}{2},$$
$$\frac{\sin(\alpha+\beta)}{2} = \frac{\sin\alpha\cos\beta + \cos\alpha\sin\beta}{2}.$$
したがって，つぎの公式が得られる．

I $\begin{cases} \cos(\alpha+\beta)=\cos\alpha\cos\beta-\sin\alpha\sin\beta \\ \sin(\alpha+\beta)=\sin\alpha\cos\beta+\cos\alpha\sin\beta \end{cases}$

図3のような場合にも同様になりたつので，Iは，α, β の任意の角についてなりたつ．

238　　　　　　　　　　第5章　三角関数

図3

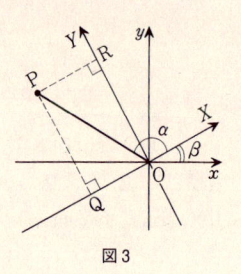

つぎに

$$\tan(\alpha+\beta) = \frac{\sin(\alpha+\beta)}{\cos(\alpha+\beta)} = \frac{\sin\alpha\cos\beta+\cos\alpha\sin\beta}{\cos\alpha\cos\beta-\sin\alpha\sin\beta}.$$

よって，分子，分母を $\cos\alpha\cos\beta$ で割って

II　$\tan(\alpha+\beta) = \dfrac{\tan\alpha+\tan\beta}{1-\tan\alpha\tan\beta}$

が得られる．

I, II を三角関数の加法定理という．

例1　$\sin 75° = \sin(30°+45°)$
$= \sin 30°\cos 45° + \cos 30°\sin 45°$
$= \dfrac{1}{2}\cdot\dfrac{1}{\sqrt{2}} + \dfrac{\sqrt{3}}{2}\cdot\dfrac{1}{\sqrt{2}}$
$= \dfrac{\sqrt{2}+\sqrt{6}}{4}.$

問1　つぎの値を求めよ．

　$\cos 75°$,　$\cos 105°$,　$\tan 75°$

問2 237, 238 ページの加法定理 I, II で, $\beta=\alpha$ とおくとどんな式が得られるか.

問3 $\cos(\alpha+\beta)=\cos\alpha\cos\beta-\sin\alpha\sin\beta$ で, $\beta=-\alpha$ とするとどんな式が得られるか.

問4 $(\cos\alpha+i\sin\alpha)(\cos\beta+i\sin\beta)$
$=\cos(\alpha+\beta)+i\sin(\alpha+\beta)$

がなりたつことを確かめよ. ただし, i は虚数単位である.

問2で調べたように,
$$\begin{aligned}\cos 2\alpha &= \cos^2\alpha-\sin^2\alpha\\ &= 2\cos^2\alpha-1\\ &= 1-2\sin^2\alpha\end{aligned}$$

がなりたった. $\cos 2\alpha$ の式を変形すると

III $\begin{cases}\cos^2\alpha=\dfrac{1+\cos 2\alpha}{2}\\[4pt] \sin^2\alpha=\dfrac{1-\cos 2\alpha}{2}\\[4pt] \tan^2\alpha=\dfrac{1-\cos 2\alpha}{1+\cos 2\alpha}\end{cases}$

が得られる.

例2 $\cos^2 15°=\dfrac{1}{2}(1+\cos 30°)$
$=\dfrac{1}{2}\left(1+\dfrac{\sqrt{3}}{2}\right)$
$=\dfrac{1}{8}(4+2\sqrt{3})$

$$= \frac{1}{8}(3+2\sqrt{3}+1)$$
$$= \frac{1}{8}(\sqrt{3}+1)^2.$$

$\cos 15° > 0$ であるから,
$$\cos 15° = \frac{1}{2\sqrt{2}}(\sqrt{3}+1) = \frac{\sqrt{6}+\sqrt{2}}{4}.$$

問 5 $\sin 15°$ を求めよ.

5.1.5 弧度法

 角は,長さや時間と同じように1つの量であるから,単位の大きさを定めることによってその量を測ることができる.角の単位としては1直角や,1回転の角4直角を6等分し,それをさらに60等分した1度が用いられている.

 測量のような実用のためには,度,その60分の1の分,さらにその60分の1の秒が用いられ,役立ってきた.

 しかし,理論的な研究を進めるうえでは60進法は不便であるし,4直角を6等分してさらに60等分したものを単位として選ぶことには何の必然性もないので,これからは,ラジアンと名づけられる新しい単位を用いることにする.これが便利なことは,おいおいわかってくるであろう.

 1ラジアンは,半径の長さに等しい円弧の上に立つ中心角の大きさである.半円の周は半径のπ倍であるから,$180°$は1ラジアンのπ倍に相当する.すなわち
$$180° = \pi \text{ラジアン} \tag{1}$$

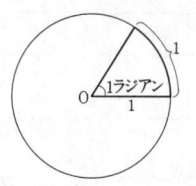

図1 単位円では，長さ1の弧に対する中心角が1ラジアン

がなりたつ．したがって，1ラジアンの大きさはつぎのようになる．

$$\frac{180°}{\pi} = \frac{180°}{3.141592\cdots}$$
$$= 57.2957\cdots°$$
$$= 57°17'44.8\cdots''$$

1ラジアンは，また1弧度ともいうので，1ラジアンを単位として角を測る方法を弧度法という[1]．弧度法による測定値が θ であれば，これを θ rad と表すが，単位 rad は省略することが多い[2]．

$n°$ が θ rad であれば，式(1)より

$$\frac{n}{180} = \frac{\theta}{\pi}$$

の関係がなりたち，これを用いて弧度法と60分法との間の変換を行うことができる．

いくつかの角を弧度法で表すとつぎのようになる．

---

1) 度・分・秒で表す方法を60分法という．
2) rad は radian の前3文字をとったものである．

15°	30°	45°	60°	90°	180°	360°
$\dfrac{\pi}{12}$	$\dfrac{\pi}{6}$	$\dfrac{\pi}{4}$	$\dfrac{\pi}{3}$	$\dfrac{\pi}{2}$	π	2π

問 1 つぎの角を弧度法で表せ.

75°, 105°, 120°, 270°

問 2 つぎの角を 60 分法で表せ.

$\dfrac{\pi}{18}$, $\dfrac{3\pi}{4}$, $\dfrac{11\pi}{12}$, $\dfrac{5\pi}{3}$

半径 r, 中心角 θ のおうぎ形の弧の長さを l とすると,
$$l = r\theta$$
である. また, このおうぎ形の面積 S は,
$$S = \pi r^2 \times \frac{\theta}{2\pi} = \frac{1}{2}r^2\theta = \frac{1}{2}lr$$
で与えられる.

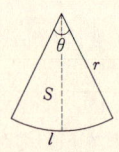

図 2 S は底辺の長さ l, 高さ r の三角形の面積に等しい. $S = \dfrac{1}{2}lr$

問 3 上の l, S の式を確かめよ.

【補足】極座標

いままで，平面上の点 P(x, y) の位置は，つぎのように表した．

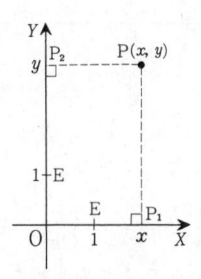

すなわち，上の図のように，点 O で直交する 2 直線 OX, OY と単位の長さ OE とを定める．

P の，OX, OY 上への正射影をそれぞれ，P$_1$, P$_2$ とし，

$$\frac{\mathrm{OP}_1}{\mathrm{OE}} = x, \quad \frac{\mathrm{OP}_2}{\mathrm{OE}} = y$$

とすれば，x と y の組 (x, y) によって点 P の直交座標による位置を定めることができた．ただし，OP$_1$, OP$_2$ は有向距離である．

つぎに点 P の位置を表すもう 1 つの方法を考えよう．これは，レーダーで採用しているように，距離と方向で示す方法である．次ページの図のように，O を中心として動径 OP を回転させ，OX と重なったところを OP$_1$ とし，OP

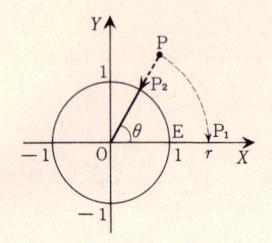

が単位円と交わる点を P_2 とする.

$$\frac{OP_1}{OE} = r, \quad \frac{\widehat{EP_2}}{OE} = \theta$$

とすると，r は O から P までの距離を，θ は $\angle XOP$ をラジアンで測った測定値を与える．このとき，2つの実数 r, θ の組 (r, θ) を点 P の極座標という．

ラジアンの値は，下の図のように，単位円の周上に正負の向きに無限に目盛られているものと考えることができる．

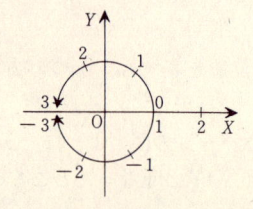

5.1.6 三角関数のグラフ

単位円上の点を $P(x, y)$ とし，動径 OP の角を θ とすると，

$$x = \cos\theta, \quad y = \sin\theta$$

となる．これをもとにして，$x=\cos\theta$, $y=\sin\theta$ のグラフをかくと，つぎの図のようになる．

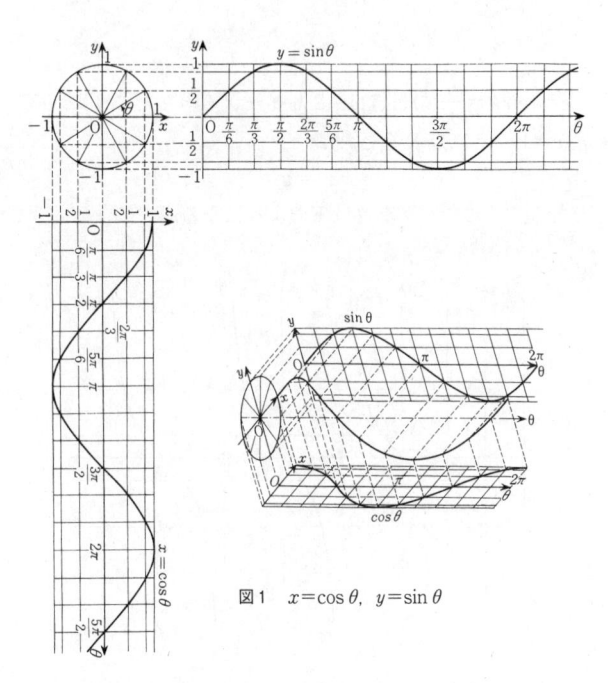

図1　$x=\cos\theta$, $y=\sin\theta$

問 $\sin\theta$ のグラフを紙にかいて切りぬき,山と山とが重なるようにして丸めてみよ.切り口の線はどうなっているか.

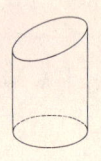

$z=\tan\theta=\dfrac{y}{x}$ のときは,230 ページで学んだように,直線 $x=1$ の上に点 P をとれば

$$z = y$$

である.そこで,グラフは下のようになる.

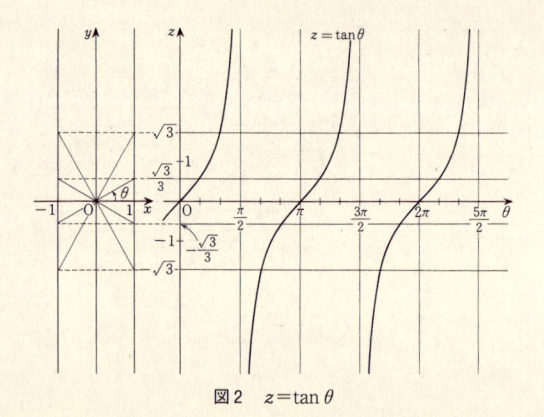

図2　$z=\tan\theta$

例題 $0 \leq \theta \leq \pi$ のとき

$$\sin \theta = \frac{1}{2}$$

となる θ を求めよ.

解 $y = \sin \theta$ のグラフで $y = \frac{1}{2}$ とすると，その交点は $0 \leq \theta \leq \pi$ の範囲では

$$\theta = \frac{\pi}{6}, \ \frac{5\pi}{6}$$

のときである.

よって，これらが求める値である.

別解 P の座標を (x, y) とし，OP$=r$，OP の角を θ とすると

$$\sin \theta = \frac{y}{r} = \frac{1}{2}.$$

$r=2$ とすると，$y=1$.

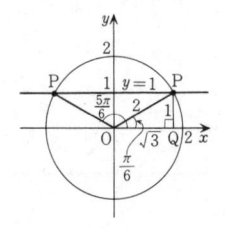

そこで，P は，O を中心とする半径 2 の円と，直線 $y=1$ との交点である.

したがって，$\theta = \frac{\pi}{6}, \ \frac{5\pi}{6}$.

$\sin\theta$, $\tan\theta$ のグラフは，原点に関して対称であるから，
$$\sin(-\theta) = -\sin\theta, \qquad \tan(-\theta) = -\tan\theta$$
である.

また，$x = \cos\theta$ のグラフは x 軸に関して対称であるから，
$$\cos(-\theta) = \cos\theta$$
もなりたつ[1].

$x = \cos\theta$ のグラフと $y = \sin\theta$ のグラフとを x 軸と y 軸が重なるようにしてかくと，$\cos\theta$ のグラフは，$\sin\theta$ のグラフを θ 軸の方向に $-\dfrac{\pi}{2}$ だけ平行移動したものであることがわかる．そこで，
$$\cos\theta = \sin\left(\theta + \frac{\pi}{2}\right)$$
の関係がある．

また，$\sin\theta$ のグラフは，$\cos\theta$ のグラフを θ 軸の方向に

図3　$\cos\theta = \sin\left(\theta + \dfrac{\pi}{2}\right)$

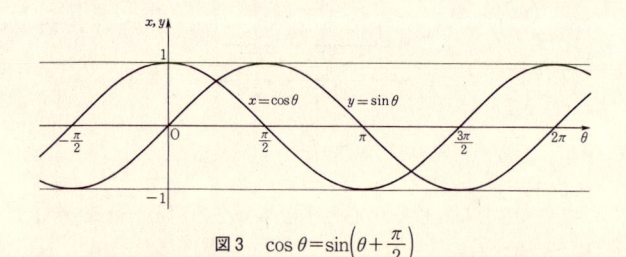

1) 232 ページ参照.

$-\dfrac{\pi}{2}$ 平行移動したものと, θ 軸に関して対称となっているから,

$$\cos\left(\theta+\dfrac{\pi}{2}\right)=-\sin\theta$$

となる. よって, つぎの等式がなりたつ.

$$\begin{cases} \cos\left(\theta+\dfrac{\pi}{2}\right)=-\sin\theta \\ \sin\left(\theta+\dfrac{\pi}{2}\right)=\cos\theta \\ \tan\left(\theta+\dfrac{\pi}{2}\right)=-\dfrac{1}{\tan\theta}. \end{cases}$$

また,

$$\begin{cases} \cos(\theta+\pi)=-\cos\theta \\ \sin(\theta+\pi)=-\sin\theta \\ \tan(\theta+\pi)=\tan\theta \end{cases}\ [1]$$

もなりたつ. これらも 234-235 ページで示した式である.

練習問題

1 $\sin 3\theta$ を $\sin\theta$ を用いて表せ.

2 つぎの値を計算せよ.

(1) $\sin\theta+\sin\left(\theta+\dfrac{2\pi}{3}\right)+\sin\left(\theta+\dfrac{4\pi}{3}\right)$

---

[1] $\tan\theta$ は π ごとに同じ値をとることがわかる. 230 ページ参照.

(2) $\cos\theta + \cos\left(\theta + \dfrac{2\pi}{3}\right) + \cos\left(\theta + \dfrac{4\pi}{3}\right)$

3 $0 \leqq \theta \leqq 2\pi$ のとき,$\cos\theta = -\dfrac{1}{2}$ をみたす θ を求めよ.

4 $(\cos\theta + i\sin\theta)^2 = \cos 2\theta + i\sin 2\theta$
となることを示せ.ただし,i は虚数単位である.

5.2 単振動

5.2.1 等速円運動

下の図は，回転運動を往復運動にかえる装置の一種で，カムとよばれている．円板が中心からはずれた回転軸を軸として回転するとこれに接触しているクランクが上下に運動する．円板の中心をPとすると，Pのあがり・さがりに応じてクランクの下端の点Qがクランクの軸上を上下に運動する．

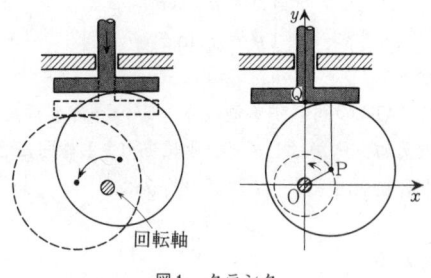

図1 クランク

この節では，図1のQに着目してクランクの上下運動について考える．そのために，円板の中心Pの運動を調べよう．

点Pは，回転軸の中心Oを中心とする円をえがく．このとき，つぎのページの図2のようにOを原点とする座標軸を定め，Pの座標を (x, y), OP=a, OPの角を θ とする

図2 $x = a\cos\theta,\ y = a\sin\theta$

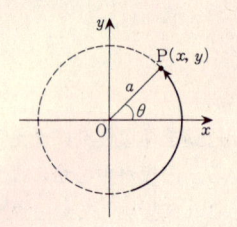

と，
$$\begin{cases} x = a\cos\theta \\ y = a\sin\theta \end{cases}$$
の関係がある．

ここで，OP の回転する速度が一定の場合を考えてみよう．たとえば，P がはじめ Ox 上にあり，1 秒間に 2π だけ正の方向に回転すると，t 秒後の角 θ は，
$$\theta = 2\pi t$$
で与えられる[1]．

この例からもわかるように，速度が一定な回転運動では，角 θ は t の 1 次式で
$$\theta = \omega t + \alpha \quad [2]$$
と表される．ただし，α は $t=0$ のときの角の値であり，ω は動径が単位時間に回転する角の大きさである．この ω を角速度という．上の例の場合には，

---

1) 単位 rad は省略した．
2) ω はギリシア文字で，オメガとよむ．

$$\omega = 2\pi \text{ rad/秒 [1]}$$

となる.

問1 時計の長針の場合に,$t=0$ のとき $\dfrac{\pi}{2}$ の位置にあるものとして t 時のときの角 θ を t の式で表せ.

問2 時計の短針の場合の角速度を求めよ.

点 P が原点 O を中心とする半径 a の円周上を,速度が一定な回転運動をしているとき,その角 θ が

$$\theta = \omega t + \alpha$$

と表される場合には,P(x, y) の座標は,

$$\begin{cases} x = a\cos(\omega t + \alpha) \\ y = a\sin(\omega t + \alpha) \end{cases}$$

で与えられる.このような点 P の運動を等速円運動という.

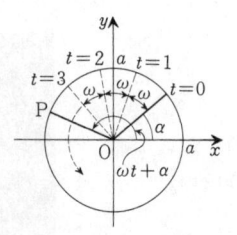

図3 角速度 ω の回転運動

---

[1] 左まわりのときは $\omega>0$,右まわりのときは $\omega<0$ である.

5.2.2 単振動

251 ページのクランクについて,点 $P(x, y)$ が等速円運動

$$\begin{cases} x = a\cos(\omega t + \alpha) \\ y = a\sin(\omega t + \alpha) \end{cases}$$

を行っているとき,P の y 軸上への正射影 $P_1(0, y)$ は,往復運動を行っている. その式は上と同じように

$$\begin{cases} x = 0 \\ y = a\sin(\omega t + \alpha) \end{cases}$$

と表されるが,これからは簡単に,

$$y = a\sin(\omega t + \alpha)$$

と書く. このような式で表される直線上の往復運動を単振動という. たとえば,ばねにつるされたおもりの上下運動などは単振動である. 写真は,この運動を多重露出でとっ

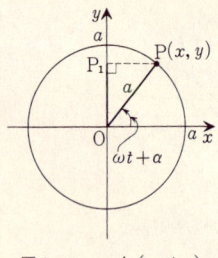

図1　$y = a\sin(\omega t + \alpha)$

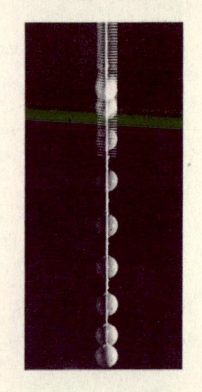

たものである．

例 $y=3\sin\left(\dfrac{\pi}{6}t+\dfrac{\pi}{3}\right)$ のグラフをかいてみよう．t にいろいろな値を代入して関数の表をつくるとつぎのようになる．

t	0	1	2	3	4	5
y	2.60	3.00	2.60	1.50	0.00	-1.50

t	6	7	8	9	10
y	-2.60	-3.00	-2.60	-1.50	0.00

これをもとにしてグラフをかくとつぎの図のようになる．

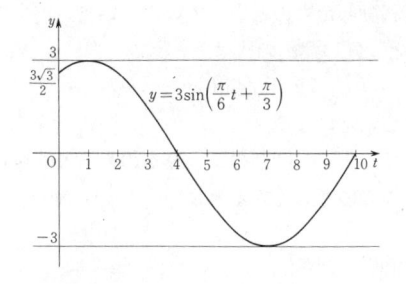

ある点の行う単振動

$$y = a\sin(\omega t+\alpha)$$

では，a の値によって往復の幅が定まるので a をその**振幅**という．$\omega t+\alpha$ は，点の位置と運動の向きを与えるので**位相角**という．α は，$t=0$ のときの位相角の大きさで，初期

図2　　　　　図3

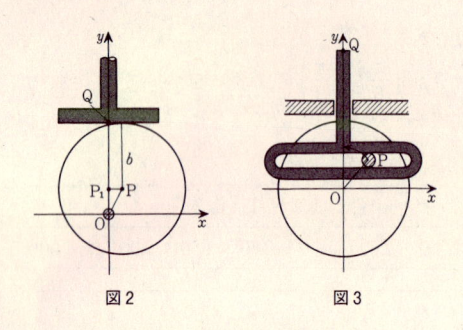

位相という．ω は，位相角の角速度である．

はじめのカムの運動では，図2の P_1Q の長さが，円板の半径に等しく，つねに一定であるから，Qの運動は P_1 の運動を平行移動したものとなっている．いま，円板の半径を b とすると，Qの運動の式は
$$y = a\sin(\omega t + \alpha) + b$$
と表されることになる．

カムには，また，図3のようなものもある．原理については，おのおの考えてみるとよい．

5.2.3　周期

254ページの正射影 P_1 の行う単振動
$$y = a\sin(\omega t + \alpha)$$
で，1往復に要する時間，すなわち周期を求めよう．

点 P_1 の周期は，点Pが1回転するのに要する時間と同じである．これを T とすると，単位時間の回転角が角速度

5.2 単振動

ω であるから，時間 T における回転角は，

$$\omega T$$

となる．これが 1 回転の角 2π と等しいから

$$\omega T = \pm 2\pi \text{ rad}$$

となる．複号 $\pm$ は，$\omega>0$ のときは $+$，$\omega<0$ のときは $-$ とする．よって，求める周期 T は

$$T = \frac{2\pi \text{ rad}}{|\omega|}$$

である．

例 単振動ではないが，時計の短針の場合には，角速度は $\omega = -\dfrac{\pi}{6}$ rad/時であった．したがって，

$$T = \frac{2\pi \text{ rad}}{|\omega|} = \frac{2\pi \text{ rad}}{\dfrac{\pi}{6} \text{ rad/時}} = 12 \text{ 時}.$$

すなわち，周期は 12 時間である．

このような場合に単位を省略して，

$|\omega| = \dfrac{\pi}{6}$ のとき，

$$T = \frac{2\pi}{\dfrac{\pi}{6}} = 12$$

とすると便利である．たとえば，

$$\omega = \frac{\pi}{6} \text{ rad/秒なら } T = 12 \text{ 秒},$$

$$\omega = \frac{\pi}{6} \text{rad/日なら } T = 12 \text{ 日}$$

と計算できるからである．

問 $\omega = \dfrac{2\pi}{3}$ のとき，周期 T を求めよ．

5.2.4 単振動の合成

単振動 $y = a\sin(\omega t + \alpha)$ は，加法定理によって
$$y = a\cos\alpha \sin\omega t + a\sin\alpha \cos\omega t$$
となるから，
$$a\cos\alpha = p, \ a\sin\alpha = q$$
とおくと，
$$y = p\sin\omega t + q\cos\omega t$$
と表すことができる．これは，2つの単振動
$$y_1 = p\sin\omega t,$$
$$y_2 = q\cos\omega t = q\sin\left(\omega t + \dfrac{\pi}{2}\right)$$
を加えたものとなっている．このとき，はじめの単振動
$$y = y_1 + y_2$$
を，2つの単振動 y_1, y_2 を合成した単振動という．

位相角の角速度が等しい2つの単振動
$$y_1 = p\sin\omega t,$$
$$y_2 = q\cos\omega t = q\sin\left(\omega t + \dfrac{\pi}{2}\right)$$
が与えられたときは，
$$p = a\cos\alpha, \ q = a\sin\alpha \qquad (1)$$
となるように定数 a, α を適当にえらぶと，
$$y = y_1 + y_2$$

$$= a\cos\alpha\sin\omega t + a\sin\alpha\cos\omega t$$
$$= a\sin(\omega t + \alpha)$$

のように合成することができる.

いま, a は振幅で正であるとすると, (1)から
$$p^2 + q^2 = a^2$$
すなわち
$$a = \sqrt{p^2 + q^2}. \tag{2}$$

したがって, つぎの等式がなりたつ.

$$\begin{cases} \cos\alpha = \dfrac{p}{\sqrt{p^2+q^2}} \\ \sin\alpha = \dfrac{q}{\sqrt{p^2+q^2}}. \end{cases} \tag{3}$$

よって, (2), (3)をみたすように, a, α を定めればよい.

例1 $y_1 = \sin\dfrac{\pi}{3}t$, $y_2 = \sqrt{3}\cos\dfrac{\pi}{3}t$ を合成すると,

$$\begin{aligned} y &= y_1 + y_2 \\ &= \sin\frac{\pi}{3}t + \sqrt{3}\cos\frac{\pi}{3}t \\ &= 2\Big(\frac{1}{2}\sin\frac{\pi}{3}t + \frac{\sqrt{3}}{2}\cos\frac{\pi}{3}t\Big) \\ &= 2\Big(\cos\frac{\pi}{3}\sin\frac{\pi}{3}t + \sin\frac{\pi}{3}\cos\frac{\pi}{3}t\Big) \\ &= 2\sin\Big(\frac{\pi}{3}t + \frac{\pi}{3}\Big) \end{aligned}$$

となる. y_1, y_2, y のグラフをかくと, つぎの図のようになる.

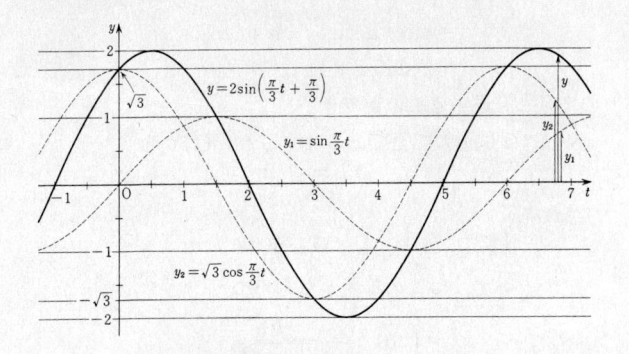

例 2 $y_1 = 5\sin\left(\omega t + \dfrac{\pi}{6}\right)$, $y_2 = 3\sin\left(\omega t + \dfrac{\pi}{2}\right)$ のとき, $y_1 + y_2$ はやはり単振動と思われる.

$$y_1 = 5\cos\dfrac{\pi}{6}\sin\omega t + 5\sin\dfrac{\pi}{6}\cos\omega t$$

$$= \dfrac{5\sqrt{3}}{2}\sin\omega t + \dfrac{5}{2}\cos\omega t,$$

$$y_2 = 3\cos\omega t$$

と変形すると,

$$y = y_1 + y_2 = \dfrac{5\sqrt{3}}{2}\sin\omega t + \dfrac{11}{2}\cos\omega t.$$

これを $y = a\sin(\omega t + \alpha)$ と表すと[1]

$$a = \sqrt{\left(\dfrac{5\sqrt{3}}{2}\right)^2 + \left(\dfrac{11}{2}\right)^2} = \sqrt{49} = 7,$$

---

[1] y_1, y_2 を正射影とする 2 つの円運動をかいてみると a の意味がよくわかる.

$$\cos \alpha = \frac{5\sqrt{3}}{14} = 0.618589\cdots,$$

$$\sin \alpha = \frac{11}{14} = 0.785714\cdots.$$

これから α の1つを求めると,

$$\alpha = 0.9038\cdots \text{ rad} \fallingdotseq 51°17'.$$

この α を用いると,2つの単振動,y_1,y_2 を合成した式

$$y = 7\sin(\omega t + \alpha)$$

が得られる.

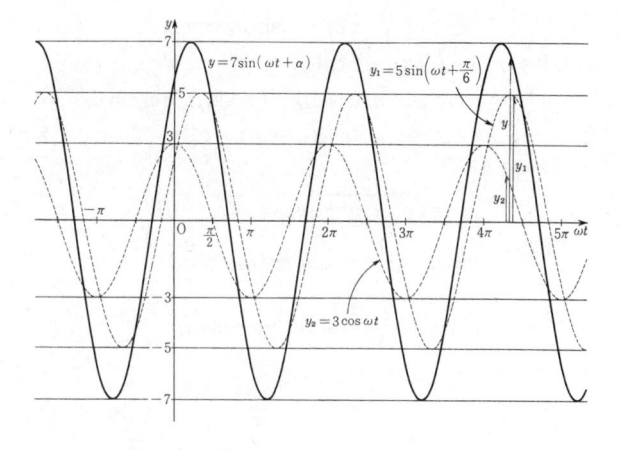

【補足】単振動の合成と振動数

一般に，位相角の角速度の等しい2つの単振動 y_1, y_2 が，

$$\begin{cases} y_1 = a_1 \sin(\omega t + \alpha_1) \\ y_2 = a_2 \sin(\omega t + \alpha_2) \end{cases}$$

で与えられているとき，合成すると，

$$\begin{aligned} y &= y_1 + y_2 \\ &= (a_1 \cos \alpha_1 + a_2 \cos \alpha_2) \sin \omega t \\ &\quad + (a_1 \sin \alpha_1 + a_2 \sin \alpha_2) \cos \omega t. \end{aligned}$$

これを，$A \sin(\omega t + \alpha)$ とおくと，

$$\begin{aligned} A^2 &= (a_1 \cos \alpha_1 + a_2 \cos \alpha_2)^2 + (a_1 \sin \alpha_1 + a_2 \sin \alpha_2)^2 \\ &= a_1^2 + a_2^2 + 2a_1 a_2 \cos(\alpha_2 - \alpha_1). \end{aligned} \qquad (1)$$

したがって，

$$A = \sqrt{a_1^2 + a_2^2 + 2a_1 a_2 \cos(\alpha_2 - \alpha_1)},$$

$$\cos \alpha = \frac{1}{A}(a_1 \cos \alpha_1 + a_2 \cos \alpha_2),$$

$$\sin \alpha = \frac{1}{A}(a_1 \sin \alpha_1 + a_2 \sin \alpha_2)$$

となる．

式(1)は，

$$A^2 = a_1^2 + a_2^2 - 2a_1 a_2 \cos\{\pi - (\alpha_2 - \alpha_1)\}$$

と変形できる．これは，図からもわかるように数学Ⅰで学んだ余弦定理である．

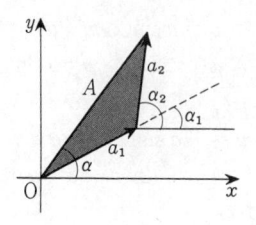

ここで,振動数について考えてみよう.

単振動
$$y = a\sin(\omega t + \alpha)$$
が,単位時間に ν 回往復をくり返したとしよう[1]. 1 往復に要する時間が周期であるからこれを T と表すと,ν 往復では時間が νT だけかかる.これが単位時間に等しいから,
$$\nu T = 1$$
がなりたつ.したがって,
$$\nu = \frac{1}{T} = \frac{|\omega|}{2\pi}$$
となる.

逆に,振動数 ν が与えられたときには,角速度 ω は,
$$\omega = \pm 2\nu\pi$$
となる.このとき,単振動の式は 1 つの式で

---

[1] ν は,n に相当するギリシア文字で,ニューと読む.

$$y = a\sin(2\nu\pi t + \alpha)$$

と表すことができる．これは，$y = a\sin(-2\nu\pi t + \alpha)$ のときは

$$y = -a\sin(2\nu\pi t - \alpha)$$
$$= a\sin\{2\nu\pi t + (\pi - \alpha)\}$$

とできるからである．

【補足】うなり

振動数のちがう単振動を合成してみよう.

2つの単振動 y_1, y_2 が

$$\begin{cases} y_1 = \dfrac{1}{4}\sin 25\pi t \\ y_2 = \dfrac{1}{4}\sin 23\pi t \end{cases}$$

で与えられるとき,

$$\begin{cases} y_1 = \dfrac{1}{4}(\sin 24\pi t \cos \pi t + \cos 24\pi t \sin \pi t) \\ y_2 = \dfrac{1}{4}(\sin 24\pi t \cos \pi t - \cos 24\pi t \sin \pi t) \end{cases}$$

と変形できるから,

$$y_1 + y_2 = \dfrac{1}{2}\cos \pi t \sin 24\pi t.$$

ここで,

$$A = \dfrac{1}{2}\cos \pi t \tag{1}$$

とおくと,

$$y_1 + y_2 = A \sin 24\pi t \tag{2}$$

となる.

(2)の振幅 A は(1)によって時間 t の関数であるから t とともに変動し, (2)は単振動ではないある種の振動と考えることができる.

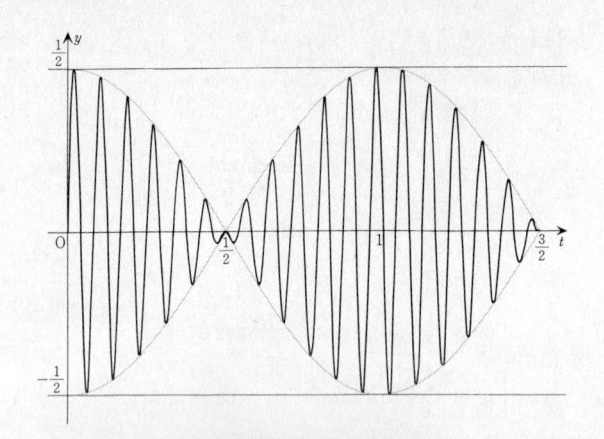

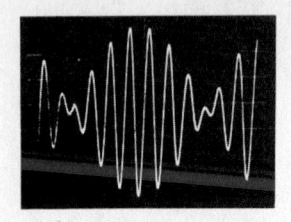

このグラフは，上の図のようになる．
これは，うなりとよばれる現象である．
振幅の等しい2つの単振動

$$\begin{cases} y_1 = a \sin 2\nu_1 \pi t \\ y_2 = a \sin 2\nu_2 \pi t \end{cases}$$

の場合は，
$$\begin{cases} y_1 = a\sin\{(\nu_1+\nu_2)\pi t+(\nu_1-\nu_2)\pi t\} \\ y_2 = a\sin\{(\nu_1+\nu_2)\pi t-(\nu_1-\nu_2)\pi t\} \end{cases}$$
とできるから，三角関数の加法定理を用いてそれぞれを展開し，辺々を加えると，
$$y_1+y_2 = 2a\sin(\nu_1+\nu_2)\pi t \cos(\nu_1-\nu_2)\pi t.$$

この振動は，振幅が
$$2a\cos(\nu_1-\nu_2)\pi t$$
という変化をすると考えて，この振動数 ν を求めると，
$$\nu = \frac{|\nu_1-\nu_2|\pi}{2\pi} = \frac{|\nu_1-\nu_2|}{2}.$$

グラフからもわかるように，うなりの数は振幅
$$2a\cos(\nu_1-\nu_2)\pi t$$
の1周期の中に2つずつあるから 2ν である．すなわち，うなりの数は
$$|\nu_1-\nu_2|$$
となる．

うなりの数を利用して，ピアノなどの調律を行うことができる．

練習問題

1 振幅 2, 位相角の角速度 $\dfrac{\pi}{3}$, 初期位相 $\dfrac{\pi}{6}$ の単振動の式を求めよ. また, このグラフをかけ.

2 単振動の位相角の角速度が $\dfrac{\pi}{4}$ のとき, 周期を求めよ.

3 振幅 100, 初期位相 0, 周期 $\dfrac{1}{60}$ の単振動の式を書け[1].

4 単振動

$$y = 5\sin\left(300\pi t - \dfrac{\pi}{2}\right)$$

の振幅・初期位相・周期を求めよ.

5 つぎの単振動を合成せよ. また, この合成した単振動のグラフと y_1, y_2 のグラフを 260 ページのようにかけ.

(1) $\begin{cases} y_1 = \sin \pi t \\ y_2 = \cos \pi t \end{cases}$ (2) $\begin{cases} y_1 = \sin \dfrac{\pi}{6} t \\ y_2 = \sqrt{3}\cos \dfrac{\pi}{6} t \end{cases}$

---

[1] 100 ボルト, 60 ヘルツの交流の電圧は, この式で表される.

章末問題

1 $-\pi \leq \theta \leq \pi$ のとき，つぎの式をみたす θ を求めよ．

(1) $\cos\theta = \cos\dfrac{2\pi}{3}$

(2) $\sin\theta = \cos\theta$

2 つぎの三角関数を θ の三角関数で表せ．

(1) $\sin(\pi - \theta)$

(2) $\tan(\pi - \theta)$

3 $\tan\dfrac{\alpha}{2} = t$ とおくとき，つぎの式がなりたつことを示せ．

(1) $\cos\alpha = \dfrac{1-t^2}{1+t^2}$

(2) $\sin\alpha = \dfrac{2t}{1+t^2}$

(3) $\tan\alpha = \dfrac{2t}{1-t^2}$

4 $y = 2\sin 3t$ のグラフをかけ．

5 つぎのおのおのの単振動を合成せよ．

(1) $\begin{cases} y_1 = \sin\pi t \\ y_2 = \sin\left(\pi t + \dfrac{2\pi}{3}\right) \end{cases}$

(2) $\begin{cases} y_1 = 2\sin\dfrac{\pi}{6}t \\ y_2 = 2\sin\left(\dfrac{\pi}{6}t + \dfrac{\pi}{3}\right) \end{cases}$

6 $(\cos\theta + i\sin\theta)^3 = \cos 3\theta + i\sin 3\theta$ がなりたつことを示せ.

ただし, $i^2 = -1$ である.

数学の歴史　5

　三角関数は，天体の「円運動」や，三角形を計算するものとして生まれ，中世イスラムで天文学に使われながら発展したが，近代になってその重要性が高まったのは，それが波の現象を表すものだからである．とくに，19世紀になると，弾性波や電磁波の解析に，なくてはならないものとなった．それは，18世紀のダランベールの弦の振動の解析にはじまる．ヨハン・ベルヌーイの息子のダニエル・ベルヌーイや，オイラーとともに，その問題は大きな話題となり，またその表現の問題が，近代的な関数概念の確立への契機にもなった．

　当時のフランスは，宮廷サロンの時代である．宮廷の貴婦人たちの間では，「英国の赤い星」ニュートンがアイドルであり，その『数学原理』を翻訳したのは，ヴォルテールの恋人のシャトレ夫人だった．

　ジャン・ルロン・ダランベール (1717-1783) は，そのサロンの貴婦人タンサン夫人の子．ジャン・ルロン教会の石段に嬰児は置かれていたので，ジャン・ルロンと名づけられ，実の父の砲兵将校デトーシュはダレンベルクとの名を与え

たが，自分で勝手にダランベールと名乗った．そして，20歳代でサロンの寵児となり，そのころには一流の数学者だった．オイラーやラグランジュのように専門的数学者として多産ではないが，才気にあふれ，その多くは，19世紀数学を半世紀前に先どりしたものだった．エネルギー概念や極限概念はダランベールにはじまるし，方程式論や関数論で19世紀が複素数の時代を開幕するに先だって，前奏曲のファンファーレを奏でたのも彼だった．

しかし彼は，数学者である以上に，サロンにあって，文化の指揮者でもあった．新興国のプロシアのベルリン，ロシアのペテルブルクは，熱心にダランベールを招請したが，彼は結局，ベルリンにはラグランジュ，ペテルブルクにはオイラーを配置した．そして，百科全書の刊行につくすことになる．その編集を引きうけたのは，まだ30歳のときである．

「啓蒙主義」の時代の「百科全書」というと，雑多な知識を押しつけられるようなイメージになりかねないが，当時のサロンの知識人としては，すべての学問をひとつの連環のなかにつらね，「なんでもわかってやろう」という，彼ら自身の知的貪欲さの表現としてあった．ときは産業革命前夜，技術専門家の分業体制以前で，職人の世界と知識人の世界とが混ざりあっていた，「古きよき時代」のサロンである．現代の専門家体制で，文化が透視しにくくなっているなかで，しばしば百科全書精神の復権が説かれるが，それがどのようにして可能かは，いまも課題としてある．

ダランベール自身は，サロンの中にあっても，なかなか戦闘的であったようで，もともと無神論だったこともあって，イエズス会やカルヴァン派と争い，ルソーと喧嘩したりもしている．

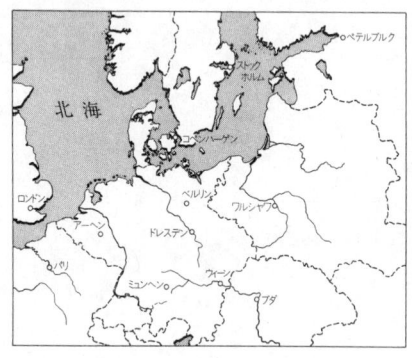

1714 イギリスでハノーヴァー王朝始まる．
1720 フランスで南海会社の株が暴落．近松の『心中天網島』．
1740 オーストリア継承戦争．
1751 『百科全書』刊行．
1756 7年戦争始まる．
1762 ロシアのエカテリーナ即位．ルソーの『エミール』，『社会契約論』．
1765 ワットが蒸気機関を改良．
1776 アメリカ独立宣言．スミスの『国富論』．
1784 『フィガロの結婚』初演．田沼意知，殺される．
1789 フランス革命．

答

〔第1章〕

練習問題 1.1 (p.19)

1 略　2 10番目の項

練習問題 1.2 (p.25)

1 n 年後は $\dfrac{1-\left(\dfrac{1}{2}\right)^{n+1}}{1-\dfrac{1}{2}} = 2-\left(\dfrac{1}{2}\right)^n < 2$

2 (1) $\dfrac{b^2}{a}$　(2) $\dfrac{a^2}{b}$　(3) $\sqrt{ab}$ または $-\sqrt{ab}$

練習問題 1.3 (p.38)

1 (1) $\dfrac{n(2n+1)(2n-1)}{3}$　(2) $\dfrac{n(n+1)(4n-1)}{3}$

2 略

練習問題 1.4 (p.47)

(1) $a_n = 2 \cdot 3^{n-1} - 1$　(2) $a_n = \dfrac{1}{4}(5^n - 1)$

(3) $a_n = \left(\dfrac{1}{3}\right)^{n-2} - 3$

章末問題 (p.52)

1 (1) 1683　(2) 4000　2 1, 4, 7 または 7, 4, 1

3 (1) $\dfrac{n(n^2-2n+3)}{2}$　(2) $\dfrac{10(10^n-1)}{9} - n$

(3) $\dfrac{n(n+1)(4n-1)}{6}$　4 略

5 (1) $\dfrac{n^2-n+2}{2}$, n^2-n+1　(2) 略

[第2章]

練習問題 2.2 (p.86)

1　(1) $y'=3(5x^2-2x+2)$　　(2) $y'=x(x-1)(x-2)$

　(3) $y'=12x+13$　　2　$y=-7x-4$

3　$y=x-1$, $y=x+\dfrac{5}{27}$, $\left(-\dfrac{1}{3}, -\dfrac{4}{27}\right)$

4　(1, 8) または (3, 0)　　5　円周の長さ

6　球の表面積

練習問題 2.3 (p.101)

1　略

2

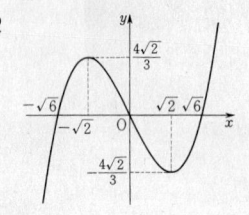

3　$\dfrac{32000}{81}\pi$ (cm^3)

章末問題 (p.102)

1

(1)

x	$\cdots$	$\dfrac{4}{3}$	$\cdots$	4	$\cdots$
y'	$-$	0	$+$	0	$-$
y	↘	$-\dfrac{64}{27}$	↗	0	↘

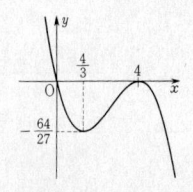

(2)

x	$\cdots$	-1	$\cdots$	0	$\cdots$	1	$\cdots$
y'	$-$	0	$+$	0	$-$	0	$+$
y	$\searrow$	0	$\nearrow$	1	$\searrow$	0	$\nearrow$

(3)

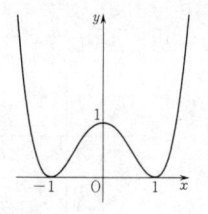

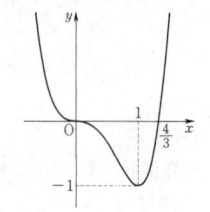

x	$\cdots$	0	$\cdots$	1	$\cdots$
y'	$-$	0	$-$	0	$+$
y	$\searrow$	0	$\searrow$	-1	$\nearrow$

2 略 **3** $x=3$ のとき最小値 0, $x=5$ のとき最大値 $\dfrac{20}{3}$

4 略 **5** $2:1$

6 1秒後, または4秒後で, 最大距離は $8\,\mathrm{cm}$

7 $0<k<\dfrac{256}{27}$ **8** $a=\dfrac{27}{16}$

9 $f(x)=\dfrac{2}{3}x^3-\dfrac{5}{2}x^2+2x$

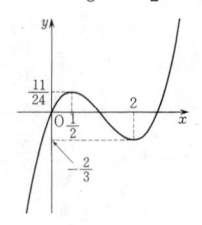

章末問題 (p. 162)

1　$M = \dfrac{2}{3}$　　(1) 0　　(2) $\dfrac{8}{45}$　　(3) $\dfrac{8\sqrt{3}}{27}$

2　(1) 36　　(2) $\dfrac{9}{8}$

3　(1) $\dfrac{27}{4}$　　(2) $\dfrac{512}{15}$　　(3) $\dfrac{8}{5}$　　4　$\dfrac{48}{5}\sqrt{3}$

5　(1) $a = \dfrac{3}{2}$, $b = -\dfrac{1}{2}$　　(2) $\dfrac{27}{64}$

6　$\dfrac{4}{3}a^3$　　7　$\dfrac{8 - 5\sqrt{2}}{12}\pi a^3$

8　(1) $r = \sqrt{2a^2 - 2az + z^2}$　　(2) $\dfrac{4a^3}{3}\pi$　　9　$\dfrac{64}{3}$

〔第4章〕

練習問題 4.1 (p. 189)

1　(1) $2^{\frac{1}{2}}$　　(2) $a - 1$　　(3) 4　　2　$\dfrac{73}{9}$

3　$0.5^4 < 2^{-2} < 0.5^{-3}$

4　(1) y 軸に関して対称　　(2) y 軸に関して対称
(3) 同じグラフ　　(4) y 軸の方向に 1 だけ平行移動
(5) x 軸の方向に 1 だけ平行移動
(6) x 軸の方向に -1, y 軸の方向に -1 だけ平行移動

5　$y = 3^x$　　6　(1) なりたつ．　　(2) なりたたない．

7　(1) $x > 3$　　(2) $x < 2$
(3) $a > 1$ のとき $x > 2$, $0 < a < 1$ のとき $x < 2$

練習問題 4.2 (p. 216)

1　略　　2　左から順に　$0, 2a, 1 - a, a + b, 3a, 2b, 1, 1 + c, 2 + a + b$

3 24けた　　4 (1) 2　　(2) -2　　(3) $\dfrac{2}{3}$　　(4) $\dfrac{3}{2}$

5 (1) $2a-b$　　(2) $\dfrac{a+b}{1+a}$　　6 $\log_2 3 > 1.5$　　7 17時間

8 (1) x軸に関して対称　　(2) 直線 $y=x$ に関して対称

9 (1) $x>100$　　(2) $0<x<0.01$

章末問題 (p. 218)

1 (1),(2),(3)ともなりたたない.　　2 (1) 4　　(2) 3

3 $\sqrt{6}$ 倍　　4 9　　5 (1) $1+\log_2 3$　　(2) $a=6$

6 小数第10位　　7 4時間53分後

〔第5章〕

練習問題 5.1 (p. 249)

1 $3\sin\theta - 4\sin^3\theta$　　2 (1) 0　　(2) 0

3 $\dfrac{2\pi}{3},\ \dfrac{4\pi}{3}$　　4 略

練習問題 5.2 (p. 268)

1 $y=2\sin\left(\dfrac{\pi}{3}t+\dfrac{\pi}{6}\right)$

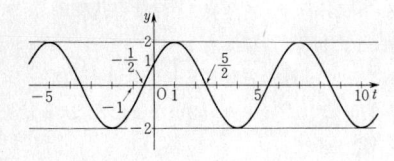

2 8　　3 $y=100\sin 120\pi t$

4 振幅 5, 初期位相 $-\dfrac{\pi}{2}$, 周期 $\dfrac{1}{150}$

5 (1) $y=\sqrt{2}\sin\left(\pi t+\dfrac{\pi}{4}\right)$

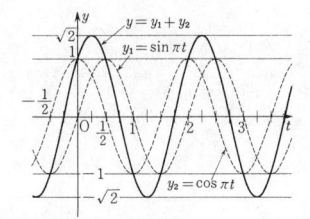

(2) $y=2\sin\left(\dfrac{\pi}{6}t+\dfrac{\pi}{3}\right)$

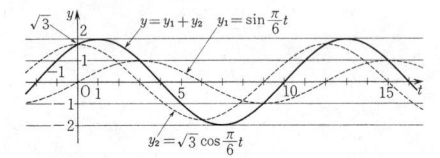

章末問題 (p. 269)

1 (1) $-\dfrac{2\pi}{3}$, $\dfrac{2\pi}{3}$ (2) $-\dfrac{3\pi}{4}$, $\dfrac{\pi}{4}$

2 (1) $\sin\theta$ (2) $-\tan\theta$ 3 略

4

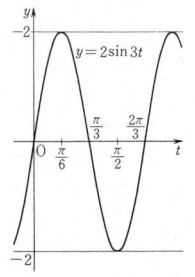

5 (1) $\sin\left(\pi t + \dfrac{\pi}{3}\right)$ (2) $2\sqrt{3}\sin\left(\dfrac{\pi}{6}t + \dfrac{\pi}{6}\right)$

6 略

索 引

あ行

位相角 255
一般角 226

か行

階差数列 41
回転体の体積 150
角速度 252
加法性(定積分の) 128
加法定理 238
極限値 67
極座標 244
極(大)(小)値 88
近似する1次関数 69
グラフの接線 70
原始関数 97
減少の状態 59
公差 17
公比 23
弧度(法) 241

さ行

三角関数 230
Σ(シグマ) 35
指数関数(の底) 180
指数法則 179, 206
始線 224
周期 256
収束 67
象限 226

初期位相 255
初項 17, 23
常用対数 193
瞬間の速度 82
振幅 255
数学的帰納法 30
数列 17
積分する 116
積分範囲の移動 133
接線(グラフの) 70
接線の式 80
漸化式 40
漸近線 183
増加の状態 59
増減表 89
増分 61
速度 82

た行

対数 203
——の性質 206
——の底の変換 208
——関数 208
単位円 229
単振動 254
——の合成 258
定積分 113
——の上(下)端 113
——の加法性 128
——と微分 116
導関数 75

動径 224
等差数列 17
　——の和 18
等速円運動 253
等比数列 23
　——の和 24

は行

ハノイの塔 42
半対数方眼紙 213
微分する 76
微分の公式 77, 78
フィボナッチの数列 48
複利計算 24
不定積分 122
平均速度 82
平均値(定積分の) 117
変化率 68
変数の増分 61

ま行

面積 108

ら行

ラジアン 240
立体の体積(定積分) 146
累乗根 185

第1表 平方・立方・平方根の表

n	n^2	n^3	$\sqrt{n}$	$\sqrt{10n}$	n	n^2	n^3	$\sqrt{n}$	$\sqrt{10n}$
1	1	1	1.0000	3.1623	51	2601	132651	7.1414	22.5832
2	4	8	1.4142	4.4721	52	2704	140608	7.2111	22.8035
3	9	27	1.7321	5.4772	53	2809	148877	7.2801	23.0217
4	16	64	2.0000	6.3246	54	2916	157464	7.3485	23.2379
5	25	125	2.2361	7.0711	55	3025	166375	7.4162	23.4521
6	36	216	2.4495	7.7460	56	3136	175616	7.4833	23.6643
7	49	343	2.6458	8.3666	57	3249	185193	7.5498	23.8747
8	64	512	2.8284	8.9443	58	3364	195112	7.6158	24.0832
9	81	729	3.0000	9.4868	59	3481	205379	7.6811	24.2899
10	100	1000	3.1623	10.0000	60	3600	216000	7.7460	24.4949
11	121	1331	3.3166	10.4881	61	3721	226981	7.8102	24.6982
12	144	1728	3.4641	10.9545	62	3844	238328	7.8740	24.8998
13	169	2197	3.6056	11.4018	63	3969	250047	7.9373	25.0998
14	196	2744	3.7417	11.8322	64	4096	262144	8.0000	25.2982
15	225	3375	3.8730	12.2474	65	4225	274625	8.0623	25.4951
16	256	4096	4.0000	12.6491	66	4356	287496	8.1240	25.6905
17	289	4913	4.1231	13.0384	67	4489	300763	8.1854	25.8844
18	324	5832	4.2426	13.4164	68	4624	314432	8.2462	26.0768
19	361	6859	4.3589	13.7840	69	4761	328509	8.3066	26.2679
20	400	8000	4.4721	14.1421	70	4900	343000	8.3666	26.4575
21	441	9261	4.5826	14.4914	71	5041	357911	8.4261	26.6458
22	484	10648	4.6904	14.8324	72	5184	373248	8.4853	26.8328
23	529	12167	4.7958	15.1658	73	5329	389017	8.5440	27.0185
24	576	13824	4.8990	15.4919	74	5476	405224	8.6023	27.2029
25	625	15625	5.0000	15.8114	75	5625	421875	8.6603	27.3861
26	676	17576	5.0990	16.1245	76	5776	438976	8.7178	27.5681
27	729	19683	5.1962	16.4317	77	5929	456533	8.7750	27.7489
28	784	21952	5.2915	16.7332	78	6084	474552	8.8318	27.9285
29	841	24389	5.3852	17.0294	79	6241	493039	8.8882	28.1069
30	900	27000	5.4772	17.3205	80	6400	512000	8.9443	28.2843
31	961	29791	5.5678	17.6068	81	6561	531441	9.0000	28.4605
32	1024	32768	5.6569	17.8885	82	6724	551368	9.0554	28.6356
33	1089	35937	5.7446	18.1659	83	6889	571787	9.1104	28.8097
34	1156	39304	5.8310	18.4391	84	7056	592704	9.1652	28.9828
35	1225	42875	5.9161	18.7083	85	7225	614125	9.2195	29.1548
36	1296	46656	6.0000	18.9737	86	7396	636056	9.2736	29.3258
37	1369	50653	6.0828	19.2354	87	7569	658503	9.3274	29.4958
38	1444	54872	6.1644	19.4936	88	7744	681472	9.3808	29.6648
39	1521	59319	6.2450	19.7484	89	7921	704969	9.4340	29.8329
40	1600	64000	6.3246	20.0000	90	8100	729000	9.4868	30.0000
41	1681	68921	6.4031	20.2485	91	8281	753571	9.5394	30.1662
42	1764	74088	6.4807	20.4939	92	8464	778688	9.5917	30.3315
43	1849	79507	6.5574	20.7364	93	8649	804357	9.6437	30.4959
44	1936	85184	6.6332	20.9762	94	8836	830584	9.6954	30.6594
45	2025	91125	6.7082	21.2132	95	9025	857375	9.7468	30.8221
46	2116	97336	6.7823	21.4476	96	9216	884736	9.7980	30.9839
47	2209	103823	6.8557	21.6795	97	9409	912673	9.8489	31.1448
48	2304	110592	6.9282	21.9089	98	9604	941192	9.8995	31.3050
49	2401	117649	7.0000	22.1359	99	9801	970299	9.9499	31.4643
50	2500	125000	7.0711	22.3607	100	10000	1000000	10.0000	31.6228

第2表 三角関数表

角	sin(正弦)	cos(余弦)	tan(正接)	角	sin(正弦)	cos(余弦)	tan(正接)
0°	0.0000	1.0000	0.0000	45°	0.7071	0.7071	1.0000
1°	0.0175	0.9998	0.0175	46°	0.7193	0.6947	1.0355
2°	0.0349	0.9994	0.0349	47°	0.7314	0.6820	1.0724
3°	0.0523	0.9986	0.0524	48°	0.7431	0.6691	1.1106
4°	0.0698	0.9976	0.0699	49°	0.7547	0.6561	1.1504
5°	0.0872	0.9962	0.0875	50°	0.7660	0.6428	1.1918
6°	0.1045	0.9945	0.1051	51°	0.7771	0.6293	1.2349
7°	0.1219	0.9925	0.1228	52°	0.7880	0.6157	1.2799
8°	0.1392	0.9903	0.1405	53°	0.7986	0.6018	1.3270
9°	0.1564	0.9877	0.1584	54°	0.8090	0.5878	1.3764
10°	0.1736	0.9848	0.1763	55°	0.8192	0.5736	1.4281
11°	0.1908	0.9816	0.1944	56°	0.8290	0.5592	1.4826
12°	0.2079	0.9781	0.2126	57°	0.8387	0.5446	1.5399
13°	0.2250	0.9744	0.2309	58°	0.8480	0.5299	1.6003
14°	0.2419	0.9703	0.2493	59°	0.8572	0.5150	1.6643
15°	0.2588	0.9659	0.2679	60°	0.8660	0.5000	1.7321
16°	0.2756	0.9613	0.2867	61°	0.8746	0.4848	1.8040
17°	0.2924	0.9563	0.3057	62°	0.8829	0.4695	1.8807
18°	0.3090	0.9511	0.3249	63°	0.8910	0.4540	1.9626
19°	0.3256	0.9455	0.3443	64°	0.8988	0.4384	2.0503
20°	0.3420	0.9397	0.3640	65°	0.9063	0.4226	2.1445
21°	0.3584	0.9336	0.3839	66°	0.9135	0.4067	2.2460
22°	0.3746	0.9272	0.4040	67°	0.9205	0.3907	2.3559
23°	0.3907	0.9205	0.4245	68°	0.9272	0.3746	2.4751
24°	0.4067	0.9135	0.4452	69°	0.9336	0.3584	2.6051
25°	0.4226	0.9063	0.4663	70°	0.9397	0.3420	2.7475
26°	0.4384	0.8988	0.4877	71°	0.9455	0.3256	2.9042
27°	0.4540	0.8910	0.5095	72°	0.9511	0.3090	3.0777
28°	0.4695	0.8829	0.5317	73°	0.9563	0.2924	3.2709
29°	0.4848	0.8746	0.5543	74°	0.9613	0.2756	3.4874
30°	0.5000	0.8660	0.5774	75°	0.9659	0.2588	3.7321
31°	0.5150	0.8572	0.6009	76°	0.9703	0.2419	4.0108
32°	0.5299	0.8480	0.6249	77°	0.9744	0.2250	4.3315
33°	0.5446	0.8387	0.6494	78°	0.9781	0.2079	4.7046
34°	0.5592	0.8290	0.6745	79°	0.9816	0.1908	5.1446
35°	0.5736	0.8192	0.7002	80°	0.9848	0.1736	5.6713
36°	0.5878	0.8090	0.7265	81°	0.9877	0.1564	6.3138
37°	0.6018	0.7986	0.7536	82°	0.9903	0.1392	7.1154
38°	0.6157	0.7880	0.7813	83°	0.9925	0.1219	8.1443
39°	0.6293	0.7771	0.8098	84°	0.9945	0.1045	9.5144
40°	0.6428	0.7660	0.8391	85°	0.9962	0.0872	11.4301
41°	0.6561	0.7547	0.8693	86°	0.9976	0.0698	14.3007
42°	0.6691	0.7431	0.9004	87°	0.9986	0.0523	19.0811
43°	0.6820	0.7314	0.9325	88°	0.9994	0.0349	28.6363
44°	0.6947	0.7193	0.9657	89°	0.9998	0.0175	57.2900
45°	0.7071	0.7071	1.0000	90°	1.0000	0.0000	—

第3表 常用対数表(1)

数	0	1	2	3	4	5	6	7	8	9
1.0	.0000	.0043	.0086	.0128	.0170	.0212	.0253	.0294	.0334	.0374
1.1	.0414	.0453	.0492	.0531	.0569	.0607	.0645	.0682	.0719	.0755
1.2	.0792	.0828	.0864	.0899	.0934	.0969	.1004	.1038	.1072	.1106
1.3	.1139	.1173	.1206	.1239	.1271	.1303	.1335	.1367	.1399	.1430
1.4	.1461	.1492	.1523	.1553	.1584	.1614	.1644	.1673	.1703	.1732
1.5	.1761	.1790	.1818	.1847	.1875	.1903	.1931	.1959	.1987	.2014
1.6	.2041	.2068	.2095	.2122	.2148	.2175	.2201	.2227	.2253	.2279
1.7	.2304	.2330	.2355	.2380	.2405	.2430	.2455	.2480	.2504	.2529
1.8	.2553	.2577	.2601	.2625	.2648	.2672	.2695	.2718	.2742	.2765
1.9	.2788	.2810	.2833	.2856	.2878	.2900	.2923	.2945	.2967	.2989
2.0	.3010	.3032	.3054	.3075	.3096	.3118	.3139	.3160	.3181	.3201
2.1	.3222	.3243	.3263	.3284	.3304	.3324	.3345	.3365	.3385	.3404
2.2	.3424	.3444	.3464	.3483	.3502	.3522	.3541	.3560	.3579	.3598
2.3	.3617	.3636	.3655	.3674	.3692	.3711	.3729	.3747	.3766	.3784
2.4	.3802	.3820	.3838	.3856	.3874	.3892	.3909	.3927	.3945	.3962
2.5	.3979	.3997	.4014	.4031	.4048	.4065	.4082	.4099	.4116	.4133
2.6	.4150	.4166	.4183	.4200	.4216	.4232	.4249	.4265	.4281	.4298
2.7	.4314	.4330	.4346	.4362	.4378	.4393	.4409	.4425	.4440	.4456
2.8	.4472	.4487	.4502	.4518	.4533	.4548	.4564	.4579	.4594	.4609
2.9	.4624	.4639	.4654	.4669	.4683	.4698	.4713	.4728	.4742	.4757
3.0	.4771	.4786	.4800	.4814	.4829	.4843	.4857	.4871	.4886	.4900
3.1	.4914	.4928	.4942	.4955	.4969	.4983	.4997	.5011	.5024	.5038
3.2	.5051	.5065	.5079	.5092	.5105	.5119	.5132	.5145	.5159	.5172
3.3	.5185	.5198	.5211	.5224	.5237	.5250	.5263	.5276	.5289	.5302
3.4	.5315	.5328	.5340	.5353	.5366	.5378	.5391	.5403	.5416	.5428
3.5	.5441	.5453	.5465	.5478	.5490	.5502	.5514	.5527	.5539	.5551
3.6	.5563	.5575	.5587	.5599	.5611	.5623	.5635	.5647	.5658	.5670
3.7	.5682	.5694	.5705	.5717	.5729	.5740	.5752	.5763	.5775	.5786
3.8	.5798	.5809	.5821	.5832	.5843	.5855	.5866	.5877	.5888	.5899
3.9	.5911	.5922	.5933	.5944	.5955	.5966	.5977	.5988	.5999	.6010
4.0	.6021	.6031	.6042	.6053	.6064	.6075	.6085	.6096	.6107	.6117
4.1	.6128	.6138	.6149	.6160	.6170	.6180	.6191	.6201	.6212	.6222
4.2	.6232	.6243	.6253	.6263	.6274	.6284	.6294	.6304	.6314	.6325
4.3	.6335	.6345	.6355	.6365	.6375	.6385	.6395	.6405	.6415	.6425
4.4	.6435	.6444	.6454	.6464	.6474	.6484	.6493	.6503	.6513	.6522
4.5	.6532	.6542	.6551	.6561	.6571	.6580	.6590	.6599	.6609	.6618
4.6	.6628	.6637	.6646	.6656	.6665	.6675	.6684	.6693	.6702	.6712
4.7	.6721	.6730	.6739	.6749	.6758	.6767	.6776	.6785	.6794	.6803
4.8	.6812	.6821	.6830	.6839	.6848	.6857	.6866	.6875	.6884	.6893
4.9	.6902	.6911	.6920	.6928	.6937	.6946	.6955	.6964	.6972	.6981
5.0	.6990	.6998	.7007	.7016	.7024	.7033	.7042	.7050	.7059	.7067
5.1	.7076	.7084	.7093	.7101	.7110	.7118	.7126	.7135	.7143	.7152
5.2	.7160	.7168	.7177	.7185	.7193	.7202	.7210	.7218	.7226	.7235
5.3	.7243	.7251	.7259	.7267	.7275	.7284	.7292	.7300	.7308	.7316
5.4	.7324	.7332	.7340	.7348	.7356	.7364	.7372	.7380	.7388	.7396

第4表　常用対数表(2)

数	0	1	2	3	4	5	6	7	8	9
5.5	.7404	.7412	.7419	.7427	.7435	.7443	.7451	.7459	.7466	.7474
5.6	.7482	.7490	.7497	.7505	.7513	.7520	.7528	.7536	.7543	.7551
5.7	.7559	.7566	.7574	.7582	.7589	.7597	.7604	.7612	.7619	.7627
5.8	.7634	.7642	.7649	.7657	.7664	.7672	.7679	.7686	.7694	.7701
5.9	.7709	.7716	.7723	.7731	.7738	.7745	.7752	.7760	.7767	.7774
6.0	.7782	.7789	.7796	.7803	.7810	.7818	.7825	.7832	.7839	.7846
6.1	.7853	.7860	.7868	.7875	.7882	.7889	.7896	.7903	.7910	.7917
6.2	.7924	.7931	.7938	.7945	.7952	.7959	.7966	.7973	.7980	.7987
6.3	.7993	.8000	.8007	.8014	.8021	.8028	.8035	.8041	.8048	.8055
6.4	.8062	.8069	.8075	.8082	.8089	.8096	.8102	.8109	.8116	.8122
6.5	.8129	.8136	.8142	.8149	.8156	.8162	.8169	.8176	.8182	.8189
6.6	.8195	.8202	.8209	.8215	.8222	.8228	.8235	.8241	.8248	.8254
6.7	.8261	.8267	.8274	.8280	.8287	.8293	.8299	.8306	.8312	.8319
6.8	.8325	.8331	.8338	.8344	.8351	.8357	.8363	.8370	.8376	.8382
6.9	.8388	.8395	.8401	.8407	.8414	.8420	.8426	.8432	.8439	.8445
7.0	.8451	.8457	.8463	.8470	.8476	.8482	.8488	.8494	.8500	.8506
7.1	.8513	.8519	.8525	.8531	.8537	.8543	.8549	.8555	.8561	.8567
7.2	.8573	.8579	.8585	.8591	.8597	.8603	.8609	.8615	.8621	.8627
7.3	.8633	.8639	.8645	.8651	.8657	.8663	.8669	.8675	.8681	.8686
7.4	.8692	.8698	.8704	.8710	.8716	.8722	.8727	.8733	.8739	.8745
7.5	.8751	.8756	.8762	.8768	.8774	.8779	.8785	.8791	.8797	.8802
7.6	.8808	.8814	.8820	.8825	.8831	.8837	.8842	.8848	.8854	.8859
7.7	.8865	.8871	.8876	.8882	.8887	.8893	.8899	.8904	.8910	.8915
7.8	.8921	.8927	.8932	.8938	.8943	.8949	.8954	.8960	.8965	.8971
7.9	.8976	.8982	.8987	.8993	.8998	.9004	.9009	.9015	.9020	.9025
8.0	.9031	.9036	.9042	.9047	.9053	.9058	.9063	.9069	.9074	.9079
8.1	.9085	.9090	.9096	.9101	.9106	.9112	.9117	.9122	.9128	.9133
8.2	.9138	.9143	.9149	.9154	.9159	.9165	.9170	.9175	.9180	.9186
8.3	.9191	.9196	.9201	.9206	.9212	.9217	.9222	.9227	.9232	.9238
8.4	.9243	.9248	.9253	.9258	.9263	.9269	.9274	.9279	.9284	.9289
8.5	.9294	.9299	.9304	.9309	.9315	.9320	.9325	.9330	.9335	.9340
8.6	.9345	.9350	.9355	.9360	.9365	.9370	.9375	.9380	.9385	.9390
8.7	.9395	.9400	.9405	.9410	.9415	.9420	.9425	.9430	.9435	.9440
8.8	.9445	.9450	.9455	.9460	.9465	.9469	.9474	.9479	.9484	.9489
8.9	.9494	.9499	.9504	.9509	.9513	.9518	.9523	.9528	.9533	.9538
9.0	.9542	.9547	.9552	.9557	.9562	.9566	.9571	.9576	.9581	.9586
9.1	.9590	.9595	.9600	.9605	.9609	.9614	.9619	.9624	.9628	.9633
9.2	.9638	.9643	.9647	.9652	.9657	.9661	.9666	.9671	.9675	.9680
9.3	.9685	.9689	.9694	.9699	.9703	.9708	.9713	.9717	.9722	.9727
9.4	.9731	.9736	.9741	.9745	.9750	.9754	.9759	.9763	.9768	.9773
9.5	.9777	.9782	.9786	.9791	.9795	.9800	.9805	.9809	.9814	.9818
9.6	.9823	.9827	.9832	.9836	.9841	.9845	.9850	.9854	.9859	.9863
9.7	.9868	.9872	.9877	.9881	.9886	.9890	.9894	.9899	.9903	.9908
9.8	.9912	.9917	.9921	.9926	.9930	.9934	.9939	.9943	.9948	.9952
9.9	.9956	.9961	.9965	.9969	.9974	.9978	.9983	.9987	.9991	.9996

指導資料

まえがき

　本書は，三省堂版「高等学校の基礎解析」教科書を用いて指導にあたる先生方にむけてつくられた．

　私たちは，高校数学の中心的な内容をなす微分・積分をふくむ教科書である「基礎解析」を編修するにあたって，長時間のかなり激しい討論をくりかえした．それは，私たちがこの分野の伝統的な取り扱い方に対していろいろな批判をもっていたからでもある．

　結果はどうだったかというと，かなり微温的なものに終わった．検定の制約もあり，現場でどこまで受け入れられるかという日和見も多少はあった．こうした中途半端性が，この教科書の使いにくさにつながらなければよいが，とひそかに危惧している．

　それで，本書には，編修途上でたたかわされた種々の意見や，教科書本体には十分もりこめなかった話題などもできるだけ収録するようにした．

　「教科書は所詮教材・教具の一つにすぎぬ」と喝破した明治の教育家があったと聞く．

　私たちは，この教科書をもって，高校数学教育に一石を投じたと自負しているのではあるが，同時にまた，それは相対的なもの，「一つの」主張でもある．

　生徒諸君が手にする教科書と，それに関連しつつすすめられる先生方の授業と，生徒諸君の能動的な活動とがおりなしてつくりだされる「数学の世界」こそが眼目であることはいうまで

もない．
　生徒諸君の中に豊かな数学の世界を形成していくのをみちびき助ける先生方の授業にとって，本書がいくらかでも役立つことができれば幸いである．
　　1983 年 3 月

　　　　　　　　　　　　　　　　　　　　　　　　著　　者

総　説

1　基礎解析の展開

　基礎解析という科目は，主として旧数ⅡBにあった程度の微積分，そして新数Ⅰではなくなった指数関数や三角関数からなる．高校数学のなかでは，よくも悪しくも，もっとも熟した部分である．それでも，独立した科目となったからには，独立科目だけのことがなくてはなるまい．

　ほぼ数ⅡBといっても，積の微分がなくて，整式とくに3次関数や4次関数の程度に限定されている．これはこれで，ひとつのまとまった枠組みであり，その範囲で微積分の基礎は十分であろう．変数変換に関することも，あとの「微分・積分」に移されているが，xを$x+c$にすることは，基礎解析の範囲で扱ってよいだろう．これは，「変数変換」というより，微分や積分の概念が原点の移動に関して不変で，グラフにおいて理解できるということで，いわば微分や積分の概念を座標原点の拘束なしに理解することだからである．そして，そのように理解したほうが，微分や積分の概念も深まるし，計算をするにも簡単である．「変数変換」などとかまえずに，自然に扱ってよい．

　数列や級数は，離散変数の関数でもあって，連続変数の微分や積分と対応する形で，差分や和分として扱うこともでき，そのほうが体系的に処理できる．しかし，それではいかにも重くなる．そうした発想は表面に出さずに，独立に扱うほうが軽く

できる．これについては，双方の可能性がありうるが，差分や和分から本格的になってしまうよりは，軽めに扱うほうが一般的ではあろう．それに，独立なほうが自由性がある．もちろん，本格的に扱う道を選択することも可能である．

微分と積分とは，ひとつながりのものではあるが，これは昔から教えられているだけに，そこには問題点が多い．微分が局所的な1次化であって，それをつぎたして積分になる感じが大事なのだが，いくらか教科書検定での制約がある．検定のガイドラインは，たぶん，「fdx を積分する」あるいは「f に dx をかけて」といった，dx や fdx を独立して扱うことの禁止と，$\dfrac{d}{dx}$ や D のように，微分演算を演算子として扱うことの禁止のようだ．もっともこれは，原理的に不可というのではなくて，「今までのやり方に慣れている高校の先生が，生徒の質問にまごつく可能性があるから」という理由によるものらしい．教科書よりも，現場実践から変わっていくべきかもしれない．

従来のやり方が逆微分だけで，定積分が弱いことが，大きな問題としてあるのだが，こうした制約からは十分に〈微分と積分の関係〉を展開できない．図示にしても，$D\left(\int^x gdx\right)=g$ を面積で説明することはできても，その逆の $\int_a^b Dfdx=f(b)-f(a)$ を変化で説明することが困難になる．このあたりは，現場実践が教科書をのりこえる方向を望みたい．それでも，そうした制約内でも，不定積分中心でなく定積分中心のカリキュラムを考えることはできる．実際に，そうしなければ積分概念が獲得したと言えないし，2変数関数の微積分へ発展させるときには障害にすらなりうる．そして，実際に積分を利用するときも，定積分中心に考えていたほうが，概念のみならず計算も楽なので

1 基礎解析の展開

ある.「微積分は古い教材だから昔のまま」と考えているのは,つまらない.

ここらあたりは,数Ⅰの主教材であった2次関数の発展になっている.かつては「2次関数は代数」で,微積分とは関係のない教材のように考えられていたが,「2次関数の代数的変形」も実質的には微分を考えるのと同じ思想圏でとらえるべきだろう.そのカギは〈局所1次化〉の発想にある.ここで X として考えているのは,「座標の移動」というより「局所座標」の発想である.中学校の1次関数以来,ひとつながりの〈解析〉と考えるのが理想だろう.そうした流れのなかで,微分 fdx や測度 fdx といった扱いに近づくこともできよう.しかし,ここで重要なことは,表現形式をとり入れることより,発想の問題かもしれない.そのかぎりで,微積分と量の関係を扱うことができるし,また量的に把握するには,そうした発想を必要としよう.

なお,定積分計算にあたって,数の式に直すことと,その数計算をして値を出すこととは,計算のレベルが違う.こうしたレベルの違う計算は分けたほうが,見やすくて,誤りにくい.一般に計算については,紙の余白などにコチョコチョとやる癖の高校生が多いが,計算のレベルで分節化し,計算のポイントをはっきり記録する癖をつけたほうがよい.「最後の答」が合うだけというのは,よくない習慣である.

指数関数や対数関数は,自然や経済の法則にあって,きわめて基本的である.考えようによっては,1次関数より指数関数のほうが重要なくらいである.しかも,数学として理解したいことには,人間は指数関数的な感覚に弱い.「理科系」とか「文科系」とか言わず,人間としての認識の問題として,数学の有用性のもっとも大きい部分である.そうした意味では,義務教育

レベルでも，指数関数的感覚を身につけておいてほしいくらいだ．しかしながら，指数的変化の解析ということになれば，この「基礎解析」から，次の「微分・積分」までを学ぶことが必要になってしまう．「超越関数だから後まわし」と機械的に考えるのではなく，中学生にでも，できれば小学生にでもわかることが望ましいものだ．そうした，平易な感覚としてとらえることと，微分方程式と結びついて「微分・積分」で扱われることと，その双方に結びついた教材と考えたい．けっして「伝統」に縛られて，「代数」的に形式的処理をしてすむものではあるまい．「代数」より「解析」にこれが位置づくとしたら，この独立教科「基礎解析」にそれがおかれた甲斐があったと言えるだろう．

　指数的変化と並んで重要な変化に，周期的変化がある．それは，回転運動から振動現象にいたる，三角関数の解析になる．こちらのほうも，その変化の解析は次の「微分・積分」にまたがる．ここでは，数Ⅰの「三角比」と違って，「三角関数」の解析として扱われるべきなのである．「三角比」と，「三角関数」とを，いっしょに扱うべきか，分けて扱うべきかについては，両方の論拠がある．近代的な三角関数は，三角形よりはむしろ，円運動から波にかかわるものだから，最初からそうした性格を出すべきだというのが，「三角関数として扱う」説である．三角形に関することは別の性格を持つのだから，解析を離れて「三角比を別に扱う」説もある．ともかくも，現在の指導要領では，旧数Ⅰと違って，数Ⅰで三角比，基礎解析で三角関数となっている．したがって，数Ⅰの三角比が「幾何」的であったのにたいし，基礎解析の三角関数は「解析」的であることが特徴になる．ここでも，「伝統」的な「三角法公式」めいた扱いは淘汰されていくべきだろう．なお，このことに関しては，著者たちと教科

書調査官とで意見が一致した.

　高校数学の科目のなかでは，この基礎解析が，章を入れかえたりして，微修正の組みかえをするのが，一番容易かもしれない．それぞれの題目を，かなり独立に扱える．しかしそれだけに，バラバラの寄せ集めにならないように，ひとつながりの科目であることを重視したい．その眼目は，これがすべて，〈解析〉の視点で扱われることである．とくに，指数と対数を「代数」的に扱ったり，三角関数を「三角法公式」だけにするような，古い習慣から離れることが必要であろう．どちらかといえば，微分や積分を科目の主題として早目に押しだしたほうが，科目の性格が明示できそうに思う．うっかりすると，指数関数や三角関数を最初の間に，「伝統」的に扱ってしまう心配がある．これらが，旧数Ⅰから基礎解析になったことを，そのまま肯定するわけではないが，「数Ⅰは昔からのもの」というイメージが強かっただけに，新科目になったこの際，リフレッシュしたほうがよい．数列と級数にしても，本格的な差分解析にしないにしても，昔の「代数」の感覚でよいものではない．この科目は，あくまでも〈基礎解析〉であるのだ．

　そうした点で，中心になっている微分と積分については，これは「解析」だと安心していられるのだが，この機会に考え直してよいと思う．ともかくも教科書検定で，「現場の先生がまごつくと気の毒だから」などと言われるのは屈辱的ではないか．こうしたことについては，検定以前に著者たちが自己規制している点もある．そうした意味で，この微分や積分がそれほどには「前衛的」なものとは思わない．この教科書をのりこえた実践を，現実の授業を通して実現していただきたい．とくに微分と積分は，「今まで通り」の授業がまかり通りがちなだけに，こと

さらアジテーションをしたい．　　　　　　　　　（森　毅）

2　構成と授業時数配当例

　教科書の構成は，「数学Ⅰ」および「微分・積分」とのつながりでいうと大きくいって，2つの部分に分かれている．

　第一は，数列・微分・積分（第1章から第3章まで）の部分である．この部分は「数学Ⅰ」の中心的なテーマの1つであった2次関数に続いて，種々の関数とその背景をなす変化する量の解析のための基礎的な内容を，整関数の範囲で展開している．

　第二は，指数関数・対数関数・三角関数（第4・5章）の部分である．現実の世界では，指数的な変化や周期的な変化が基礎的な法則になっていることが多いが，この2つの章で，それを表現する指数関数と三角関数が導入される．しかし，その詳しい解明は「微分・積分」の主なテーマである．

　この教科書を作成するにあたって，私たちは，従来の教科書のこの分野で伝統的にとり上げられていた内容を軽視はしなかったが，同時に，より多く私たち自身の主張をもりこんだ．その結果，この教科書の内容はつぎのような特徴をもつこととなった．この教科書を用いる場合，どのような指導計画を立てるにしても，生かしていただきたい点である．

　(1)　第1章は，大きくいえば微分・積分につながるが，他の4つの章から切り離して独立に扱えるようにした．実際，この教科書では，第1章の内容は，第3章の3.1.1で $\sum k^2$, $\sum k^3$ の結果を1回ずつ使うだけである．この章は運用のしかたによって，生徒の数学にたいする「わからない・きらい」という感覚をやわらげることが期待できるので，数学的帰納法や漸化式から

一般項を求めることなどに深入りせずに，あっさりと，しかし"楽しむ"のがよい．

(2) 第2章では，「微分するとは，局所的な1次近似である」という観点を明確にした．これは「数学 I」における2次関数の扱い方の直接の延長である．また，極限についての記述を最小限にとどめ，むしろ，変化率が"1当りの量"であることをおさえ，種々の量の問題をとりあげた．さらに，原始関数を求めることは積分と切り離し，この章の中で"逆微分"としてとりあげた．

(3) 第3章では，積の発展としての定積分の概念形成を重視し，ニュートン・ライプニッツの基本定理

$$\frac{d}{dx}\int_a^x f(t)dt = f(x), \quad \int_a^b f(x)dx = \Big[D^{-1}f(x)\Big]_a^b$$

を通じて，定積分と逆微分をむすびつけた．また，種々の量を求める問題を重視した．

(4) 第4章では，(あとの量)＝(もとの量)×(倍) の倍の部分に指数関数が現れることをおさえ，形式不易の原理によってではなく，量の一様な倍変化をバックに指数関数を構成した．また，"手づくりの常用対数"をとりあげるなど，対数関数の扱いかたをくふうした．指数・対数を含む方程式・不等式などを扱うより，指数関数の変化の特徴をつかむことを目標とする．

(5) 第5章では，円運動とむすびつけて三角関数を導入する．三角関数は公式地獄に落ち入りやすいが，加法定理と振動を重視し，振動の合成までをとり扱うこととし，種々の還元公式は円の対称性から導けるようにする．

さて，本教科書を用いた場合の指導順序であるが，一応，第1章から順にすすめるのがよいと考えられる．

第2章～第3章のセットを中心にすえれば，他の3章は，この2章とは独立に扱えるから，その前においても後においてもよく，またどういう順番でもよいようなものだが，

(a) "楽しめる第1章"をめざしたこと，
(b) 第2～3章には，いわば高校数学のメイン・テーマとして，時間的にも精神的にも十分なものをとりたいこと

などからいって，第1章から順にすすめるのがよいだろう．

以下に〔A〕，〔B〕2つの授業時数配当例を示す．いずれも，週3時間年間30週で，計90時間を目途としたものである．

〔A〕案は，第1，第4，第5章にいくらかしわよせがいっても，第2，第3章を十分に指導したいという案であり，〔B〕案は，第2，第3章の一部を省いても，第1，第4，第5章にも一定の時間をとりたいという案である．

指導が2学年にわたる場合，あるいは増加単位がある場合にも，この2つの案を基礎にして対応できるだろう．

ただ，いずれにせよ，年間90時間という枠は，内容からみて少ないといわざるを得ない．「数学Ⅰ」以上に，指導する側が価値判断して重点的な時間配分をする必要があるといえよう．

〔A〕案

第1章　数列	14時間
1.1　等差数列	2
1.2　等比数列	3
1.3　いろいろな数列	5
1.4　数列の問題	3
章末問題	1

第2章　微分	22 時間
2.1　1次関数による近似	6
2.2　導関数と変化率	7
2.3　関数の変化	7
章末問題	2

第3章　積分	27 時間
3.1　積分の概念	7
3.2　定積分の性質と計算	8
3.3　面積と体積	7
3.4　量と積分	3
章末問題	2

第4章　指数関数・対数関数	14 時間
4.1　指数関数	5
4.2　対数関数	8
章末問題	1

第5章　三角関数	13 時間
5.1　三角関数	8
5.2　単振動	4
章末問題	1

〔B〕案

① 〔A〕案で，第2章を20時間扱いにする．このために

2.3.1〜2で扱う問題の種類と数を減らす．あるいは自習させたり，章末問題と合わせて，問題演習的に運用する．
② 〔A〕案で，第3章を22時間扱いにする．このために
3.1.6（不定積分）を省略または自習とする．この教科書では，定積分と原始関数（逆微分）で一貫しているから不定積分の用語や記号がなくても不都合はない．
3.2.2〜3を省略または自習とする．$\int_{\alpha}^{\beta}(\beta-x)(x-\alpha)dx$ のようなものは展開して計算することに割りきればよい．
③ 以上でつくられた7時間を第1，第4，第5章にあてる．たとえば

$$\begin{cases} 第1章 & 16時間 \\ 第4章 & 17時間 \\ 第5章 & 15時間 \end{cases} \quad あるいは \quad \begin{cases} 第1章 & 15時間 \\ 第4章 & 18時間 \\ 第5章 & 15時間 \end{cases}$$

④ 〔B〕案で指導するときも，前出の(1)〜(5)は生かすようにしたい．

なお，第1章から順に指導していったとして，3学期制・年5回試験であれば，〔A〕案では，1学期途中から2学期末までが第2章，第3章にあてられ，〔B〕案では，1回の試験ごとに1章ずつ，という目途になるだろう．
(増島高敬)

3　各章の到達目標

以下の目標のうち「到達目標A」は，その章を学ぶことによって到達することをねらう学力の内容であり，「到達目標B」は，目標Aに到達する過程での，いわば「達成目標」，および，Aの内容の具体的細目にわたるものである．

もちろん，目標 A に対して，そこに到達する道筋・過程は多様であり得る．しかし，教科書は，その1つの道筋を示している．ここにかかげた目標 B は，目標 A に到達することをねらうさいに，この教科書に即してすすむ場合の過程・達成目標を示すと考えていただきたい．

　また，各章や節の学習のはじめや終わりにあたって，これらの目標を生徒に示してやることは，学習の方向づけやまとめのためにも意味があろう．

第1章　数列
目標 A
　① 等差数列・等比数列がわかり，その項や和を求められる．
　② 平方数や立方数を用いて簡単な数列の和が求められる．
　③ 簡単な場合について，漸化式から数列の項を求められる．
目標 B
　1.1　等差数列
　① 等差数列とはどんなものか，公差とは何かがわかる．
　② 等差数列の項や和の求め方がわかり，使える．
　1.2　等比数列
　① 等比数列とはどんなものか，公比とは何かがわかる．
　② 等比数列の項や和の求め方がわかり，使える．
　1.3　いろいろな数列
　① 数学的帰納法がわかり，使える．
　② 平方数や立方数の数列の和を求められ，また簡単な場合にこれを使うことができる．
　③ 和の記号 Σ がわかり，使える．
　1.4　数列の問題

① 漸化式がわかる．
② 簡単な場合について，漸化式から数列の項を求められる．

第2章　微分
目標A
① 関数値の増減を調べるには，局所的に正比例で近似すればよいことがわかり，その比例定数が変化率であることがわかる．
② 1当りの量としての変化率の意味がわかり，いろいろな量の変化率を求めることができる．
③ 微分することによって関数値の増減を調べることができ，これをいろいろに応用することができる．
④ 原始関数の意味がわかり，それを求めることができる．

目標B
2.1　1次関数による近似
① 関数値の増減を調べるには局所的に正比例で近似すればよいことがわかる．
② 簡単な関数を与えたとき，基準値からの変位の正比例をつくることができ，それがグラフでは接線になることがわかる．
③ 極限の計算によって変化率を求めることができる．
④ 変化率が，その関数の変化を表す正比例の比例定数であり，グラフでは接線の傾きであることがわかる．

2.2　導関数と変化率
① 導関数とは何かがわかり，その個々の値が変化率であることがわかる．
② 公式を用いて導関数や変化率を求められる．すなわち，微

分することができる．
③ 関数のグラフの接線の式を求められる．
④ 変化率の1当たりの量としての意味，すなわち，xの増分1当たりのyの増分であることがわかり，微分することによっていろいろな量の変化率を求められる．

2.3 関数の変化
① 微分することによって関数値の増減を調べたり，それをグラフに示したりすることができる．
② 極大値・極小値の意味がわかり，これを求められる．
③ 関数値の増減を調べることを，いろいろに応用できる．
④ 原始関数の意味がわかり，微分公式を逆用してこれを求めることができる．
⑤ 一つの関数の原始関数は無数にあるが，これらは定数差を除いて一致することがわかる．

第3章 積分

目標A
① 積の和の極限としての定積分の意味がわかり，それが正・負の符号のついた面積の代数和で表されることがわかる．
② 微分と積分が逆の演算であることがわかり，原始関数を用いて定積分を求めることができる．
③ 面積・体積などの幾何学的量や変位・高度差・質量などのいろいろな量を定積分を用いて求めることができる．

目標B
3.1 積分の概念
① 積の和の極限としての定積分の意味がわかる．
② 定積分が正・負の符号のついた面積の代数和で表されるこ

とがわかる．
③ 微分と積分が逆の演算であること，すなわち $\left(\int_a^x f(t)dt\right)'$ $=f(x)$ がわかる．
④ 定積分を原始関数の差として求めることができる．
⑤ 不定積分の記号と意味がわかる．

3.2 定積分の性質と計算
① 定積分の加法性がわかり，説明できる．
② 加法性を用いて定積分を項別に計算できる．
③ $\int_a^b f(x)dx + \int_b^c f(x)dx = \int_a^c f(x)dx$ がわかり，使える．
④ 図形としての合同を用いて微分範囲を移動し，たとえば $\int_\alpha^\beta (\beta-x)^2(x-\alpha)dx$ のような計算を簡便にできる．

3.3 面積と体積
① 2曲線で囲まれた部分などの面積を求められる．
② 簡単な立体の体積を積の和の極限と考えて定積分で表し，求めることができる．
③ 回転体の体積を求めることができる．

3.4 量と積分
① 速度と変位，傾きと高度差，密度と質量など，いろいろな量の関係を定積分を用いて立式できる．
② 変位，高度差，質量など，いろいろな量を定積分を用いて求めることができる．

第4章 指数関数・対数関数
目標 A
① 一様な倍変化を背景に，指数の意味が指数法則をそこなわないように拡張されることがわかる．
② 対数の記号の意味がわかり，使える．

③ 対数を用いるなどして, 指数関数の変化の特徴がわかる.

④ 対数関数の変化の特徴がわかる.

目標 B

4.1 指数関数

① 一様な倍変化を背景に, 指数の意味が指数法則をそこなわないように拡張されることを知り, 指数法則を用いた計算ができる.

② 指数関数 $y=a^x$ が $a>1$, $0<a<1$ に応じて単調に増加, あるいは減少することがわかり, グラフがかける.

③ 指数関数を用いて, (あとの量)=(はじめの量)×(倍) の立式ができる.

4.2 対数関数

① 拡張された指数を用いて, いろいろな数を $10^α$ の形に表すことができる.

② 常用対数の記号の意味がわかり, 使える.

③ 指数法則を反映した常用対数の性質がわかり, これを用いた計算ができる.

④ 一般の対数の記号の意味がわかり, 使える.

⑤ 指数法則を反映した一般の対数の性質がわかり, これを用いた計算ができる.

⑥ 対数を用いて指数関数の変化の特徴, たとえば増加の急速さや減少の「しぶとさ」がわかる.

⑦ 対数関数がわかり, その変化の特徴をグラフに示せる.

⑧ 対数関数や指数関数の底を変換できる.

第5章　三角関数

目標 A

① 一般角の三角関数の意味と変化の特徴がわかる．
② 加法定理を導き，使える．
③ 等速円運動と三角関数の関係がわかる．
④ 単振動とはどんな運動かがわかる．

目標 B

5.1　三角関数

① 一般角の意味がわかり，式に表せる．
② 一般角 θ に対する $\cos\theta$, $\sin\theta$, $\tan\theta$ の定義がわかり，使える．とくに，$\cos\theta$, $\sin\theta$ は単位円上の点の座標であることがわかる．
③ 円の対称性から種々の還元公式を導くことができる．
④ 加法定理を導くことができ，使える．
⑤ 弧度法がわかり，60分法とのあいだで相互に変換できる．
⑥ 三角関数のグラフをかくことができ，種々の還元公式のグラフ上での意味がわかる．

5.2　単振動

① 原点を中心に等速円運動する点の座標を三角関数を用いて表すことができる．
② 単振動とはどんな運動かがわかり，円運動との関係がわかる．
③ 周期が同じ単振動を合成すると再び単振動になることがわかり，実際に合成できる．

（増島高敬）

第1章 数列 （教科書 p.13〜55）

1 編修にあたって

●展開の特徴

基礎解析の数列は，等差数列，等比数列，平方数の数列などが扱われる．展開の方法はいろいろ考えられるのだが，本書ではつぎのような点に留意した．

1 具体的な問題（たとえばみかんの個数を数えるなど）を提示して，楽しく学べるようにした．
2 等比数列の和の公式の導き方や，平方数の数列，立方数の数列の和を求める方法，漸化式の扱いなど，従来多くの教科書で扱われている方法にとらわれず，なるべく自然な考え方を発展させる展開にした．
3 全体的に本筋を生かして枝葉にとらわれないように，あっさりした記述をとった．

●授業にあたって

したがって，実際の授業においては，伝統的な高校教科書の方法などを対比させて，"ふくらみのある"授業が可能であり，またその方向をめざしていただきたい．

たとえば等比数列の和の公式を

$$\begin{array}{rl} S= & a+ar+ar^2+\cdots+ar^{n-1} \\ -)\ rS= & ar+ar^2+\cdots+ar^{n-1}+ar^n \\ \hline (1-r)S= & a(1-r^n) \end{array}$$

として導く方法もあろうし，またはつぎのような方法もある．
(ア)のように a を目盛り，$ar, ar^2, ar^3, \cdots$ を次々に目盛る（この図は，$0 < r < 1$）．そして，(イ)のように区間毎の幅を考えれば

$$a - ar^n = (a-ar) + (ar-ar^2) + \cdots + (ar^{n-1} - ar^n)$$
$$= a(1-r) + ar(1-r) + \cdots + ar^{n-1}(1-r)$$
$$= (1-r)(a + ar + ar^2 + \cdots + ar^{n-1})$$

が導ける．

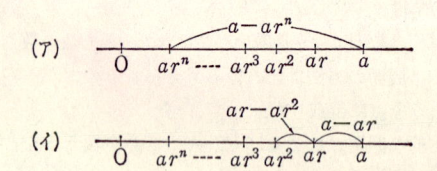

(ア)

(イ)

　生徒たちの数学のわかりかたは必ずしも一様でなく，イメージとしてどれが一番納得しやすいかが生徒によって異なる場合が多い．したがって，できるならば，いろいろな方法の中から，生徒1人ひとりが自分の数列のテキストを作れるような形になることが望ましい．

　平方数の和の公式にしても，恒等式

$$(x+1)^3 - x^3 = 3x^2 + 3x + 1$$

を使う伝統的な方法もあるし，「授業の実際」で紹介する方法もある．

　また，漸化式では具体的な2つの問題，「直線で平面を分ける問題」と「ハノイの塔」をとり上げたが，実際に作業をさせていただきたい．無駄なように思えるが，漸化式の必然性はやはり実際にやって行きづまる経験から生まれるものであると考えられる．

(小沢健一)

2 解説と展開

1.1 等差数列 (p.14〜19)

A 留意点

等差数列とは,幅の一定な階段を上ったり,その和を求めたりすることに他ならないから,無理に公式を強調する立場はとっていない.すなわち,等差数列などというものは,ごくやさしい形の数の列であることに気づくだけでよい.

B 問題解説

p. 16 (1.1.1)

問1 ① $\dfrac{50(50+1)}{2}=1275$.

② $\dfrac{100(100+1)}{2}=5050$.

③ $5050-1275=3775$.

問2 $1+2+3+\cdots+20=\dfrac{20(20+1)}{2}=210$ (個).

p. 17 (1.1.2)

問1 ① 公差 4
　　　0, 4, 8, (12), (16), …

② 公差 0.5
　　1, (1.5), 2, 2.5, (3), …

③ 公差 -3
　　4, 1, (-2), (-5), …

④ 公差を d とすると,$5+3d=17$ より $d=4$.
　　(1), 5, (9), (13), 17

問2 公差は3である.
① $1+6\times 3=19$.
② $1+10\times 3=31$.

p. 19

問3 公差は -2 だから, n 番目の項は
$$5+(n-1)\times(-2) = -2n+7.$$
初項から n 番目の項までの和 S は
$$S = \frac{n\{5+(-2n+7)\}}{2} = \frac{n(-2n+12)}{2} = -n(n-6).$$

p. 19

練習問題

1 奇数の数列の n 番目の項は
$$1+(n-1)\times 2 = 2n-1$$
だから, n 番目までの和は
$$\frac{n(1+2n-1)}{2} = n^2.$$

2 -26 を n 番目の項とすると $1+(n-1)\times(-3)=-26$ より
$$-3(n-1) = -27,$$
$$n-1 = 9,$$
$$n = 10.$$
したがって 10 番目の項である.

1.2 等比数列 (p. 20〜25)

A 留意点

等差数列が1次関数の離散的な関数値の数列であるのに対して, 等比数列は指数関数の離散的な関数値の数列である. した

がって，日常的には，ねずみ算，利息算などいろいろな応用がある．

B 問題解説

p. 22 (1.2.1)

問 ① $\dfrac{1-2^{10}}{1-2} = 1023$.

② $\dfrac{1-\left(\dfrac{1}{2}\right)^{10}}{1-\dfrac{1}{2}} = \dfrac{1-\dfrac{1}{1024}}{\dfrac{1}{2}} = \dfrac{2046}{1024} = \dfrac{1023}{512}$.

p. 23 (1.2.2)

問1 ① 公比 3.

2, 6, 18, (54), (162), …

② 公比 $-\dfrac{1}{3}$.

81, −27, (9), (−3), …

③ 公比 $\sqrt{2}$.

1, $\sqrt{2}$, (2), ($2\sqrt{2}$), …

④ 公比を r とすると，$4 \times r^2 = 9$ だから，

$r = \pm \dfrac{3}{2}$.

したがって

4, (6), 9, $\left(\dfrac{27}{2}\right)$, …

または，

4, (−6), 9, $\left(-\dfrac{27}{2}\right)$, …

p. 24

問2 $\dfrac{30\left(1-\left(\dfrac{1}{2}\right)^5\right)}{1-\dfrac{1}{2}} = \dfrac{30\left(1-\dfrac{1}{32}\right)}{\dfrac{1}{2}} = 30\times\dfrac{31}{32}\times 2 = \dfrac{465}{8}.$

p. 25

練習問題

1　n 年たつと木の高さは

$$1+\dfrac{1}{2}+\left(\dfrac{1}{2}\right)^2+\cdots+\left(\dfrac{1}{2}\right)^n = \dfrac{1-\left(\dfrac{1}{2}\right)^{n+1}}{1-\dfrac{1}{2}} = 2-\left(\dfrac{1}{2}\right)^n < 2.$$

よって，2 m をこえない．

2　(1) 公比は $\dfrac{b}{a}$ だから，

$$a,\ b,\ \left(\dfrac{b^2}{a}\right).$$

(2) 公比は $\dfrac{b}{a}$ だから，

$$\left(\dfrac{a^2}{b}\right),\ a,\ b.$$

(3) 公比を r とすると，$ar^2 = b$ だから

$$r = \pm\sqrt{\dfrac{b}{a}}.$$

したがって，

$$a,\ (\sqrt{ab}),\ b.$$

または

$$a,\ (-\sqrt{ab}),\ b.$$

1.3 いろいろな数列 (p.26〜38)

A 留意点

この節では、$\sum k(k+1)$, $\sum k^2$, $\sum k^3$ の3つの数列の和を中心に展開してある。扱いかたはいろいろあるので、山登りの登山道がいくつかあり、そのうちの1つの方法が教科書の方法にすぎないことに留意して、他の方法も紹介して大いに内容を豊かにしていただきたい。また、数学的帰納法はごくあたりまえな考えかたであることを強調する意味でわざと項目を立てず、場面ごとに埋め込む形にしてある。

B 問題解説

p.30 (1.3.1)

問 3段のとき、

$$\frac{3(3+1)(3+2)}{6} = 10 \text{ (個)}.$$

10段のとき、

$$\frac{10(10+1)(10+2)}{6} = 220 \text{ (個)}.$$

p.32 (1.3.2)

問 $1^2+2^2+\cdots+10^2 = \dfrac{10(10+1)(2\times 10+1)}{6}$

$\qquad\qquad\qquad\qquad = \dfrac{10\times 11\times 21}{6} = 385.$

また、

$$1^2+2^2+\cdots+20^2 = \frac{20(20+1)(2\times 20+1)}{6}$$

$$= \frac{20\times 21\times 41}{6} = 2870$$

だから，
$$11^2+12^2+\cdots+20^2 = 2870-385 = 2485.$$

p. 34 (1.3.3)

問 $1^3+2^3+3^3+4^3+5^3=\left\{\dfrac{5(5+1)}{2}\right\}^2=15^2=225.$

また，
$$1^3+2^3+\cdots+10^3 = \left\{\dfrac{10(10+1)}{2}\right\}^2 = 55^2 = 3025$$

だから，
$$6^3+7^3+8^3+9^3+10^3 = 3025-225 = 2800.$$

p. 35 (1.3.4)

問1 ① $1+\dfrac{1}{2}+\dfrac{1}{3}+\dfrac{1}{4}+\dfrac{1}{5}$

② $1+2+2^2+\cdots+2^n$

③ $4+7+10+13+16$

④ $5^2+6^2+7^2+8^2+9^2+10^2$

問2 ① $\sum_{k=1}^{7} 2k$

② k 番目の項は，$1+(k-1)\times 3=3k-2$ と書けるので，
$$\sum_{k=1}^{n}(3k-2).$$

p. 37

問3 ① $\sum_{k=1}^{n}(k+1)(2k-1)$

$=\sum_{k=1}^{n}(2k^2+k-1)$

$=2\sum_{k=1}^{n}k^2+\sum_{k=1}^{n}k-\sum_{k=1}^{n}1$

$$= 2 \times \frac{n(n+1)(2n+1)}{6} + \frac{n(n+1)}{2} - n$$

$$= \frac{n(4n^2+9n-1)}{6}.$$

〈別解〉 $(k+1)(2k-1) = 2k(k+1) - k - 1$ となるので,

$$2\sum_{k=1}^{n} k(k+1) - \sum_{k=1}^{n} k - \sum_{k=1}^{n} 1$$
$$= 2 \times \frac{n(n+1)(n+2)}{3} - \frac{n(n+1)}{2} - n$$

とすることもできる.

② $\sum_{k=1}^{n} k(k^2+1) = \sum_{k=1}^{n} k^3 + \sum_{k=1}^{n} k = \left\{\frac{n(n+1)}{2}\right\}^2 + \frac{n(n+1)}{2}.$

さらに変形して

$$\frac{1}{4}n(n+1)(n^2+n+2)$$

ともできる

③ $\sum_{k=1}^{n}(2k-2^k) = 2\sum_{k=1}^{n} k - \sum_{k=1}^{n} 2^k$

$$= 2 \times \frac{n(n+1)}{2} - \frac{2(1-2^n)}{1-2}$$

$$= n(n+1) + 2 - 2^{n+1}.$$

p. 38
練習問題

1 (1) k 番目の項は, $(2k-1)^2 = 4k^2 - 4k + 1$ だから,

$$\sum_{k=1}^{n}(4k^2-4k+1) = 4\sum_{k=1}^{n} k^2 - 4\sum_{k=1}^{n} k + \sum_{k=1}^{n} 1$$
$$= 4 \times \frac{n(n+1)(2n+1)}{6} - 4 \times \frac{n(n+1)}{2} + n$$
$$= \frac{n(2n+1)(2n-1)}{3}.$$

(2) k 番目の項は $(2k-1)\times 2k=4k^2-2k$ だから,

$$\sum_{k=1}^{n}(4k^2-2k) = 4\sum_{k=1}^{n}k^2-2\sum_{k=1}^{n}k$$
$$= 4\times\frac{n(n+1)(2n+1)}{6}-2\times\frac{n(n+1)}{2}$$
$$= \frac{n(n+1)(4n-1)}{3}.$$

2 $k^2=k(k+1)-k$ だから,

$$\sum_{k=1}^{n}k^2 = \sum_{k=1}^{n}\{k(k+1)-k\}$$
$$= \sum_{k=1}^{n}k(k+1)-\sum_{k=1}^{n}k$$

(2), (4) より,

$$= \frac{n(n+1)(n+2)}{3}-\frac{n(n+1)}{2}$$
$$= \frac{n(n+1)}{6}\{2(n+2)-3\}$$
$$= \frac{n(n+1)(2n+1)}{6}. \quad (5)$$

1.4 数列の問題 (p.39〜51)

A 留意点

漸化式の必要性を生徒に抱かせるため,ぜひ実際にハノイの塔などの「遊び」をとり入れていただきたい.1時間ほどハノイの塔(といっても紙を何枚か切ってつみ上げるだけでよい)を実際にやってみることが問題提起になる.

B 問題解説

p. 40 (1.4.1)

問 1 $a_2 = a_1 + (1+1) = 2+2 = 4$,
$a_3 = a_2 + (2+1) = 4+3 = 7$,
$a_4 = a_3 + (3+1) = 7+4 = 11$,
$a_5 = a_4 + (4+1) = 11+5 = 16$.

問 2 ① $a_2 = 2a_1 + 1 = 2 \times 1 + 1 = 3$,
$a_3 = 2a_2 + 1 = 2 \times 3 + 1 = 7$,
$a_4 = 2a_3 + 1 = 2 \times 7 + 1 = 15$,
$a_5 = 2a_4 + 1 = 2 \times 15 + 1 = 31$,
$a_6 = 2a_5 + 1 = 2 \times 31 + 1 = 63$.

② $a_3 = a_1 + a_2 = 1+1 = 2$,
$a_4 = a_2 + a_3 = 1+2 = 3$,
$a_5 = a_3 + a_4 = 2+3 = 5$,
$a_6 = a_4 + a_5 = 3+5 = 8$.

p. 42

問 3 $a_{n+1} - a_n = 2n$ と変形し,$a_{n+1} - a_n = b_n$ とおくと,
$$b_n = 2n.$$

だから,
$$\begin{aligned}
a_n &= a_1 + (b_1 + b_2 + \cdots + b_{n-1}) \\
&= 1 + \{2 + 4 + 6 + \cdots + 2(n-1)\} \\
&= 1 + 2\{1 + 2 + 3 + \cdots + (n-1)\} \\
&= 1 + 2 \times \frac{(n-1)n}{2} \\
&= n^2 - n + 1.
\end{aligned}$$

問 4 $a_{n+1} - a_n = 2^n$ と変形し,$a_{n+1} - a_n = b_n$ とおくと,
$$b_n = 2^n$$

となる．だから，
$$a_n = a_0 + (b_0 + b_1 + b_2 + \cdots + b_{n-1})$$
$$= 2 + (1 + 2 + 2^2 + \cdots + 2^{n-1})$$
$$= 2 + \frac{1 - 2^n}{1 - 2} = 2^n + 1.$$

p. 44 (1.4.2)

問1　略

p. 45

問2　$a_2 = 2a_1 + 1 = 2 \times 1 + 1 = 3$,
$a_3 = 2a_2 + 1 = 2 \times 3 + 1 = 7$,
$a_4 = 2a_3 + 1 = 2 \times 7 + 1 = 15$.

p. 47

練習問題

1　(1) $a_{n+1} + \alpha = 3(a_n + \alpha)$ とおいてみると，
$$a_{n+1} = 3a_n + 2\alpha$$
だから，$\alpha = 1$ となる．つまり，漸化式は
$$a_{n+1} + 1 = 3(a_n + 1)$$
と変形できる．
$$a_n + 1 = 3(a_{n-1} + 1) = 3^2(a_{n-2} + 1)$$
$$\cdots$$
$$= 3^{n-1}(a_1 + 1) = 2 \times 3^{n-1}.$$
よって，$a_n = 2 \times 3^{n-1} - 1$.

〈別解1〉　階差数列を考えて，つぎのようにも求めることができる．
$$\begin{array}{r} a_{n+1} = 3a_n + 2 \\ -)\ a_n\ = 3a_{n-1} + 2 \\ \hline a_{n+1} - a_n = 3(a_n - a_{n-1}). \end{array}$$

$a_{n+1}-a_n=b_n$ とおくと,
$$b_n = 3b_{n-1}.$$

また, $b_1=a_2-a_1=5-1=4$ であるから, 階差数列 b_1, b_2, … は, 初項が 4, 公比 3 の等比数列である.

したがって,
$$\begin{aligned}a_n &= a_1+(b_1+b_2+\cdots+b_{n-1})\\ &= 1+(4+4\times 3+4\times 3^2+\cdots+4\times 3^{n-2})\\ &= 1+\frac{4(1-3^{n-1})}{1-3} = 2\times 3^{n-1}-1.\end{aligned}$$

〈別解2〉 数学的帰納法によってもよい.

$n=1$ とすると, $a_2=3\times a_1+2=5$.
$n=2$ とすると, $a_3=3\times a_2+2=17$.
$n=3$ とすると, $a_4=3\times a_3+2=53$.
$n=4$ とすると, $a_5=3\times a_4+2=161$.

$\vdots$

ここで,
$$\begin{aligned}5 &= 2\times 3-1,\\ 17 &= 2\times 9-1 = 2\times 3^2-1,\\ 53 &= 2\times 27-1 = 2\times 3^3-1,\\ 161 &= 2\times 81-1 = 2\times 3^4-1\end{aligned}$$
となっているから,
$$a_n = 2\times 3^{n-1}-1$$
と予想される. それは, $n=1$ のとき, $2\times 3^{1-1}-1=1=a_1$ で正しい.

$n=k$ のとき正しいものとすると,
$$a_k = 2\times 3^{k-1}-1.$$

漸化式より,

$$a_{k+1} = 3 \times a_k + 2 = 3(2 \times 3^{k-1} - 1) + 2 = 2 \times 3^k - 1.$$

これは, $n = k+1$ としたものになっている.

以上から, $a_n = 2 \times 3^{n-1} - 1$ と求められた.

(2) $a_{n+1} + \alpha = 5(a_n + \alpha)$ とおいてみると,

$$a_{n+1} = 5a_n + 4\alpha$$

だから, $\alpha = \dfrac{1}{4}$ となる. つまり漸化式は

$$a_{n+1} + \dfrac{1}{4} = 5\left(a_n + \dfrac{1}{4}\right)$$

と変形できる.

$$a_n + \dfrac{1}{4} = 5\left(a_{n-1} + \dfrac{1}{4}\right) = 5^2\left(a_{n-2} + \dfrac{1}{4}\right)$$
$$\cdots$$
$$= 5^{n-1}\left(a_1 + \dfrac{1}{4}\right) = 5^{n-1} \times \dfrac{5}{4} = \dfrac{5^n}{4}.$$

よって, $a_n = \dfrac{1}{4}(5^n - 1)$.

(3) $a_{n+1} + \alpha = \dfrac{1}{3}(a_n + \alpha)$ とおいてみると,

$$a_{n+1} = \dfrac{1}{3}a_n - \dfrac{2}{3}\alpha$$

だから, $\alpha = 3$ となる. つまり, 漸化式は

$$a_{n+1} + 3 = \dfrac{1}{3}(a_n + 3)$$

と変形できる.

$$a_n + 3 = \dfrac{1}{3}(a_{n-1} + 3) = \left(\dfrac{1}{3}\right)^2(a_{n-2} + 3)$$
$$\cdots$$
$$= \left(\dfrac{1}{3}\right)^{n-1}(a_1 + 3) = 3 \times \left(\dfrac{1}{3}\right)^{n-1}.$$

よって,
$$a_n = 3\times\left(\frac{1}{3}\right)^{n-1}-3 = \left(\frac{1}{3}\right)^{n-2}-3.$$

p. 52
章末問題

1 (1) $3+6+9+\cdots+99 = 3(1+2+3+\cdots+33)$
$$= 3\times\frac{33(33+1)}{2} = 1683.$$

(2) 5の倍数の和は,
$$5+10+15+\cdots+100 = 5(1+2+3+\cdots+20)$$
$$= 5\times\frac{20(20+1)}{2} = 1050.$$

1から100までの自然数の和は
$$\frac{100(100+1)}{2} = 5050$$
だから,5の倍数でないものの和は
$$5050-1050 = 4000.$$

2 公差を d とすると,この3つの数は
$$a-d,\ a,\ a+d$$
と書ける.条件より,
$$(a-d)+a+(a+d) = 12, \tag{1}$$
$$(a-d)^2+a^2+(a+d)^2 = 66. \tag{2}$$
(1)より,$a=4$ が得られる.(2)より,
$$(4-d)^2+4^2+(4+d)^2 = 66,$$
$$2d^2 = 18,$$
$$d = \pm 3.$$
したがって,3数は
$$1,\ 4,\ 7.$$

3 (1) 階差数列 $b_1, b_2, b_3, \cdots$ は，

$$\begin{array}{ccccc} b_1, & b_2, & b_3, & b_4, & b_5, \cdots \\ \| & \| & \| & \| & \| \\ 1 & 4 & 7 & 10 & 13 \end{array}$$

となり，初項 1，公差 3 の等差数列.

$$b_{n-1} = 1 + 3(n-2) = 3n - 5$$

だから，

$$\begin{aligned} a_n &= a_1 + (b_1 + b_2 + \cdots + b_{n-1}) \\ &= 1 + \frac{(n-1)(1+3n-5)}{2} \\ &= \frac{3n^2 - 7n + 6}{2}. \end{aligned}$$

よって，

$$\begin{aligned} \sum_{k=1}^{n} a_k &= \frac{1}{2}\left(3\sum_{k=1}^{n} k^2 - 7\sum_{k=1}^{n} k + \sum_{k=1}^{n} 6\right) \\ &= \frac{1}{2}\left(\frac{n(n+1)(2n+1)}{2} - \frac{7n(n+1)}{2} + 6n\right) \\ &= \frac{n}{4}(2n^2 + 3n + 1 - 7n - 7 + 12) \\ &= \frac{n}{4}(2n^2 - 4n + 6) \\ &= \frac{n(n^2 - 2n + 3)}{2}. \end{aligned}$$

(2) $10-1, 100-1, 1000-1, 10000-1, \cdots$ と変形できるので，n 番目は $10^n - 1$ と書ける．したがって n 番目までの和は

$$\begin{aligned} 10 + 100 + 1000 + \cdots + 10^n - n &= \frac{10(1-10^n)}{1-10} - n \\ &= \frac{10(10^n - 1)}{9} - n. \end{aligned}$$

(3) k番目の項は $k(2k-1)$ と書けるので,

$$\sum_{k=1}^{n} k(2k-1) = 2\sum_{k=1}^{n} k^2 - \sum_{k=1}^{n} k$$
$$= \frac{n(n+1)(2n+1)}{3} - \frac{n(n+1)}{2}$$
$$= \frac{n(n+1)}{6}(4n+2-3)$$
$$= \frac{n(n+1)(4n-1)}{6}.$$

〈別解〉 (3)は,

$$\sum_{k=1}^{n} k(k+1) = \frac{n(n+1)(n+2)}{3}$$

を使っても解ける.

$$k(2k-1) = 2k(k+1) - 3k$$

だから,

$$2\sum_{k=1}^{n} k(k+1) - 3\sum_{k=1}^{n} k = \frac{2n(n+1)(n+2)}{3} - \frac{3n(n+1)}{2}$$
$$= \frac{n(n+1)}{6}(4n+8-9)$$
$$= \frac{n(n+1)(4n-1)}{6}$$

となる.

4 (1) I $n=1$ のとき,

左辺 $= 1$, 右辺 $= 1$

となり, 式(1)がなりたつ.

II $n=k$ (k は, ある自然数) のとき, 式(1)がなりたつと仮定すると,

$$1+2+3+\cdots+k = \frac{k(k+1)}{2}.$$

この両辺に $k+1$ を加えると,

$$1+2+3+\cdots+k+(k+1) = \frac{k(k+1)}{2}+k+1$$
$$= \frac{k^2+k+2k+2}{2}$$
$$= \frac{(k+1)(k+2)}{2}.$$

すなわち, $n=k+1$ のとき式(1)がなりたつことがわかる.

I, II より, すべての自然数 n で, 式(1)がなりたつ.

(2) I $n=1$ のときは,

$$\text{左辺} = \frac{1}{1\cdot 2} = \frac{1}{2}, \quad \text{右辺} = \frac{1}{1+1} = \frac{1}{2}$$

となり, なりたつ.

II $n=k$ (k は, ある自然数) のとき, 式(2)がなりたつと仮定すると,

$$\frac{1}{1\cdot 2}+\frac{1}{2\cdot 3}+\cdots+\frac{1}{k(k+1)} = \frac{k}{k+1}.$$

この両辺に $\dfrac{1}{(k+1)(k+2)}$ を加えると,

$$\text{右辺} = \frac{k}{k+1}+\frac{1}{(k+1)(k+2)} = \frac{k(k+2)+1}{(k+1)(k+2)}$$
$$= \frac{(k+1)^2}{(k+1)(k+2)} = \frac{k+1}{k+2}.$$

すなわち, $n=k+1$ のときも式(2)がなりたつことがわかる.

I, II により, すべての自然数 n で式(2)がなりたつ.

5 (1) 第1群に含まれる奇数は1個,
第2群に含まれる奇数は2個,
第3群に含まれる奇数は3個
となっているから, 第 $(n-1)$ 群までに

$$1+2+\cdots+(n-1) = \frac{(n-1)n}{2}$$

個の奇数が入る. したがって第 n 群のはじめは

$$\frac{(n-1)n}{2}+1 = \frac{n^2-n+2}{2}$$

番目の奇数が入ることになる.

その奇数は, 一般に k 番目なら $2k-1$ だから,

$$2 \times \frac{n^2-n+2}{2} - 1 = n^2-n+1$$

で表すことができる.

(2) 第 n 群は, 初項が n^2-n+1 で, 公差が 2 の等差数列で, 項数が n 個だから, 一番最後の項は

$$n^2-n+1+2(n-1) = n^2+n-1.$$

したがって, 第 n 群の奇数の和は,

$$\frac{n\{(n^2-n+1)+(n^2+n-1)\}}{2} = n^3.$$

3 授業の実際

●$\sum k^2$

$1^2+2^2+3^2+\cdots+n^2=\dfrac{n(n+1)(2n+1)}{6}$ の証明にはいろいろあるが,つぎの方法もおもしろい.

$$1^2 = 1$$
$$2^2 = 2\times 2 = 2+2$$
$$3^2 = 3\times 3 = 3+3+3$$
$$4^2 = 4\times 4 = 4+4+4+4$$

であるから,$S=1^2+2^2+3^2+\cdots+n^2$ は,下の三角形の中の数字の合計である.

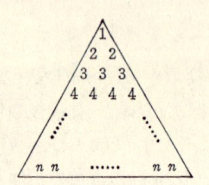

```
         1
        2 2
       3 3 3
      4 4 4 4
      ·     ·
     ·       ·
    n n ···· n n
```

これを3枚用意して,次ページ上のように120°ずつ回転させた位置に置き,同じ位置にある数字の和を求めてみる.すると,すべて $2n+1$ となっている.

$2n+1$ が $1+2+\cdots+n\left(=\dfrac{n(n+1)}{2}\right)$ 個あるから,

$$3S = (2n+1)\times\dfrac{n(n+1)}{2}$$

となり,したがって $S=\dfrac{n(n+1)(2n+1)}{6}$ となる.

生徒にこの方法を紹介すると,かなりのものが興味を示す.

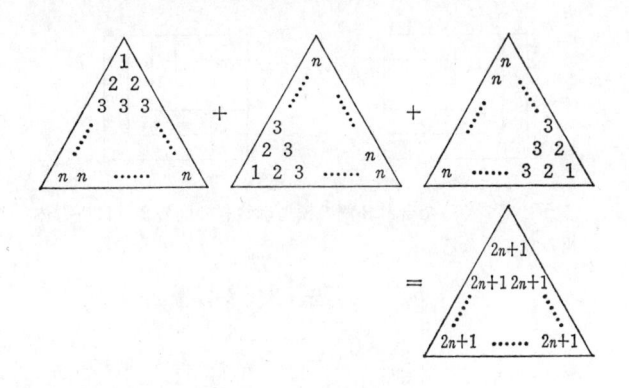

(小沢健一)

● $\sum k(k+1)$ の模型

$\sum_{k=1}^{n} k(k+1) = \dfrac{n(n+1)(n+2)}{3}$ をつぎのような模型をつくって確かめてみるとおもしろい.

工作用紙で,下図左のような模型を2個と,右のような模型を1個つくる.

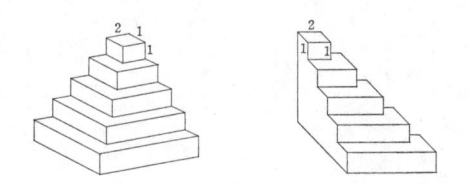

この2つは,ともに,$1\cdot 2+2\cdot 3+3\cdot 4+4\cdot 5+5\cdot 6$ を表すが,そこには,真上から見るとつぎのような違いがある.

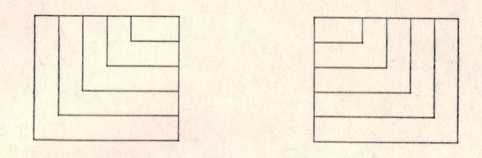

こうしてつくった合計3個の模型はつぎの図のように直方体に組み立てられる.

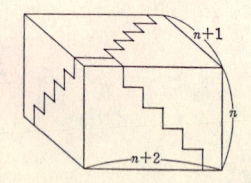

階段状の部分がきちんとかみ合って, 縦, 横, 高さが n, $n+1$, $n+2$ の直方体になり, 1つは $\dfrac{n(n+1)(n+2)}{3}$ であることがわかる.

(小沢健一)

4 参考

● 数列あれこれ

1 パスカルの数三角形をながめて

下はパスカルの数三角形である．45度の斜線にそった数列の和を考えれば，ご存じの通り，2^n が得られる．これを横にながめてみよう．

```
① ① ①  1   1   1
① ② ③  4   5   6
① ③ 6  10  15  21
① ④ 10 20  35  56
① 5 15  35  70 126
① 6 21  56 126 252
```

第1行目は公差0の等差数列である．
第2行目は公差1の等差数列である．
第3行目は何だろうか．

階差をとると，それはちょうど第2行目の数列になっている．すなわち，3行目の数列を S_3（その和も含めて）とおくと，S_3 の一般項は $\dfrac{n(n+1)}{2}$ である．

じつは，S_2 の階差数列が S_1 でもあった．そして，一般に，S_n の階差数列が S_{n-1} なのである．いいかえると，S_n の k 項までの和は S_{n+1} の k 項目になっているのである．まずこれを示そう．

いま，左上からかぞえて m 行 n 列目の数を $P(m, n)$ と表すことにする．パスカルの数三角形であるから，

(1) $P(1, n)=1$, $P(m, 1)=1$.

(2) $P(m, n)=P(m, n-1)+P(m-1, n)$ $(m, n \geq 2)$

そこで，$P(m, n-1)=\sum_{j=1}^{n-1}P(m-1, j)$ と仮定すると，(2)より明らかに $P(m, n)=\sum_{j=1}^{n}P(m-1, j)$ となる．

さて，$P(1, n)=1$，$P(2, n)=n$，$P(3, n)=\dfrac{n(n+1)}{2}$ であった．

そして，$j(j+1)=\dfrac{1}{3}\{j(j+1)(j+2)-(j-1)j(j+1)\}$ である．

したがって，
$$\begin{aligned}P(4, n) &= \frac{1}{2}\sum_{j=1}^{n}j(j+1) \\ &= \frac{1}{6}\sum_{j=1}^{n}\{j(j+1)(j+2)-(j-1)j(j+1)\} \\ &= \frac{1}{6}n(n+1)(n+2).\end{aligned}$$

一般に，
$$j(j+1)\cdots(j+k)$$
$$=\frac{1}{k+2}\{j(j+1)\cdots(j+k+1)-(j-1)j\cdots(j+k)\}$$

であるから，
$$P(m, n) = \frac{1}{(m-1)!}n(n+1)\cdots(n+m-2).$$

ところで，初めに掲げた図のような加え方をしてみたらどうなるだろうか．

1, 1, 2, 3, 5, 8, … とフィボナッチ数列が表れる．すなわち「パスカルの数三角形から得られる桂馬とび（数の和の作る）数列はフィボナッチ数列となる」のである．以下，これを示そう．

桂馬とび数列の一般項 $K(n)$ はつぎのように表される．

$$\begin{cases}K(2n-1) = \sum_{i=0}^{n-1}P(2i+1, n-i) \\ K(2n) = \sum_{i=0}^{n-1}P(2(i+1), n-i).\end{cases}$$

さて，

$$K(2n-1)+K(2n) = \sum_{i=0}^{n-1} P(2i+1, n-i) + \sum_{i=0}^{n-1} P(2(i+1), n-i)$$

$$= P(1, n) + \sum_{i=0}^{n-2} P(2i+3, n-i-1)$$

$$\quad + \sum_{i=0}^{n-2} P(2(i+1), n-i) + P(2n, 1)$$

$$= P(1, n) + \sum_{i=0}^{n-2} \{P(2i+3, n-i-1)$$

$$\quad + P(2i+2, n-i)\} + P(2n, 1)$$

$$= P(1, n) + \sum_{i=0}^{n-2} P(2i+3, n-i) + P(2n, 1)$$

$$= P(1, n+1) + \sum_{i=1}^{n-1} P(2i+1, n+1-i)$$

$$\quad + P(2n+1, 1)$$

$$= \sum_{i=0}^{n} P(2i+1, n+1-i)$$

$$= K(2n+1).$$

同様にして，$K(2n)+K(2n+1)=K(2(n+1))$．

すなわち，

$$K(n)+K(n+1) = K(n+2), \quad K(1) = K(2) = 1$$

である．

2 面積クイズと数列

「次ページの図のように 1 辺 8 cm の正方形を切って，それを長方形にならべなおすと，面積は 64 cm² から 65 cm² と 1 cm² だけ増えてしまう．その 1 cm² は，どこからきたのだろうか」といった面積の増減にかかわるクイズがある．

このような性質を持つ正の整数の組について考えてみよう．

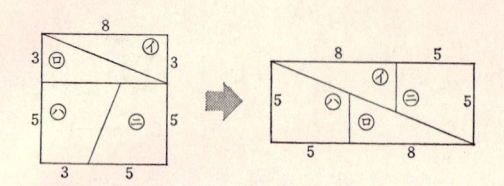

いま $a>b\geq c$ とし，性質

Ⓐ：$a=b+c$

Ⓑ：$b(a+b)-a^2=1$

Ⓒ：$b(a+b)-a^2=-1$

を考えよう．$(8, 5, 3)$ はⒶ・Ⓑをみたす例である．

(0) $c=1$ の場合

$a=b+1$ であるから，Ⓑならば
$$b(2b+1)-(b+1)^2 = b^2-b-1 = 1.$$
よって $b=2$，すなわち，$(3, 2, 1)$ が得られる．

Ⓒをみたす組は，$b^2-b-1=-1$ より，$(2, 1, 1)$ を得る．

(1) $b=c$ の場合

Ⓑ：$b(3b)-(2b)^2=-b^2=1$．したがって，このような組は存在しない．

Ⓒ：$-b^2=-1$．よって，$b=1$．すなわち，$(2, 1, 1)$．

(2) (a, b, c) がⒶ・Ⓑをみたすとすると，
$$\begin{aligned}b(a+b)-a^2 &= b(2b+c)-(b+c)^2\\&= 2b^2+bc-b^2-2bc-c^2\\&= b^2-bc-c^2\\&= b^2-c(b+c)\end{aligned}$$
であるから，(b, c, c) はⒸをみたす．また，(a, b, c) がⒶ，Ⓒをみたすときには，(b, c, c) はⒷをみたす．

(3) $d=b-c$ とすると, $c \geqq d$ である.

なぜならば, $c<d$ とすれば $\dfrac{b}{2}>c$ となるから,

$$b^2-c(b+c) > \frac{1}{4}b^2.$$

すなわち,

$$4 > b^2.$$

このような b は存在しない.

したがって, (a, b, c) が, Ⓐ, Ⓑをみたすとき, (b, c, d) はⒶ, Ⓒをみたし, Ⓐ, Ⓒをみたすときは Ⓐ, Ⓑ をみたす.

(4) $(a, b, c) \to (b, c, d) \to \cdots$ と, つぎつぎに新しい組を作れば, $a>b>c\cdots$ となるから, やがて, $(2, 1, 1)$ に到達する.

この系列に表れる数を小さい方から順番に並べ替えれば,

$$1,\ 1,\ 2,\ 3,\ 5,\ 8,\ \cdots,\ a_n$$

を得る. ここに, $a_{j+1}=a_j+a_{j-1}$ である.

(5) この数列の第 n 項を a_n とすれば, 求める数の組は,

Ⓑをみたす場合 $(a_{2(n+1)}, a_{2n+1}, a_{2n})$

Ⓒをみたす場合 $(a_{2n+1}, a_{2n}, a_{2n-1})$

である.

3 数列と関数

数列 $a_1, a_2, a_3, \cdots, a_n$ は $\{1, 2, 3, \cdots, n\}$ を定義域とする関数 $f(x)=a_x$ の関数値の列と見ることができる.

例えば, 初項 a, 公差 d の等差数列は 1 次関数 $f(x)=dx+a$ を自然数を定義域とする領域で考えられ, 初項 a, 公比 r の等比数列は指数関数 $g(x)=ar^x$ の制限として考えられる. そのような見方で数列を関数と結びつけて考えておくことも, 有用であ

ると思われる．

　分離量を定義域とする関数を扱う分野を差分法という．デジタル表現が急速に拡大しつつある現状を考えると，差分法の発展も大いに期待できるといえよう．そして，やがて近い将来，数列は差分法の観点から処理されるようになるともいえるのではないだろうか．

　さて，分離量の関数の性質を調べる基本的手段は差分である．いま，自然数を定義域とする関数について考えてみることにしよう．（定義域を自然数に限ることはさほど本質的ではない．整数にまで拡げて考える方が一般的かも知れない．その考えは，数列の番号づけをどの数から始めてもよいことと一致する．もっとも，整数に拡げた場合は最初の項が見あたらないこともおきるわけで，その点で数列とは異なるともいえるが，しかしまた，数列も初項がなくては絶対に困るというものでもないだろうから，そちらを改めれば良いわけでもあるのだ．）

　$\Delta f(x) = f(x+1) - f(x)$ を関数 $f(x)$ の x における差分という．

　$\Delta^2 f(x) = \Delta(\Delta f(x))$ を 2 階の差分，一般に，$\Delta^{n+1} f(x) = \Delta(\Delta^n f(x))$ を $n+1$ 階差分という．（数列でいえば階差である．）

　差分は平均変化率 $\dfrac{f(x+h) - f(x)}{(x+h) - x}$ に相当する．（連続量の関数でも極限概念を用いる前段階として，関数の変化の様子を調べるのに平均変化率を考える．こうして，数列と関数が手法的にも結びつくことになる．）

　このことから，差分の性質は微分と酷似していると予想できる．

　例えば加法性 $\Delta(f(x) + g(x)) = \Delta f(x) + \Delta g(x)$ が成立する．

積の差分は

$f(x+1)g(x+1) - f(x)g(x)$
$= f(x+1)g(x+1) - f(x)g(x+1) + f(x)g(x+1) - f(x)g(x)$

より,

$$\Delta(f(x) \cdot g(x)) = \Delta f(x) g(x+1) + f(x) \Delta g(x)$$

となる.

よって, $\Delta(x) = 1$, $\Delta(x^2) = (x+1) + x = 2x+1$ である.

また, $f(n) = f(1) + \sum_{x=1}^{n-1} \Delta f(x)$ であるから, $n^2 = 1 + \sum_{x=1}^{n-1} (2x+1)$ が得られる.

いま, $x^{(n)} = x(x-1)(x-2)\cdots(x-n+1)$ とすると, 1で示した結果より $\Delta x^{(n)} = n x^{(n-1)}$ が得られる. これは微分公式 $\frac{d}{dx}x^n = nx^{n-1}$ に相当して, n が整数の範囲まで拡張可能である.

これを利用して多項式の差分を求めることができる.

例えば, $f(x) = x^3 - 3x^2 + x + 2$ の差分を求めるには

$$f(x) = x^{(3)} + A x^{(2)} + Bx + C$$

とおいて, $f(0) = C$, $f(1) = B + C$, $f(2) = 2A + 2B + C$ より, $A = 0$, $B = -1$, $C = 2$ を得る.

すなわち, $\Delta f(x) = 3x^{(2)} - 1$ である.

差分 $\Delta f(x) = f(x+1) - f(x)$ が与えられたとき, $f(x)$ を $\Delta f(x)$ の和分という. $g(x)$ の和分を $\Delta^{-1}g(x)$ で表す. $\Delta^{-1} x^{(n)} = \frac{1}{n+1} x^{(n+1)}$ である.

また, $f(x+1) - f(1) = \sum_{x=1}^{x} \Delta f(x)$ であった. したがって, $\Delta^{-1} g(x+1) - \Delta^{-1} g(1) = \sum_{x=1}^{x} g(x)$ である. ここで, $\left[\Delta^{-1} g(x) \right]_a^b = \Delta^{-1} g(b) - \Delta^{-1} g(a)$ とおけば, $\left[\Delta^{-1} g(x) \right]_1^{x+1} = \sum_{x=1}^{x} g(x)$ と表される.

これを用いて数列の和を求めることができる．$\sum_{x=1}^{n} x^2$ を求めてみよう．

$x^2 = x^{(2)} + x^{(1)}$ である．

したがって，

$$\sum_{x=1}^{n} x^2 = \sum_{x=1}^{n}(x^{(2)} + x^{(1)}) = \left[\Delta^{-1} x^{(2)} + \Delta^{-1} x^{(1)}\right]_1^{n+1}$$

$$= \left[\frac{1}{3}x^{(3)} + \frac{1}{2}x^{(2)}\right]_1^{n+1} = \frac{1}{3}(n+1)n(n-1) + \frac{1}{2}(n+1)n$$

$$= \frac{1}{6}(n+1)n(2n-2+3)$$

$$= \frac{1}{6}n(n+1)(2n+1)$$

このようにして数列の和を求める計算を，一種の積分計算に帰着させることができる．

フィボナッチ数列の一般項を差分法で求めてみよう．それを関数 $f(x)$ とおくと $f(x+2) = f(x+1) + f(x)$，$f(1) = f(2) = 1$ である．

さて，一般に，未知の関数 $f(x)$ に関する $f(x+2) + Af(x+1) + Bf(x) = 0$ を線型 2 階同次差分方程式という．$\Delta^2 f(x) = \Delta(\Delta f(x)) = \Delta(f(x+1) - f(x)) = f(x+2) - 2f(x+1) + f(x)$ であるから，原式は $\Delta^2 f(x) + K\Delta f(x) + Lf(x) = 0$ の形にかけ，線型 2 階同次というのである．この方程式は，線型 2 階微分方程式と同様の手法で解ける．

いま，2 次方程式 $\lambda^2 + A\lambda + B = 0$ の 2 根を α，β とすると，

ⅰ）$\alpha = \beta$ のとき

$$A = -2\alpha,\ B = \alpha^2.$$

よって，原式は $f(x+2) - 2\alpha f(x+1) + \alpha^2 f(x) = 0$ となる．

これを α^{x+2} でわって，$\dfrac{1}{\alpha^x}f(x)=g(x)$ とおくと，
$$g(x+2)-2g(x+1)+g(x)=0$$
を得る．すなわち $\varDelta^2 g(x)=0$．

よって，$g(x)=c_1x+c_2$，$f(x)=\alpha^x(c_1x+c_2)$ となる．

ii) $\alpha\neq\beta$ のとき
$$\alpha^{x+2}+A\alpha^{x+1}+B\alpha^x=0.$$
よって，α^x は原式の解となる．β^x も同様である．

ところで，線型2階差分方程式の一般解は1次独立な2つの解の1次結合で表されるから（微分方程式の場合と同様），$f(x)=c_1\alpha^x+c_2\beta^x$ となる．

フィボナッチの場合は，$\lambda^2-\lambda-1=0$ より $\alpha=\dfrac{1+\sqrt{5}}{2}$，$\beta=\dfrac{1-\sqrt{5}}{2}$ を得るから，一般解は $f(x)=c_1\left(\dfrac{1+\sqrt{5}}{2}\right)^x+c_2\left(\dfrac{1-\sqrt{5}}{2}\right)^x$ となる．

ここで，$f(1)=f(2)=1$ より，$c_1=-c_2=\dfrac{1}{\sqrt{5}}$ を得るのである．

(新海　寛)

第2章 微分 （教科書p.57～106）

1 編修にあたって

本書の第2章には，つぎのような特徴がある．

まず第一に，局所的に1次関数とみなす，という見方を強調してとりあげていることである．直観的にいえば，「曲線も，非常に小さい一部をとってみれば直線とみることができる」(p.60)ということである．この点では，"1円玉の端を顕微鏡でのぞいてみる"（埼玉・山村学園・仲本氏）などの創意ある実践もある．

これはまた，近似1次関数をつくり，独立変数の増分と関数値の増分が比例するものとみなす，あるいは，関数値の増分のうちの，独立変数の増分に比例する主要な部分のみに注目することである．

ここで，3つの手続きがあると思われる．

① 増分，つまり変位量を考えること
② 変位量どうしの関係を考えること——これは，いわば「現実の世界」での話だが——
③ 「架空の世界」にうつって，変位量どうしが正比例するものと考えること

本文でいうと，$y=f(x)=5x-x^2$ をとりあげているわけだが，これは別に，$y=f(x)=x^2$ や $y=f(x)=x^3$ であってもさしつかえない．一般に，

$$\Delta y = A \cdot \Delta x + B(\Delta x)^2 + \cdots$$

となっているのだが,この2次以上の項を無視して,

$$\Delta y = A \cdot \Delta x$$

とするのである.この場合,$B(\Delta x)^2$ 以下を無視しても,少なくとも $f(x)$ の増減だけはわかるということを,グラフなども用いてはっきりさせておきたい.

この A は,整関数の範囲では代数的に求められるわけである.

第二には,上の A を求めるのに極限の考えを用いてできることを示しているが,極限のとり扱いは本章では必要最小限にとどめていることである.$\Delta x \to 0$ のときの

$$\frac{f(a+\Delta x)-(a)}{\Delta x}$$

の型にかぎっている.ここで,$\beta \to \alpha$ のときの

$$\frac{f(\beta)-f(\alpha)}{\beta-\alpha}$$

の型をとり扱ったりすることはさしつかえないが,本章の趣旨は,極限論議に深入りせずに量の問題と微分の活用に一気にすすみたい,というところにある.

第三に,いろいろな量の変化率にとりたててふれたことである.ここでは,$f'(a)$ が「1当りの量」であること,それとの関連で $f'(a)$ という量の単位についての言及が重要である.量の変化率としては,

① 時間に対する変化率——××速度
② 長さの上に分布している量の変化率——××勾配
③ 切り口を考える場合

の三つのタイプをとりあげた.

第四に，この章の中で原始関数を「逆微分」としてとりあげ，積分と完全に切り離したことである．ここでは，
$$f(x) \text{ の原始関数} = D^{-1}f(x)$$
という記号が使えると非常に便利なのだが，検定で修正意見で削られてしまったことは残念である．

　以上四つの点が，従来の教科書における扱いととくに異なっている点であろう．

　本書を活用されるさいに留意していただきたい．　　（増島高敬）

2 解説と展開

2.1 1次関数による近似 (p.58〜74)

A 留意点

曲線もごく小さい部分をとれば事実上直線とみなせること，関数はせまい範囲でみれば1次関数とみなせること，すなわち，変数と関数値の増分が比例するものとみられること，これがこの節のすべてである．

そのことを

(1) Δy の中から Δx に正比例する部分をとり出すことを，$(\Delta x)^2$ 以上の項を無視するという方法で行うこと

(2) 平均変化率の極限として変化率を求めること

(3) 結局(1)と(2)が一致し，グラフ上では接線を求めることになること

としておさえていく．

B 問題解説

p.58 (2.1.1)

問1

x	(0)	1	2	3	4	(5)
y	(0)	64	72	48	16	(0)

この表から，$x=2$ の近く，$x=1$ と $x=2$ のあいだのどこか，などと見当がつく．

p.59

問2 $x=1$ から $x=2$ までのあいだで，x の値を0.1きざみにした y の値の表をつくってみる．

x	1.0	1.1	1.2	1.3	1.4	1.5
y	64.00	66.92	69.31	71.19	72.58	73.50

x	1.6	1.7	1.8	1.9	2.0
y	73.98	74.05	73.73	73.04	72.00

もちろん，$x=1.5$ から $x=2$ まで，…などでもよい．

問 3

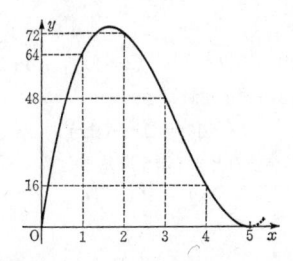

p. 62 (2.1.2)

問 1 $y=f(x)=5x-x^2$ について，

$$\Delta y = 3\Delta x - (\Delta x)^2,$$

$$\frac{\Delta y}{\Delta x} = 3 - \Delta x$$

であるから，表をつくるとつぎのようになる．

Δx	-0.1	-0.01	-0.001	-0.0001
Δy	-0.31	-0.0301	-0.003001	-0.00030001
$\dfrac{\Delta y}{\Delta x}$	3.1	3.01	3.001	3.0001

$\varDelta x$	0.0001	0.001	0.01	0.1
$\varDelta y$	0.00029999	0.002999	0.0299	0.29
$\dfrac{\varDelta y}{\varDelta x}$	2.9999	2.999	2.99	2.9

p. 65
問2 $y=f(x)=5x-x^2$ について
$$f(2) = 6.$$
また,
$$f(2+\varDelta x) = 5(2+\varDelta x)-(2+\varDelta x)^2 = 6+\varDelta x-(\varDelta x)^2.$$
これを $f(2)+\varDelta y$ とおくと,
$$\varDelta y = \varDelta x-(\varDelta x)^2.$$
そこで, $x=2$ のとき $y=6$ を基準として
$$x-2 = X, \ y-6 = Y$$
とおけば,
$$Y = 1\cdot X = X$$
が $x=2$ において求める 1 次関数である. これは
$$y-6 = x-2,$$
すなわち, $y=x+4$
といってもよい.

同様にして,
$$x = 3 のとき \ y = -x+9,$$
$$x = 4 のとき \ y = -3x+16$$
を得る.

従って,

$x = 2$ の近くでは　増加の状態,

$x = 3$ の近くでは　減少の状態,

$x=4$ の近くでは　減少の状態にある．

p. 68 (2.1.3)

問 ① $f(2+\Delta x)-f(2)=\{5(2+\Delta x)-(2+\Delta x)^2\}-6$
$$=\Delta x-(\Delta x)^2.$$

$$\frac{f(2+\Delta x)-f(2)}{\Delta x}=1-\Delta x.$$

よって，

$$\lim_{\Delta x\to 0}\frac{f(2+\Delta x)-f(2)}{\Delta x}=1.$$

② $f(3+\Delta x)-f(3)=\{5(3+\Delta x)-(3+\Delta x)^2\}-6$
$$=-\Delta x-(\Delta x)^2.$$

$$\frac{f(3+\Delta x)-f(3)}{\Delta x}=-1-\Delta x.$$

よって，

$$\lim_{\Delta x\to 0}\frac{f(3+\Delta x)-f(3)}{\Delta x}=-1.$$

③ $f(4+\Delta x)-f(4)=\{5(4+\Delta x)-(4+\Delta x)^2\}-f(4)$
$$=-3\cdot\Delta x-(\Delta x)^2.$$

$$\frac{f(4+\Delta x)-f(4)}{\Delta x}=-3-\Delta x.$$

よって，

$$\lim_{\Delta x\to 0}\frac{f(4+\Delta x)-f(4)}{\Delta x}=-3.$$

p. 71 (2.1.4)

問 $f'(2)=\lim_{\Delta x\to 0}\dfrac{(2+\Delta x)^2-2^2}{\Delta x}$

$$=\lim_{\Delta x\to 0}\frac{4\Delta x+(\Delta x)^2}{\Delta x}=\lim_{\Delta x\to 0}(4+\Delta x)=4.$$

求める 1 次関数は，$y=4+4(x-2)$. すなわち
$$y = 4x-4$$
である．

同様にして，

$f'(-1) = -2$.　このとき　$y = -2x-1$.
$f'(5) = 10$.　　このとき　$y = 10x-25$.

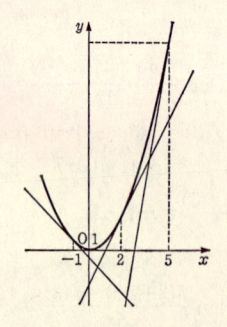

2.2　導関数と変化率 (p. 75～86)

A　留意点

　変化率の個々の値をまとめてみることにより，導関数という新しい関数の概念を確立するとともに，その個々の値が変化率であることをおさえる．そして，"公式によって微分する"ことができるようにする．

　2.1 では，変化率を求めることのイメージとしてだけ考えた接線について，それ自体を求めることもやる．

　いろいろな量の変化率については，種々の速度，勾配，切り口

などをとりあげて、ていねいに指導する必要がある。微分と現実のつながり、積分への発展の両面から大事な部分である。そのさい、小学校の指導内容にある「1当りの量」に直結してくることに注意したい。

B 問題解説

p. 75 (2.2.1)

問 略

p. 77 (2.2.2)

問1 $(x+\Delta x)^4 = x^4 + 4x^3 \cdot \Delta x + 6x^2(\Delta x)^2 + 4x(\Delta x)^3 + (\Delta x)^4$

であるから、

$$\lim_{\Delta x \to 0} \frac{(x+\Delta x)^4 - x^4}{\Delta x} = \lim_{\Delta x \to 0} (4x^3 + 6x^2 \Delta x + 4x(\Delta x)^2 + (\Delta x)^3)$$
$$= 4x^3.$$

よって、

$$y = x^4 \text{ のとき, } y' = 4x^3.$$

すなわち、

$$(x^4)' = 4x^3.$$

p. 79

問2 たとえば、$(x^2 + x^3)'$ を考えてみよう。

$$f(x) = x^2, \quad g(x) = x^3 \text{ とすれば,}$$
$$f'(x) = 2x, \quad g'(x) = 3x^2$$

はすでにわかっているから、

$$f'(x) + g'(x) = 2x + 3x^2.$$

ところで、

$$\{f(x) + g(x)\}'$$
$$= \lim_{\Delta x \to 0} \frac{\{(x+\Delta x)^2 + (x+\Delta x)^3\} - (x^2 + x^3)}{\Delta x}$$

$$= \lim_{\Delta x \to 0} \frac{2x\Delta x + (\Delta x)^2 + 3x^2\Delta x + 3x(\Delta x)^2 + (\Delta x)^3}{\Delta x}$$
$$= \lim_{\Delta x \to 0} (2x + \Delta x + 3x^2 + 3x\Delta x + (\Delta x)^2)$$
$$= 2x + 3x^2.$$

よって,この場合
$$\{f(x) + g(x)\}' = f'(x) + g'(x)$$
である.

〈別解〉 この場合つぎのようにしたほうがⅢのたしかめとして一般的である.

$$\{f(x) + g(x)\}' = \lim_{\Delta x \to 0} \frac{\{(x+\Delta x)^2 + (x+\Delta x)^3\} - (x^2 + x^3)}{\Delta x}$$
$$= \lim_{\Delta x \to 0} \frac{(x+\Delta x)^2 - x^2}{\Delta x} + \lim_{\Delta x \to 0} \frac{(x+\Delta x)^3 - x^3}{\Delta x}$$
$$= 2x + 3x^2 = f'(x) + g'(x).$$

問3 Ⅱ,Ⅲを使う.
$$\{af(x) + bg(x)\}' = (af(x))' + (bg(x))' \quad \text{(Ⅲにより)}$$
$$= af'(x) + bg'(x) \quad \text{(Ⅱにより)}$$
とくに,$a=1$,$b=-1$ とすれば,
$$\{f(x) - g(x)\}' = f'(x) - g'(x)$$
となる.

問4 Ⅱ,Ⅲおよび,公式Ⅰを使う.

① $y' = (x^2 + x - 1)'$
$= (x^2)' + (x)' - (1)'$
$= 2x + 1.$

② $y' = (4x^3 - 2x^2 + 3x - 5)'$
$= (4x^3)' - (2x^2)' + (3x)' - (5)'$
$= 12x^2 - 4x + 3.$

③ $y' = \left(\dfrac{5}{3}x^3 + \dfrac{1}{2}x^2 - 4x + 3\right)'$

$= \left(\dfrac{5}{3}x^3\right)' + \left(\dfrac{1}{2}x^2\right)' - (4x)' + (3)'$

$= 5x^2 + x - 4.$

問5 右辺を展開してから微分する.

① $y = (2x+3)(-x+1) = -2x^2 - x + 3$

であるから,
$$y' = (-2x^2 - x + 3)' = -4x - 1.$$

② $y = x(3x-7)^2 = 9x^3 - 42x^2 + 49x$

であるから,
$$y' = (9x^3 - 42x^2 + 49x)' = 27x^2 - 84x + 49.$$

③ $y = 4x^2(2x^2 - x + 5) = 8x^4 - 4x^3 + 20x^2$

であるから,
$$y' = (8x^4 - 4x^3 + 20x^2)' = 32x^3 - 12x^2 + 40x.$$

問6 $f(x) = 2x^3 - 3x^2$ であるから,
$$f'(x) = 6x^2 - 6x.$$

① $f'(2) = 12$

② $f'(1) = 0$

③ $f'(-5) = 180$

p.81 (2.2.3)

問1 $y = f(x)$ のグラフ上の点 $(a, f(a))$ における接線の式は,
$$y = f(a) + f'(a)(x - a)$$

である.

① $y = x^3$ より, $y' = 3x^2$.

点 $(2, 8)$ では,接線の傾き $= 3 \times 2^2 = 12.$

求める接線は,
$$y = 8+12(x-2),$$
$$y = 12x-16.$$

② $y=x^2$ より, $y'=2x$.

点 $(-\sqrt{2}, 2)$ では, 接線の傾き $-2\sqrt{2}$.

求める接線は
$$y = -2\sqrt{2}x-2.$$

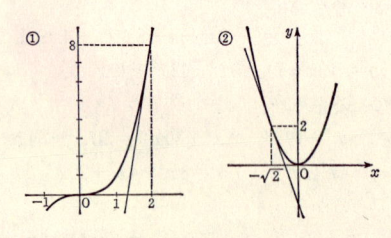

問2 $y=x^3$ より, $y'=3x^2$.

よって, $y=x^3$ のグラフの上の点 (α, α^3) における接線の傾きは $3\alpha^2$ である.

① $3\alpha^2=6$ とおくと, $\alpha=\pm\sqrt{2}$.

$\alpha=\sqrt{2}$ のとき, 求める接線は
$$y = (\sqrt{2})^3+6(x-\sqrt{2}),$$
$$y = 6x-4\sqrt{2}.$$

同様にして, $\alpha=-\sqrt{2}$ のときは,
$$y = 6x+4\sqrt{2}.$$

② 点 $(1, 5)$ を通る接線を
$$y = \alpha^3+3\alpha^2(x-\alpha),$$

すなわち

$$y = 3\alpha^2 x - 2\alpha^3$$

とおくと，$x=1$ のとき $y=5$ となるから，

$$5 = 3\alpha^2 - 2\alpha^3,$$
$$2\alpha^3 - 3\alpha^2 + 5 = 0,$$
$$(\alpha+1)(2\alpha^2 - 5\alpha + 5) = 0,$$

α は実数であるから，

$$\alpha = -1.$$

よって，求める接線は

$$y = 3x + 2.$$

p. 83 (2.2.4)

問1 $y = 19.6x - 4.9x^2$ より，小石が落下しはじめてから x 秒後の速度は，

$$y' = 19.6 - 9.8x \text{ (m/秒)}.$$

ここで，$x=3$ とおけば，3秒後の速度は

$$19.6 - 9.8 \times 3 = -9.8 \text{ (m/秒)}$$

すなわち，

下向きに 9.8 m/秒

の速度である．

また，小石が地上に落下した瞬間は，

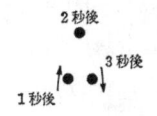

$$y = 19.6x - 4.9x^2 = 0$$

より，$x = 4, 0$．（$x=0$ は除く）

$x = 4$ のときの速度は，

$$19.6 - 9.8 \times 4 = -19.6 \text{ (m/秒)}.$$

下向きに，19.6 m/秒の速度である．

問2 x 秒後の水のたまる速さは

$$(x^2 + 2x)' = 2x + 2 \text{ (}l\text{/秒)}$$

であるから，10秒後では，

$$2 \times 10 + 2 = 22 \text{ (}l\text{/秒)}.$$

p. 84

問3 $f(x) = \dfrac{1}{12800} x^2 (120 - x) = \dfrac{3}{320} x^2 - \dfrac{1}{12800} x^3$.

① $f'(30)$ を求めればよい．

$$f'(x) = \left(\frac{3}{320} x^2 - \frac{1}{12800} x^3 \right)' = \frac{3}{160} x - \frac{3}{12800} x^2.$$

$$f'(30) = \frac{3}{160} \times 30 - \frac{3}{12800} \times 30^2 = \frac{45}{128}$$

$$\doteqdot 0.352 \text{ (m/m)}$$

② $0 \leq x \leq 80$ で $f'(x)$ の最大値，およびそれに対する x を求めればよい．

$$f'(x) = \frac{3}{12800} (80x - x^2) = \frac{3}{12800} (-(x-40)^2 + 1600)$$

であるから，$x = 40$ のとき，最大の傾きは

$$\frac{4800}{12800} = 0.375 \text{ (m/m)}$$

になる．

p. 85

問 4 $PQ = OP \tan 30° = \dfrac{1}{\sqrt{3}}x$

であるから,

$$y = \frac{1}{2} \times x \times \frac{1}{\sqrt{3}}x = \frac{1}{2\sqrt{3}}x^2.$$

そこで,

$$y' = \left(\frac{1}{2\sqrt{3}}x^2\right)' = \frac{1}{\sqrt{3}}x.$$

これは, PQ の長さに等しい.

p. 86

練習問題

1 (1) $y' = (5x^3 - 3x^2 + 6x - 2)'$
$= 15x^2 - 6x + 6 = 3(5x^2 - 2x + 2).$

(2) $\dfrac{1}{4}x^2(2-x)^2 = x^2 - x^3 + \dfrac{1}{4}x^4$ であるから,

$$y' = 2x - 3x^2 + x^3 = x(x-1)(x-2).$$

(3) $(2x+5)(3x-1) = 6x^2 + 13x - 5$ であるから,

$$y' = 12x + 13.$$

2 $x^2(2-x) = 2x^2 - x^3$ だから,

$$y' = (2x^2 - x^3)' = 4x - 3x^2.$$

そこで, $(-1, 3)$ における接線の傾きは,

$$4 \times (-1) - 3 \times (-1)^2 = -7.$$

求める接線は,

$$y = 3 + (-7)(x - (-1)),$$
$$y = -7x - 4.$$

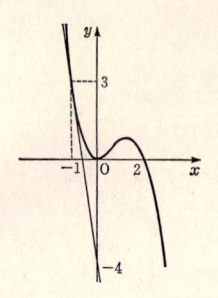

3 $y'=3x^2-2x$ であるから,$x=1$ とすると,接線の傾きは 1.
またこのとき,
$$y = 1^3-1^2 = 0.$$
求める接線は,$(1, 0)$ を通り傾き 1 の直線となるから,
$$y = 0+1(x-1),$$
$$y = x-1.$$
これに平行なもう 1 つの接線を求めるために
$$3x^2-2x = 1$$
とおくと,
$$(3x+1)(x-1) = 0.$$
$x \neq 1$ だから,$x = -\dfrac{1}{3}$ を得る.

このとき,
$$y = \left(-\dfrac{1}{3}\right)^3-\left(-\dfrac{1}{3}\right)^2 = -\dfrac{4}{27}.$$
よって,$y=x^3-x^2$ のグラフの上の点 $\left(-\dfrac{1}{3}, -\dfrac{4}{27}\right)$ における接線を求めると,

$$y = -\frac{4}{27} + 1 \cdot \left(x - \left(-\frac{1}{3}\right)\right),$$

$$y = x + \frac{5}{27}.$$

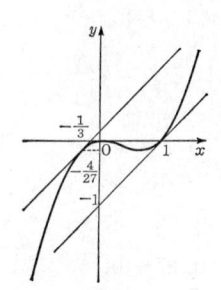

4 Pの時刻 x 秒における速度は

$$y' = 6x^2 - 24x + 18.$$

静止するときは，これを0とおいて

$$6x^2 - 24x + 18 = 0,$$
$$6(x-1)(x-3) = 0$$

より，

$$x = 1, 3.$$

$x=1$ のとき，

$$y = 2 \times 1^3 - 12 \times 1^2 + 18 \times 1 = 8 \text{ (cm)}.$$

$x=3$ のとき，

$$y = 2 \times 3^3 - 12 \times 3^2 + 18 \times 3 = 0 \text{ (cm)}.$$

よって，時刻1秒に原点から8cmの位置で，また，時刻3秒に原点で，それぞれ静止する．

5 半径 x の円の面積を y とすると，

$$y = \pi x^2.$$

よって，半径 x に対する変化率は

$$y' = 2\pi x.$$

これは，この円の円周の長さである．

6 半径 x の球の体積を y とすると

$$y = \frac{4}{3}\pi x^3.$$

よって，

$$y' = 4\pi x^2.$$

これは，この球の表面積である．

2.3 関数の変化 (p.87〜101)

A 留意点

増減と極値，最大最小の2つを柱として，応用として，方程式の実根の数，2次関数の変化のみなおし，不等式の証明などをとりあげている．

紙数にくらべて内容が多く，若干むずかしい問いなどもあるから，条件に応じて取捨選択してかまわない．

また，第3章で積分を積（乗法）の一般化として導き，そののちに微分法とむすびつけるという立場から，ふつうは"不定積分"としてとりあつかわれている計算を"逆微分"すなわち原始関数を求める計算としてここでとりあげた．検定の制約で使えなかったが，D^{-1} という記号を"原始関数を求める"意味に用いると便利である．たとえば，

$$D^{-1}x^2 = \frac{1}{3}x^3 + c, \qquad D^{-1}(2x+1) = x^2 + x + c$$

など.

B 問題解説

p. 90

問 1 ① $y=3x^3-3x^2$ となるから,

$$y' = 9x^2-6x = 9x\left(x-\frac{2}{3}\right).$$

x	$\cdots$	0	$\cdots$	$\frac{2}{3}$	$\cdots$
y'	+	0	−	0	+
y	↗	0	↘	$-\frac{4}{9}$	↗

極大値 0 ($x=0$), 極小値 $-\frac{4}{9}$ $\left(x=\frac{2}{3}\right)$.

② $y'=-3x^2-12x-9=-3(x+1)(x+3)$.

x	$\cdots$	-3	$\cdots$	-1	$\cdots$
y'	−	0	+	0	−
y	↘	4	↗	8	↘

極大値 8 ($x=-1$), 極小値 4 ($x=-3$).

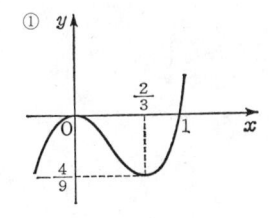

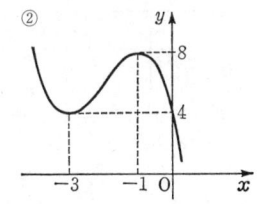

③ $y'=3x^2-x-2=(3x+2)(x-1)$.

x	$\cdots$	$-\dfrac{2}{3}$	$\cdots$	1	$\cdots$
y'	$+$	0	$-$	0	$+$
y	↗	$\dfrac{22}{27}$	↘	$-\dfrac{3}{2}$	↗

極大値 $\dfrac{22}{27}$ $\left(x=-\dfrac{2}{3}\right)$, 極小値 $-\dfrac{3}{2}$ $(x=1)$.

④ $y'=-1-3x^2<0$.

y は,一方的に減少する関数である.

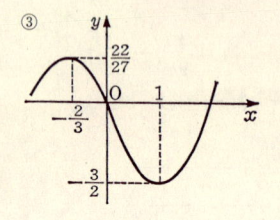

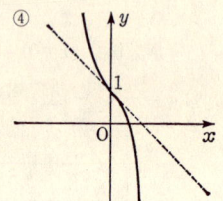

問2 ① $y'=3x^2-12x+12=3(x-2)^2$.

x	$\cdots$	2	$\cdots$
y'	$+$	0	$+$
y	↗	7	↗

② $y'=x^3-3x^2=x^2(x-3)$.

x	$\cdots$	0	$\cdots$	3	$\cdots$
y'	$-$	0	$-$	0	$+$
y	$\searrow$	0	$\searrow$	$-\dfrac{27}{4}$	$\nearrow$

このように，$y'=0$ となるときでも，$y'=0$ となる x の前後で y が増減の状態を変えないとき，すなわち，y' の符号が変わらないときには，極値をとらない．

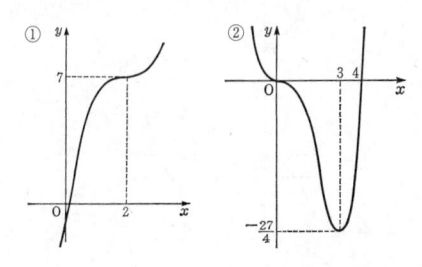

① ②

p. 92

問 3 $f(x)=x^3-\dfrac{3}{2}x^2$ とおくと，

$$f'(x) = 3x^2-3x = 3x(x-1).$$

x	$\cdots$	0	$\cdots$	1	$\cdots$
$f'(x)$	$+$	0	$-$	0	$+$
$f(x)$	$\nearrow$	0	$\searrow$	$-\dfrac{1}{2}$	$\nearrow$

次ページの図より，

k の値	実根の数
$k>0$	1
$k=0$	2 （重根と単根）
$-\dfrac{1}{2}<k<0$	3
$k=-\dfrac{1}{2}$	2 （重根と単根）
$k<-\dfrac{1}{2}$	1

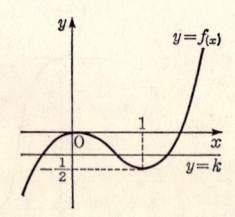

問 4　① $y'=4x-7$.

x	$\cdots$	$\dfrac{7}{4}$	$\cdots$
y'	$-$	0	$+$
y	$\searrow$	$-\dfrac{41}{8}$	$\nearrow$

最小値 $-\dfrac{41}{8}$ $\left(x=\dfrac{7}{4}\right)$.

② $y'=-6x+5$

x	$\cdots$	$\dfrac{5}{6}$	$\cdots$
y'	$+$	0	$-$
y	↗	$\dfrac{25}{12}$	↘

最大値 $\dfrac{25}{12}$ $\left(x=\dfrac{5}{6}\right)$.

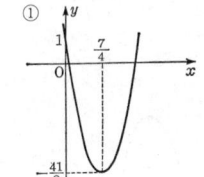

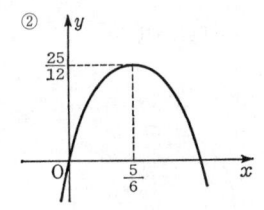

① ②

p. 94 (2.3.2)

問 1 次ページの図のように x, y をとり，直円柱の体積を $V\,\mathrm{cm}^3$ とすると，

$$V = 2\pi xy^2.$$

また，$x^2+y^2=100$ であるから，$y^2=100-x^2$.
よって，

$$V = 2\pi x(100-x^2) = 2\pi f(x)$$

とおける．明らかに，$0<x<10$ である．

$$f'(x) = (x(100-x^2))' = 100-3x^2.$$

x	(0)	$\cdots$	$\dfrac{10}{\sqrt{3}}$	$\cdots$	(10)
$f'(x)$		+	0	−	
$f(x)$	(0)	↗	$\dfrac{2000}{3\sqrt{3}}$	↘	(0)

求める体積の最大値は

$$2\pi \times \frac{2000}{3\sqrt{3}} = \frac{4000}{3\sqrt{3}}\pi \ (\text{cm}^3).$$

これは約 2418 cm³ となる.

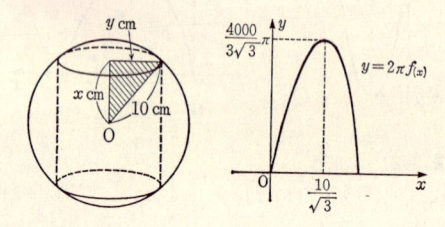

問2 底面の正方形の1辺を x, 高さを y とすると, 正四角柱の体積 V は,

$$V = x^2 y.$$

また, $2x^2 + 4xy = 6a^2$ であるから,

$$xy = \frac{3}{2}a^2 - \frac{1}{2}x^2. \quad \text{また,} \ 0 < x < \sqrt{3}a.$$

よって,

$$V = x \cdot xy = x\left(\frac{3}{2}a^2 - \frac{1}{2}x^2\right) = \frac{3}{2}a^2 x - \frac{1}{2}x^3.$$

$$V' = \frac{3}{2}a^2 - \frac{3}{2}x^2 = \frac{3}{2}(a+x)(a-x).$$

$a>0$ として，$0<x<\sqrt{3}a$ で考えればよい．

x	(0)	$\cdots$	a	$\cdots$	$(\sqrt{3}a)$
V'		$+$	0	$-$	
V	(0)	↗	a^3	↘	(0)

$x=a$ のとき V は最大となるが，このとき，
$$ay = \frac{3}{2}a^2 - \frac{1}{2}a^2$$
より，$y=a$ となる．

すなわち，四角柱は立方体となる．

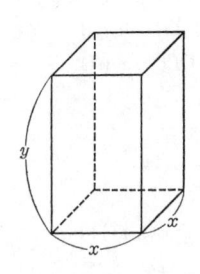

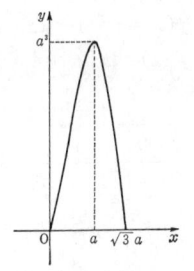

p. 95
問 3 ① $AP = \sqrt{x^2+(x^2-4)^2} = \sqrt{x^4-7x^2+16}$．
$$f(x) = x^4 - 7x^2 + 16$$
とおくと，
$$f'(x) = 4x^3 - 14x = 4x\left(x+\sqrt{\frac{7}{2}}\right)\left(x-\sqrt{\frac{7}{2}}\right).$$

x	$\cdots$	$-\sqrt{\dfrac{7}{2}}$	$\cdots$	0	$\cdots$	$\sqrt{\dfrac{7}{2}}$	
$f'(x)$	$-$	0	$+$	0	$-$	0	$+$
$f(x)$	↘	$\dfrac{15}{4}$	↗	16	↘	$\dfrac{15}{4}$	↗

表より,$x=\pm\sqrt{\dfrac{7}{2}}$ のとき $f(x)$ は最小となり,このとき AP も最小となるから,

$$\text{AP の最小値} = \sqrt{\dfrac{15}{4}} = \dfrac{\sqrt{15}}{2}.$$

② $x=0$ のとき,AP は最小値 $\dfrac{1}{2}$ をとる.

p. 97

問 4 左辺－右辺$=f(x)$ とおき $x\geqq 0$ で $f(x)\geqq 0$ を示せばよい.

① $f(x)=x^4-1-4(x-1)=x^4-4x+3$.

$f'(x)=4x^3-4=4(x-1)(x^2+x+1)$.

x	0	$\cdots$	1	$\cdots$
$f'(x)$		$-$	0	$+$
$f(x)$		↘	0	↗

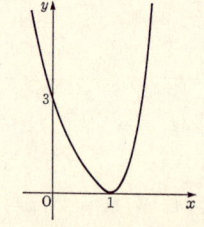

表より,$x\geqq 0$ のとき $f(x)\geqq f(1)=0$.

② $f(x) = \dfrac{x^3-1}{3} - \dfrac{x^2-1}{2}$.

$f'(x) = x^2 - x = x(x-1)$.

x	0	$\cdots$	1	$\cdots$
$f'(x)$	0	$-$	0	$+$
$f(x)$		$\searrow$	0	$\nearrow$

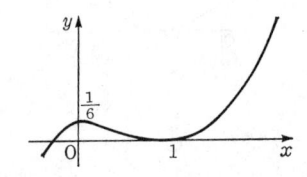

表より，$x \geqq 0$ のとき，
$$f(x) \geqq f(1) = 0.$$

③ $f(x) = \dfrac{x^3+1}{2} - \left(\dfrac{x+1}{2}\right)^3$

$\quad = \dfrac{x^3+1}{2} - \dfrac{x^3+3x^2+3x+1}{8}$.

$f'(x) = \dfrac{3}{2}x^2 - \dfrac{3}{8}x^2 - \dfrac{3}{4}x - \dfrac{3}{8}$

$\quad = \dfrac{9}{8}x^2 - \dfrac{3}{4}x - \dfrac{3}{8}$

$\quad = \dfrac{3}{8}(3x^2 - 2x - 1)$

$\quad = \dfrac{3}{8}(3x+1)(x-1).$

x	0	$\cdots$	1	$\cdots$
$f'(x)$		$-$	0	$+$
$f(x)$		↘	0	↗

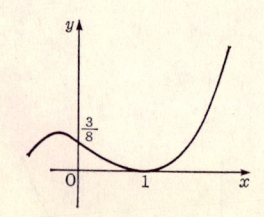

表より，$x \geqq 0$ のとき，$f(x) \geqq f(1)=0$.

p. 99 (2.3.3)

問1 ① $(x^3)'=3x^2$ より，$F(x)=x^3+c$.

$F(0)=2$ より，$c=2$

よって，$F(x)=x^3+2$.

② $(x^2)'=2x$ だから，$\left(\dfrac{1}{2}x^2\right)'=x$.

よって，$F(x)=\dfrac{1}{2}x^2+c$.

$F(1)=0$ だから，$c=-\dfrac{1}{2}$.

$$F(x)=\dfrac{1}{2}x^2-\dfrac{1}{2}.$$

問2 $f'(a)=3a$，一般に，$f'(x)=3x$ となることから，

$$f(x)=\dfrac{3}{2}x^2+c.$$

このグラフが $(1, 2)$ を通るから，

$$2 = \frac{3}{2} \times 1^2 + c \text{ より},$$

$$c = \frac{1}{2}.$$

よって,

$$f(x) = \frac{3}{2}x^2 + \frac{1}{2}.$$

p. 100

問 3 ブレーキをかけはじめてから x 秒間にこの電車が $f(x)$ m 走るとすると,

$$f'(x) = 20 - 4x.$$

ここで,

$$f(x) = 20x - 2x^2 + c$$

と考えられる.

$$f(0) = 0$$

としてよいから,

$$f(x) = 20x - 2x^2.$$

ところで, ブレーキをかけはじめてから止まるまでの時間は,

$$20 - 4x = 0 \text{ より},$$

$$x = 5.$$

よって, それまでに走る距離は

$$f(5) = 20 \times 5 - 2 \times 5^2 = 50 \text{ (m)}.$$

p. 101

問 4 $\left(\frac{5}{3}x^3 - 2x^2 + 3x + c\right)' = 5x^2 - 4x + 3.$

問 5 ① x^2, x, 1 の原始関数は, それぞれ $\frac{1}{3}x^3$, $\frac{1}{2}x^2$, x であるから, $x^2 - 3x + 2$ の原始関数は,

$$\frac{1}{3}x^3-3\times\frac{1}{2}x^2+2\times x+c=\frac{1}{3}x^3-\frac{3}{2}x^2+2x+c.$$

② 同様にして，$5x+12$ の原始関数は，

$$\frac{5}{2}x^2+12x+c.$$

p. 101
練習問題

1 $f(x)=(x+1)(x-1)^2=x^3-x^2-x+1$

とおくと，

$$\begin{aligned}f'(x) &= 3x^2-2x-1\\ &= (3x+1)(x-1).\end{aligned}$$

x	$\cdots$	$-\dfrac{1}{3}$	$\cdots$	1	$\cdots$
$f'(x)$	$+$	0	$-$	0	$+$
$f(x)$	↗	$\dfrac{32}{27}$	↘	0	↗

表をもとに，$y=f(x)$ のグラフをかくと下の実線のようになる．

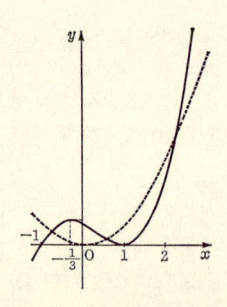

これに $y=x^2$ のグラフをかきこんでみると，-1 と 0 の間，0 と 1 の間で各 1 回交わることがわかる．さらに，$x=2$，$x=3$ のときに x^2 と $f(x)$ の値をくらべてみると，

	$x=2$	$x=3$
x^2	4	9
$f(x)$	3	16

となり，大小が入れかわるから，2 と 3 の間でも 1 回交わる．

以上のことから，方程式 $(x+1)(x-1)^2=x^2$ は異なる 3 実根をもつ．

〈別解〉 $g(x)=(x+1)(x-1)^2-x^2=x^3-2x^2-x+1$
とおくと，
$$g'(x)=3x^2-4x-1.$$

$g'(x)=0$ とすると，
$$x=\frac{2\pm\sqrt{7}}{3}.$$

$$g\left(\frac{2+\sqrt{7}}{3}\right)=\frac{-7-14\sqrt{7}}{27}<0,$$

$$g\left(\frac{2-\sqrt{7}}{3}\right)=\frac{-7+14\sqrt{7}}{27}>0.$$

従って，$\dfrac{2-\sqrt{7}}{3}$ より小なる根と，$\dfrac{2-\sqrt{7}}{3}$ と $\dfrac{2+\sqrt{7}}{3}$ の間の根と，$\dfrac{2+\sqrt{7}}{3}$ より大なる根の 3 つの実根がある．

2 $y'=x^2-2=(x+\sqrt{2})(x-\sqrt{2}).$

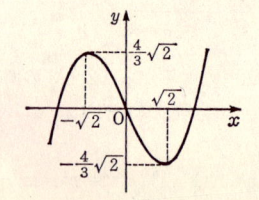

x	$\cdots$	$-\sqrt{2}$	$\cdots$	$\sqrt{2}$	$\cdots$
y'	$+$	0	$-$	0	$+$
y	↗	$\dfrac{4}{3}\sqrt{2}$	↘	$-\dfrac{4}{3}\sqrt{2}$	↗

3 直円錐の高さを x cm, 底面半径を y cm とすると, 明らかに $10>y$ で,

$$(x-10)^2+y^2=10^2,$$
$$y^2=20x-x^2$$

がなりたつ. また, $0<x<20$.

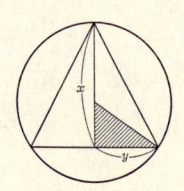

直円錐の体積を V とすると,

$$V=\frac{1}{3}\pi xy^2=\frac{1}{3}\pi x(20x-x^2)=\frac{1}{3}\pi(20x^2-x^3)$$
$$=\frac{1}{3}\pi f(x)$$

とおける.

$$f(x) = 20x^2 - x^3,$$
$$f'(x) = 40x - 3x^2 = 3x\left(\frac{40}{3} - x\right).$$

x	(0)	$\cdots$	$\dfrac{40}{3}$	$\cdots$	(20)
$f'(x)$		$+$	0	$-$	
$f(x)$	(0)	$\nearrow$	$\dfrac{32000}{27}$	$\searrow$	(0)

$f(x)$ は,$x=\dfrac{40}{3}$ のとき,最大値 $\dfrac{32000}{27}$ をとるから,V もこのとき最大で,最大値は

$$\frac{1}{3}\pi \times \frac{32000}{27} = \frac{32000}{81}\pi \ (\text{cm}^3).$$

これは,約 1240 cm³ である.

p. 102
章末問題

1　(1) $y' = -\dfrac{1}{4}(3x^2 - 16x + 16) = -\dfrac{1}{4}(3x - 4)(x - 4).$

x	$\cdots$	$\dfrac{4}{3}$	$\cdots$	4	$\cdots$
y'	$-$	0	$+$	0	$-$
y	$\searrow$	$-\dfrac{64}{27}$	$\nearrow$	0	$\searrow$

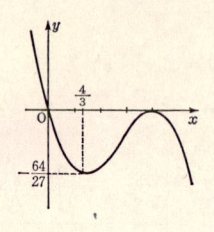

(2) $y'=(x^4-2x^2+1)'=4x^3-4x=4x(x+1)(x-1).$

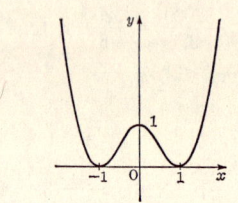

x	$\cdots$	-1	$\cdots$	0	$\cdots$	1	$\cdots$
y'	$-$	0	$+$	0	$-$	0	$+$
y	↘	0	↗	1	↘	0	↗

(3) $y'=12x^3-12x^2=12x^2(x-1).$

x	$\cdots$	0	$\cdots$	1	$\cdots$
y'	$-$	0	$-$	0	$+$
y	↘	0	↘	-1	↗

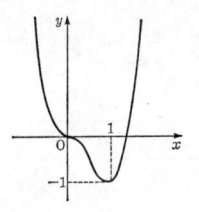

2 $f(x) = x^3 - 3p^2 x + 2q^3$

とおくと,
$$f'(x) = 3x^2 - 3p^2 = 3(x+p)(x-p).$$

$p > 0$ であるから,

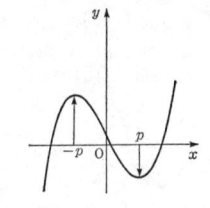

x	$\cdots$	$-p$	$\cdots$	p	$\cdots$
$f'(x)$	$+$	0	$-$	0	$+$
$f(x)$	↗		↘		↗

p, q は正数で $p > q$ だから,
$$f(-p) = (-p)^3 - 3p^2(-p) + 2q^3 = 2(p^3 + q^3) > 0.$$
$$f(p) = p^3 - 3p^2 p + 2q^3 = -2p^3 + 2q^3 = -2(p^3 - q^3) < 0.$$

よって, $f(x)$ の極大値・極小値は異符号となり, 曲線 $y = f(x)$ は x 軸と 3 回交わるから, 方程式 $f(x) = 0$ は異なる 3 実根をもつ.

3 $f'(x) = \left(\dfrac{x^3}{3} - 2x^2 + 3x\right)' = x^2 - 4x + 3 = (x-1)(x-3).$

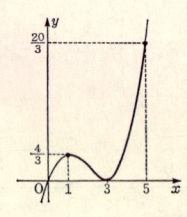

x	1	$\cdots$	3	$\cdots$	5
$f'(x)$	0	$-$	0	$+$	
$f(x)$	$\dfrac{4}{3}$	$\searrow$	0	$\nearrow$	$\dfrac{20}{3}$

表より, $1 \leqq x \leqq 5$ では,

$$\text{最小値}\quad f(3) = 0,$$
$$\text{最大値}\quad f(5) = \dfrac{20}{3}.$$

4 (1) 左辺－右辺 $= f(x)$ とおく.

$$f(x) = \dfrac{1}{3}x^3 - x + \dfrac{2}{3},$$
$$f'(x) = x^2 - 1 = (x+1)(x-1).$$

x	(0)	$\cdots$	1	$\cdots$
$f'(x)$		$-$	0	$+$
$f(x)$		$\searrow$	0	$\nearrow$

$x > 0$ のとき,
$$f(x) \geqq f(1) = 0.$$
$$f(x) \geqq 0$$
よって, 左辺≧右辺.

(2) 左辺−右辺=$f(x)$ とおく.
$$f(x) = \frac{1}{4}x^4 + \frac{3}{4} - x.$$
$$f'(x) = x^3 - 1 = (x-1)(x^2+x+1).$$

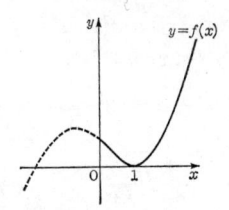

x	(0)	$\cdots$	1	$\cdots$
$f'(x)$		−	0	+
$f(x)$		↘	0	↗

$x > 0$ のとき, $f(x) \geqq 0$.

よって, 左辺≧右辺.

5 底面半径を x, 高さを y, 表面積を一定値 $2\pi a^2$ とすると,
$$2\pi x^2 + 2\pi xy = 2\pi a^2.$$
すなわち,
$$xy = a^2 - x^2.$$
がなりたつ. 容器の容積を V とすれば,
$$V = \pi x^2 y = \pi x \cdot xy = \pi x(a^2 - x^2).$$
そこで,

$$x(a^2-x^2) = a^2x-x^3 = f(x)$$

とおく. 明らかに, $0<x<a$ である.

$$f'(x) = a^2-3x^2 = 3\left(\frac{a}{\sqrt{3}}+x\right)\left(\frac{a}{\sqrt{3}}-x\right).$$

x	(0)	$\cdots$	$\dfrac{a}{\sqrt{3}}$	$\cdots$	(a)
$f'(x)$		$+$	0	$-$	
$f(x)$	(0)	$\nearrow$		$\searrow$	(0)

表より, $x=\dfrac{a}{\sqrt{3}}$ のとき, $f(x)$ は最大となり, したがって V も最大となる.

このとき,

$$\frac{a}{\sqrt{3}}\cdot y = a^2-\left(\frac{a}{\sqrt{3}}\right)^2$$

より,

$$y = \frac{2}{\sqrt{3}}a.$$

求める比は,

$$\text{底面半径}:\text{高さ} = \frac{a}{\sqrt{3}} : \frac{2}{\sqrt{3}}a = 1:2.$$

〈別解〉 底面半径を x, 高さを y, 表面積を S とすると,

$$x^2+xy = \frac{S}{2\pi},$$

$$V = \pi x^2 y = \pi x\left(\frac{S}{2\pi}-x^2\right) \qquad (1)$$

がなりたつ. そこで

$$f(x) = x\left(\frac{S}{2\pi}-x^2\right)$$

とおく. ただし, $0<x<\sqrt{\dfrac{S}{2\pi}}$.

$$f'(x) = \dfrac{S}{2\pi} - 3x^2 = 3\Bigl(\sqrt{\dfrac{S}{6\pi}} - x\Bigr)\Bigl(\sqrt{\dfrac{S}{6\pi}} + x\Bigr).$$

x	(0)	$\cdots$	$\sqrt{\dfrac{S}{6\pi}}$	$\cdots$	$\sqrt{\dfrac{S}{2\pi}}$
$f'(x)$		+	0	−	
$f(x)$	(0)	↗		↘	(0)

表より, $x = \sqrt{\dfrac{S}{6\pi}}$ のとき $f(x)$ は最大となり, したがって V も最大となる.

このとき(1)式は,

$$V = \pi \dfrac{S}{6\pi} \cdot y = \pi \sqrt{\dfrac{S}{6\pi}} \Bigl(\dfrac{S}{2\pi} - \dfrac{S}{6\pi}\Bigr).$$

よって,

$$y = 2\sqrt{\dfrac{S}{6\pi}}.$$

求める比は

底面半径 : 高さ $= \sqrt{\dfrac{S}{6\pi}} : 2\sqrt{\dfrac{S}{6\pi}} = 1 : 2.$

6 $y' = (2x^3 - 12x^2 + 18x)' = 6x^2 - 24x + 18 = 6(x-1)(x-3).$

x	0	$\cdots$	1	$\cdots$	3	$\cdots$	4
y'		+	0	−	0	+	
y	0	↗	8	↘	0	↗	8

表より, $0 \leq x \leq 4$ では時刻1秒後, 4秒後のとき原点からもっとも遠くはなれ, その距離は 8 cm である.

7 $f(x) = x^3 - 8x^2 + 16x$ とおくと,
$$f'(x) = 3x^2 - 16x + 16 = (3x-4)(x-4).$$

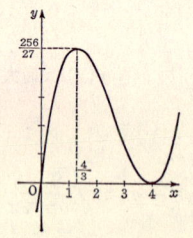

x	$\cdots$	$\dfrac{4}{3}$	$\cdots$	4	$\cdots$
$f'(x)$	$+$	0	$-$	0	$+$
$f(x)$	↗	$\dfrac{256}{27}$	↘	0	↗

方程式 $x^3 - 8x^2 + 16x - k = 0$,すなわち $f(x) = k$ は,
$$0 < k < \frac{256}{27}$$
のとき,異なる3実根をもつ.

8 $f(x) = ax(x-4)^2 = ax^3 - 8ax^2 + 16ax.$
であるから,
$$f'(x) = 3ax^2 - 16ax + 16a = a(3x-4)(x-4).$$
$a > 0$ だから,

x	$\cdots$	$\dfrac{4}{3}$	$\cdots$	4	$\cdots$
$f'(x)$	$+$	0	$-$	0	$+$
$f(x)$	↗	極大	↘	極小 0	↗

表より，極小値は $f(4)=0$ となる．

極大値は，

$$f\left(\frac{4}{3}\right) = \frac{4}{3}a\left(\frac{4}{3}-4\right)^2 = \frac{256}{27}a.$$

これが 16 に等しいとすると，

$$\frac{256}{27}a = 16,$$

$$a = \frac{27}{16}.$$

9 $f'(x)=2x^2-5x+2$ より，

$$f(x) = \frac{2}{3}x^3 - \frac{5}{2}x^2 + 2x + c.$$

$f(0)=0$ だから，$c=0$.

よって，

$$f(x) = \frac{2}{3}x^3 - \frac{5}{2}x^2 + 2x.$$

さて，

$$f'(x) = 2x^2 - 5x + 2 = (2x-1)(x-2).$$

であるから，

x	$\cdots$	$\frac{1}{2}$	$\cdots$	2	$\cdots$
$f'(x)$	$+$	0	$-$	0	$+$
$f(x)$	↗	$\frac{11}{24}$	↘	$-\frac{2}{3}$	↗

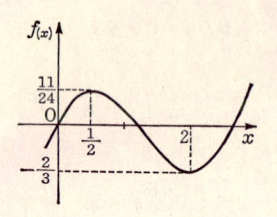

したがって，グラフは上のようになる．

10　$F'(x)=2x^2-x-3$ より，

$$F(x) = \frac{2}{3}x^3 - \frac{1}{2}x^2 - 3x + c.$$

$F(0) = 1$ より，$c = 1$.

よって，

$$F(x) = \frac{2}{3}x^3 - \frac{1}{2}x^2 - 3x + 1.$$

ところで，

$$F'(x) = 2x^2 - x - 3 = (2x-3)(x+1).$$

x	$\cdots$	-1	$\cdots$	$\dfrac{3}{2}$	$\cdots$
$F'(x)$	$+$	0	$-$	0	$+$
$F(x)$	↗	$\dfrac{17}{6}$	↘	$-\dfrac{19}{8}$	↗

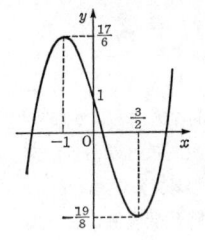

これから，グラフは上のようになる．

3　授業の実際

本書では，微分法の導入について1次関数による近似を前面に出していて，伝統的な方法とはかなり異なっている．

そこで，「2.1.2　1次関数へのおきかえ」の項を中心に，授業の実際について少し考えてみよう．

前出の総説の授業時数配当例において，一応の時間配分は示してあるものの，本書にそってすすむ場合，
(1) 1次関数そのものについての理解
(2) 「1当たりの量」についての理解
などを，どこまで前提にできるかが大きな問題になってくる．そしてそのことのために一定の時間をもさきながら授業をすすめなければならないことも十分考えられる．

そこで，そのような場合，つぎのようにしてみてはどうか．

水のたまる速さをくらべる

つぎの水そう A〜F に水を注ぎ，水の量の変化を観察したら，下のようになった．水の注ぎ方が一様であるとして，水のたまる速さをくらべてみよう．

A ; はじめ —— 5分後　　B ; はじめ —— 5分後
　　6^l —— 31^l　　　　　　9^l —— 39^l
C ; はじめ —— 8分後　　D ; はじめ —— 6分後
　　7^l —— 55^l　　　　　　5^l —— 53^l
E ; はじめ —— 10分後　F ; はじめ —— 7分後
　　8^l —— 78^l　　　　　　4^l —— 67^l

A と B は，時間が同じで水の変化量が違う．C と D は，水の変化量が同じで時間が違う．E と F は，時間も水の変化量も違

う．

これらの比較を通して，1分当たりの水の量の増加に注目すればよいことに気づかせる．計算してみると

A では，$5^{l/分}$,　　　　B では，$6^{l/分}$,
C では，$6^{l/分}$,　　　　D では，$8^{l/分}$,
E では，$7^{l/分}$,　　　　F では，$9^{l/分}$

となっていて，F について水のたまる速さが一番速いことがわかる．

x 分後の水の量を求める

ここでは，

(あとの水の量) = (はじめの水の量) + (水のたまる速さ) × (時間)

をしっかりおさえ，使えるようにする．これは，第3章へつながって，

$$F(b) = F(a) + \int_a^b f(x)dx$$

の型の式に発展することである．

さらに，x 分後の水の量 y^l を考えることによって，

A では，　　$y = 6 + 5x$,
B では，　　$y = 9 + 6x$,
C では，　　$y = 7 + 6x$,
D では，　　$y = 5 + 8x$,
E では，　　$y = 8 + 7x$,
F では，　　$y = 4 + 9x$.

となる．

グラフをかく

A〜Fの6つの1次関数のグラフをかく．そのさい，横軸の変数とたて軸の変数が違った量を表しているのだから，横軸の1とたて軸の1が同じである必要はないことに注意し，見やすいグラフにする．

さて，ここでの問題は

(1) 水のたまる速さがグラフの上では，「傾き」になって表されること，すなわち横に1すすんだときのたての変位を示す矢線で表されること（図1）

であり，もう1つ，x, yの増分をそれぞれΔx, Δyとするとき，

(2) どこを基点にとっても，また，Δxをいくらにとっても，ΔyはΔxに比例するということ（図2）

である．

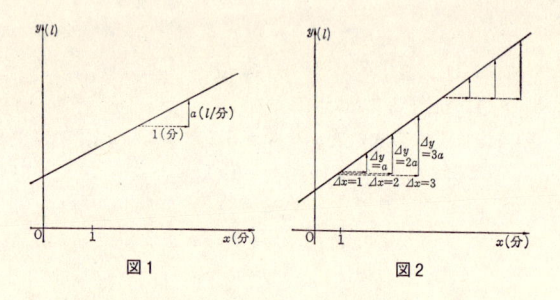

図1　　　　　　　　　　図2

この(1)と(2)，すなわち

変化率 ⟷ 1当りの量 ⟷ 傾き

という関係をしっかりおさえておく必要がある．

そのさい，どのような量を用いるのがよいか，それは実践的検討の課題である．速度をとりあげるにしても，上のような蓄

積量がよいのか，動点の運動の速さがよいのか，あるいはまた，速度ではなしに，坂道の傾きなど，種々の勾配がよいのか，実践検討に待たなければならない．これらの点については，たとえば，銀林浩『量の世界』（麦書房，1975）が参考になる．

曲がっていてもまっすぐ

教科書 60 ページでは，「曲線も，非常に小さい一部をとってみれば直線とみることができる．関数のグラフも，非常に小さい一部をとってみれば，直線，すなわち，1 次関数のグラフとみなすことができる」となっている．この部分についてである．

これには，いろいろなアイディアがある．

(1) 水泳の選手の A 君は，ある日つぎのようなことを思いついた．

「地球はまるい．したがって，プールの水面もまるい．だから極端に書くと，図のようになっているはずだ．すると，プールのはしからはしまでいくのに，ほんのちょっとだけもぐっていくと，少し短くなるから，ほんのちょっとはやくつくはずだ．一体どのくらいもぐればよいだろう？」

地球を半径 6400 km の球とみなして，A 君におしえてあげよう．

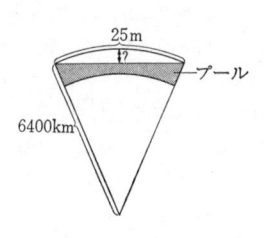

これは，まず予想を出させておいてから答を示すとよい．生徒としては，ピタゴラスの定理と開平計算によるしかなく，$4096 \times 10^{13} - 156.25$ の開平をしなくてはならない大変な計算であるが，教師側は，

$$1 - \cos\theta \fallingdotseq \frac{1}{2}\theta^2$$

によって近似計算をすればよい．どのくらいになるか，求めてみられるのも一興であろう．

(2) 半径 10 m の円周の一部を示して直線に見えるか，と問う．

ある先生のプリントをみたら，

―――――――――――

「図の2つの線の一方は直線の一部であり，もう一方は半径 10 m の円周の一部である．どちらがどちらだろうか」
というのがあった．その先生によく聞いたら，どちらも定規でひいた線分（つまり，一方が半径 10 m の円周の一部というのはウソ）だけれど，生徒は十分エキサイトするということであった．

(3) 曲線をスリットからのぞく．

厚紙（方眼の入った工作用紙がよい）を長方形に切り，それにカッターで図のような寸法の穴をあけてスリットをつくる．

方眼紙に座標軸をとり，フリーハンドで曲線をかく．図の AB が横軸に，AD がたて軸に平行になるようにして，切りぬいたすきまからこの曲線をのぞく．曲がって見えるだろうか．まっすぐ見えるだろうか．

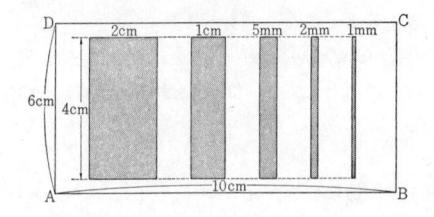

[図: 長方形ABCD。DC=10cm、AD=6cm、内側に4cmの高さの帯。幅 2cm、1cm、5mm、2mm、1mmの縦帯が並ぶ。AB=10cm]

　この場合，曲線は，つぎに用いる$y=x^2$のグラフであってもよい．

　(4) 一円玉の端を顕微鏡でのぞく．

　これについては，仲本正夫『学力への挑戦』(労働旬報社)にくわしくでている．

　(5) $y=x^2$のグラフをバカていねいにかく．

　電卓と集団作業でやるとよい．

　10 cm×20 cmの方眼紙を1グループについて4～5枚用意する．10 cmの方を横軸，20 cmの方をたて軸に使う．

　まず，1 cmを1として，$y=x^2$のグラフをかく．

　つぎの1枚に，1 cmを0.1として，$0≦x≦1$の範囲で$y=x^2$のグラフをかく．

　つぎの1枚に，1 cmを0.01として，$0.45≦x≦0.55$の範囲で$y=x^2$のグラフをかく．

　つぎの1枚に，1 cmを0.001として，$0.495≦x≦0.505$の範囲で$y=x^2$のグラフをかく．

　以下同様である．0.5を中心にしているのは，このへんが，一見，一番曲がっていると見えるからで，1を中心にしても，他の値を中心にしてももちろんかまわない．

　いずれにしても，横1 cmおきにとった点がみごとに直線上に

ならんで見えるようになるであろう．

以上の(1)〜(5)については，一つか二つ，印象的に軽くとりあげればよい．筆者としては，(3)または(5)と，他に一つでよいと思っている．

$y=x^2$ を1次関数におきかえる

また水そうの中に水を注ぐのだが，こんどは，水の注ぎ方が一様ではなく，水のたまる速さが刻々変わっていく．

はじめから x 分後までにたまった水の量を y^l とするとき，
$$y = x^2$$
になっていたとして，1分後の水のたまる速さを求めてみよう．

ここではすでに，

$y=x^2$ のグラフは，せまい範囲でみれば直線とみなせる

ということが，実感として納得されていなくてはならない．

こんどは，$0.5 \leq x \leq 1.5$ くらいの範囲で，$y=x^2$ のグラフをできるだけ正確にかいたものを用意しておく．

$$x=1 \text{ のとき } y=1$$

であるが，この点の近くで，$y=x^2$ のグラフはどんな直線とみな

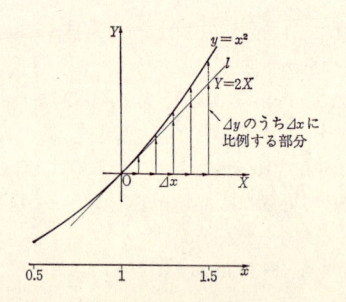

せるかその直線をひいてみよと問えば，大多数の生徒が，接線らしきものをひくであろう．

前ページの図において，

　　$y=x^2$ のグラフのかわりに，直線 l を考える．
　　　　↕
　　関数 $y=x^2$ のかわりに，l が表す1次関数を考える
　　　　↕
　　$x=1$ からの増分 Δx に対応する Δy のうちで，
　　Δx に比例する部分だけをとり出して考える

というつながりをおさえ，

$$傾き＝水のたまる速さ$$

とむすびつける．

これを計算でやってみると

$$\begin{aligned}\Delta y &= (1+\Delta x)^2 - 1\\ &= 1+2\cdot\Delta x+(\Delta x)^2-1\\ &= 2\cdot\Delta x+(\Delta x)^2\end{aligned}$$

であるから，Δx に比例する部分のみをとり出すと

$$\Delta y = 2\cdot\Delta x.$$

つまり，$x=1$ のとき $y=1$ を基点として考えた正比例 $Y=2X$ が直線 l の式であり，

$$\Delta y^{(l)} = 2^{(1/分)} \times \Delta x^{(分)}$$

であるから，1分後の水のたまる速さは $2^{1/分}$ ということになる．

一般に，関数 $y=f(x)$ について，その変化を単純化して Δy のうちから Δx に正比例する部分のみをとり出して考えることが微分するということなのである．

この方法の欠点は，極限のわかりにくさをさけているかわりに，比例定数（上の例では $2^{1/分}$）の意味が間接的になってしまう

ことである．そこで，教科書の「2.1.3 極限」に入って，「2.2.4 いろいろな量の変化率」の内容（とくに"わって1当りの量を求めている"こと）を補いながらすすめていけばよい．

しかし，極限に深入りすることは無用である． 　　　（増島高敬）

第3章 積分 (教科書 p.107〜168)

1 編修にあたって

本書の第3章の特徴はつぎのようなものである．

第一に，「数ⅡB」教科書で主流となっていた「不定積分先行」をやめ，積の発展としての定積分の概念形成を中心にすえたことである．この場合，直前の第2章末で逆微分を扱った中に，速度から位置を求める問題があることも考え，面積を求めることから導入し，その面積を正負の符号のついた「有向面積」と考えることによって，定積分へと一般化した．

式の上では，

$$\lim_{n\to\infty}\sum_{k=1}^{n}f(t_k)\Delta t_k = \int_a^b f(t)dt,$$

直観的には，

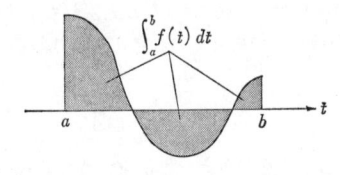

$$\int_a^b f(t)\,dt$$

の両面をしっかりおさえたい．

第二に，ニュートン・ライプニッツの基本定理

$$\frac{d}{dt}\int_a^x f(t)dt = f(x),\quad \int_a^b f(t)dt = \Big[D^{-1}f(t)\Big]_a^b$$

を正面からとりあげたことである。第2章のいろいろな量の変化率の中で,「切り口」型の微分をとりあげたことが, ここにつながってくる。ニュートンの基本定理によって, それぞれ独立な演算だった微分と定積分が互いに逆の演算としてむすびついていることを明らかにしたい.

3.1.6 の不定積分については, 指導要領で取り扱うべき用語となっているからここにとりあげたが, 本書の構成からいえば, 原始関数と定積分で一貫してしまい, 不定積分の用語・記号を用いないですますこともできる.

第三に, 有向面積としての定積分というイメージを活用して, 計算の簡便化のために積分範囲の移動を直観的にとりあげたことである.

これはあくまで, 計算の便利のための直観的な扱いであって, 変数変換としてやろうという趣旨ではないから, 深入りはさけたい. 面積の計算などで, この考えが活用できるよう, 問題にも配慮してある.

第四に, 量と積分 という節を立てて, 速度と変位, 傾きと高度差, 密度と質量 をとりあげたことである. 別に, 物理的化学的応用のみが微積分の価値であると主張したいわけではないが, "使える微積分" でありたいと考えたのである.

この場合,

$$\int_a^b f(t)dt \;\; と, \;\; f(t_k)\Delta t_k$$

が同じ量になることをおさえ, 単位を含めて立式ができるように注意したい.

(増島高敬)

2 解説と展開

3.1 積分の概念 (p.108〜124)

A 留意点

ここでは,面積を素材に,積の一般化として定積分の定義をすること,それが微分の逆の計算であること,したがって,定積分が原始関数の差として求められることである.ただし,定積分は面積であるといっても,正・負の符号のついた有向面積であり,それはまた,なんらかの量を表すものでもあることに注意したい.なお,「3.1.6 不定積分」は,「2.3.3 原始関数」で事実上終っているから,不定積分の用語と記号を使わないと割りきれば省略できる.

B 問題解説

p.108 (3.1.1)

問1 略

p.110

問2 $0 \leq t \leq 1$ を n 等分すると,左から k 番目の分点は $t = \dfrac{k}{n}$ で,この点では $y = \left(\dfrac{k}{n}\right)^3$ であるから,対応する長方形の面積は,$\left(\dfrac{k}{n}\right)^3 \cdot \dfrac{1}{n}$ である.ただし,$k=n$ のときの分点は,$t=1$ と考える.

この面積を $k=1$ から $k=n$ まで加えると,

$$\sum_{k=1}^{n}\left(\frac{k}{n}\right)^3 \cdot \frac{1}{n} = \frac{1}{n^4}\sum_{k=1}^{n}k^3$$
$$= \frac{1}{n^4}\times\left(\frac{n(n+1)}{2}\right)^2 = \frac{1}{4}+\frac{1}{2n}+\frac{1}{4n^2}.$$

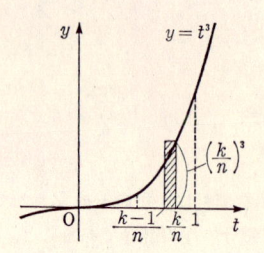

そこで, $n \to \infty$ とすると,

$$\frac{1}{4} + \frac{1}{2n} + \frac{1}{4n^2} \to \frac{1}{4}$$

だから, 求める面積は $\frac{1}{4}$ となる.

p.116 (3.1.3)

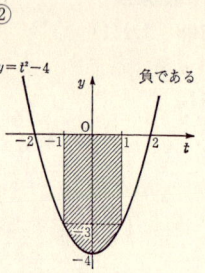

問1 ① 正である ② 負である ③ 正である

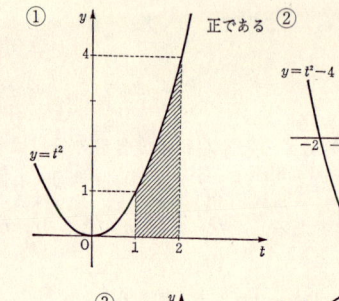

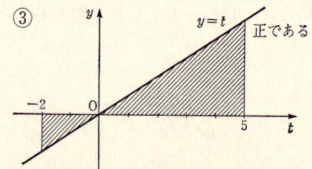

問 2 ① $\dfrac{15}{4} = \int_{-1}^{2}\left(\dfrac{1}{2}t+1\right)dt$

② $2 = \int_{-1}^{3}\left(t-\dfrac{1}{2}\right)dt$

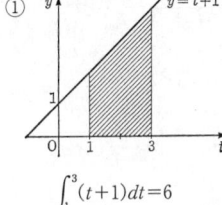

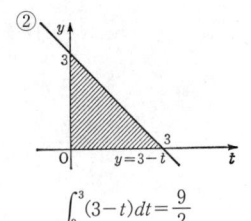

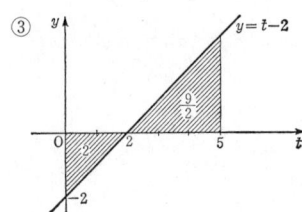

問 3 ①

$\int_{1}^{3}(t+1)dt = 6$

②

$\int_{0}^{3}(3-t)dt = \dfrac{9}{2}$

③

$\int_{0}^{5}(t-2)dt = \dfrac{5}{2}$

p. 118 (3.1.4)

問 $F(x) = \int_{a}^{x} t\,dt$ とおくと,

$$F(x+\Delta x) - F(x) = \int_{x}^{x+\Delta x} t\,dt$$
$$= \dfrac{1}{2} \times \Delta x \times \{x + (x+\Delta x)\}$$
$$= x\Delta x + \dfrac{1}{2}(\Delta x)^2.$$

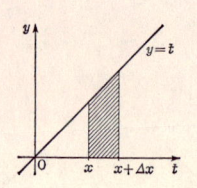

そこで,
$$\frac{F(x+\Delta x)-F(x)}{\Delta x} = x+\frac{1}{2}\Delta x.$$

$\Delta x \to 0$ とすると,
$$F'(x) = x.$$

〈別解〉 $\int_a^x t\,dt = \frac{1}{2} \times (x-a) \times (x+a) = \frac{1}{2}(x^2-a^2)$

となるから,
$$\left(\int_a^x t\,dt\right)' = \left\{\frac{1}{2}(x^2-a^2)\right\}' = x.$$

p. 121 (3.1.5)

問 ① $\int_1^3 3x^2\,dx = \Big[x^3\Big]_1^3 = 26$

② $\int_2^5 x^2\,dx = \Big[\frac{1}{3}x^3\Big]_2^5 = 39$

③ $\int_{-2}^1 2x\,dx = \Big[x^2\Big]_{-2}^1 = -3$

p. 123 (3.1.6)

問1 ① $\int (x^2+2x+3)dx = \frac{1}{3}x^3+x^2+3x+c.$

② $\int \left(\frac{3}{7}x^2-\frac{4}{5}x-1\right)dx$

$$= \frac{3}{7} \times \frac{1}{3}x^3 - \frac{4}{5} \times \frac{1}{2}x^2 - x + c$$

$$= \frac{1}{7}x^3 - \frac{2}{5}x^2 - x + c.$$

③ $\int (3x^2-4)dx = x^3-4x+c.$

問2 ① $(x+2)(x+3) = x^2+5x+6$ であるから,

$$\int (x+2)(x+3)dx = \int (x^2+5x+6)dx$$

$$= \frac{1}{3}x^3 + \frac{5}{2}x^2 + 6x + c.$$

② $\int x^2(1-2x)dx = \int (x^2-2x^3)dx$

$$= \frac{1}{3}x^3 - \frac{1}{2}x^4 + c.$$

③ $\int (2x+1)(3x+2)dx = \int (6x^2+7x+2)dx$

$$= 2x^3 + \frac{7}{2}x^2 + 2x + c.$$

p. 124

問3 $\int (2x^3-3x^2-2x)dx = \frac{1}{2}x^4 - x^3 - x^2 + c$ であるから,

$$\int_{-1}^{3} (2x^3-3x^2-2x)dx = \left[\frac{1}{2}x^4 - x^3 - x^2 + c\right]_{-1}^{3} = 4.$$

p. 124

練習問題

1 (1) 図の斜線部分の面積を求めることにより

$$\int_{1}^{4} (2x+3)dx = 24$$

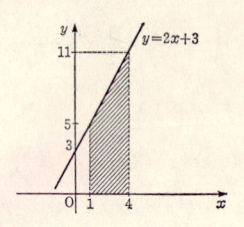

(2) $\int_1^4 (2x+3)dx = \left[x^2+3x\right]_1^4 = 24.$

2 (1) $\left(\dfrac{x^4}{4}-x^3-x^2-x+c\right)' = x^3-3x^2-2x-1.$

(2) $\int (x^3-3x^2-2x-1)dx$

$= \dfrac{1}{4}x^4 - 3\times\dfrac{1}{3}x^3 - 2\times\dfrac{1}{2}x^2 - x + c$

$= \dfrac{1}{4}x^4 - x^3 - x^2 - x + c.$

3 $\left(\dfrac{x^3}{3}-\dfrac{x^2}{2}+5x+c\right)' = x^2-x+5$ であるから,

$$\int (x^2-x+5)dx = \dfrac{x^3}{3}-\dfrac{x^2}{2}+5x+c.$$

そこで,

$$\int_{-1}^2 (x^2-x+5)dx = \left[\dfrac{x^3}{3}-\dfrac{x^2}{2}+5x+c\right]_{-1}^2 = \dfrac{33}{2}.$$

3.2 定積分の性質と計算 (教科書 p.125〜139)

A 留意点

定積分の計算が, 線型性にもとづいて項別にできることが最

低の獲得目標である．その上で，計算の簡便法として，変数変換としてではなく図形的意味から，積分範囲の移動を考える．

B 問題解説

p. 129 (3.2.1)

問1 ① $\int_0^1 (x^2-3x+4)dx = \left[\frac{1}{3}x^3\right]_0^1 - 3\left[\frac{1}{2}x^2\right]_0^1 + 4\left[x\right]_0^1$

$= \frac{1}{3} - \frac{3}{2} + 4 = \frac{17}{6}.$

② $\int_2^5 (-x^2+x-2)dx = -\left[\frac{1}{3}x^3\right]_2^5 + \left[\frac{1}{2}x^2\right]_2^5 - 2\left[x\right]_2^5$

$= -\frac{125-8}{3} + \frac{25-4}{2} - 2(5-2) = -\frac{69}{2}.$

③ $\int_{-1}^3 \left(\frac{1}{2}x^2 - \frac{1}{3}x + 5\right)dx$

$= \frac{1}{2}\left[\frac{1}{3}x^3\right]_{-1}^3 - \frac{1}{3}\left[\frac{1}{2}x^2\right]_{-1}^3 + 5\left[x\right]_{-1}^3$

$= \frac{27+1}{6} - \frac{9-1}{6} + 5(3+1) = \frac{70}{3}.$

④ $\int_{-2}^3 (x^3 - 2x^2 - 2x + 1)dx$

$= \left[\frac{1}{4}x^4\right]_{-2}^3 - 2\left[\frac{1}{3}x^3\right]_{-2}^3 - \left[x^2\right]_{-2}^3 + \left[x\right]_{-2}^3$

$= \frac{65}{4} - \frac{70}{3} - 5 + 5 = -\frac{85}{12}.$

p. 130

問2 ① $\int_{-\frac{1}{2}}^1 (2x+1)(x-1)dx = \int_{-\frac{1}{2}}^1 (2x^2 - x - 1)dx$

$= 2\left[\frac{1}{3}x^3\right]_{-\frac{1}{2}}^1 - \left[\frac{1}{2}x^2\right]_{-\frac{1}{2}}^1 - \left[x\right]_{-\frac{1}{2}}^1$

$$= \frac{2}{3} \times \frac{9}{8} - \frac{1}{2} \times \frac{3}{4} - \frac{3}{2} = -\frac{9}{8}.$$

② $\displaystyle\int_0^4 (x+2)(x-2)dx = \int_0^4 (x^2-4)dx$

$$= \left[\frac{1}{3}x^3\right]_0^4 - 4\left[x\right]_0^4$$

$$= \frac{1}{3} \times 64 - 4 \times 4 = \frac{16}{3}.$$

③ $\displaystyle\int_0^5 x(x-5)^2 dx = \int_0^5 (x^3 - 10x^2 + 25x)dx$

$$= \left[\frac{1}{4}x^4\right]_0^5 - 10\left[\frac{1}{3}x^3\right]_0^5 + 25\left[\frac{1}{2}x^2\right]_0^5$$

$$= \frac{1}{4} \times 625 - \frac{10}{3} \times 125 + \frac{25}{2} \times 25 = \frac{625}{12}.$$

p. 130

問3 ① $\displaystyle\int_{-\alpha}^{\alpha}(4x^3+3x^2+2x+1)dx$

$$= \left[x^4\right]_{-\alpha}^{\alpha} + \left[x^3\right]_{-\alpha}^{\alpha} + \left[x^2\right]_{-\alpha}^{\alpha} + \left[x\right]_{-\alpha}^{\alpha}$$

$$= 2\alpha^3 + 2\alpha.$$

② $\displaystyle\int_0^{\alpha}(4x^3+3x^2+2x+1)dx$

$$= \left[x^4\right]_0^{\alpha} + \left[x^3\right]_0^{\alpha} + \left[x^2\right]_0^{\alpha} + \left[x\right]_0^{\alpha}$$

$$= \alpha^4 + \alpha^3 + \alpha^2 + \alpha.$$

上のことから,

$$\int_{-\alpha}^{\alpha}(4x^3+3x^2+2x+1)dx = 2\int_0^{\alpha}(3x^2+1)dx.$$

一般に,

n が奇数のとき $\displaystyle\int_{-\alpha}^{\alpha} x^n dx = 0$,

n が偶数のとき $\int_{-\alpha}^{\alpha} x^n dx = 2\int_{0}^{\alpha} x^n dx$

となっている．

これを使うと，定積分の計算が簡単になることがある．

p. 131 (3.2.2)

問1 $f(x)$ の原始関数の1つを $F(x)$ とすると，

$$\int_a^p f(x)dx + \int_p^b f(x)dx = \Big[F(x)\Big]_a^p + \Big[F(x)\Big]_p^b$$
$$= F(p) - F(a) + F(b) - F(p)$$
$$= F(b) - F(a)$$
$$= \Big[F(x)\Big]_a^b$$
$$= \int_a^b f(x)dx.$$

問2 $\int_{-1}^{2} f(x)dx = \int_{-1}^{0}(-x)dx + \int_{0}^{2} x^2 dx$
$$= \Big[-\frac{1}{2}x^2\Big]_{-1}^{0} + \Big[\frac{1}{3}x^3\Big]_{0}^{2}$$
$$= \frac{1}{2} + \frac{8}{3} = \frac{19}{6}.$$

p. 133

問3 グラフは下の図のようになるから，

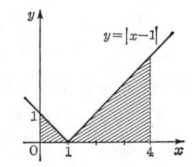

$$\int_0^4 |x-1|dx = \int_0^1 (1-x)dx + \int_1^4 (x-1)dx$$

$$= \left[x - \frac{1}{2}x^2\right]_0^1 + \left[\frac{1}{2}x^2 - x\right]_1^4$$

$$= \left(1 - \frac{1}{2}\right) + \left(\frac{16}{2} - 4\right) - \left(\frac{1}{2} - 1\right) = 5$$

p.135 (3.2.3)

問1 $\int_1^3 (x-1)(3-x)dx = \int_1^3 (-x^2+4x-3)dx$

$$= -\left[\frac{1}{3}x^3\right]_1^3 + 4\left[\frac{1}{2}x^2\right]_1^3 - 3\left[x\right]_1^3$$

$$= -\frac{26}{3} + 16 - 6 = \frac{4}{3}.$$

また,

$$\int_0^2 X(2-X)dX = \int_0^2 (2X - X^2)dX$$

$$= \left[X^2\right]_0^2 - \left[\frac{1}{3}X^3\right]_0^2$$

$$= 4 - \frac{8}{3} = \frac{4}{3}.$$

問2 次ページの図より,

$$\int_1^3 (x-1)(x+2)dx = \int_0^2 X(X+3)dX$$

は明らかだが,これをもし,式変形で示すとすれば,

$$X = x-1$$

とおくと,

$$x+2 = (x-1)+3 = X+3$$

となり,$1 \leq x \leq 3$ は $0 \leq X \leq 2$ になるから,はじめの式のようになる.

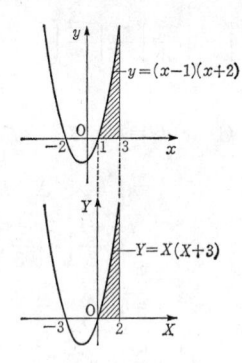

2 解説と展開

求める定積分は，
$$\int_0^2 X(X+3)dX = \int_0^2 (X^2+3X)dX$$
$$= \left[\frac{1}{3}X^3\right]_0^2 + 3\left[\frac{1}{2}X^2\right]_0^2 = \frac{26}{3}.$$

問3 ① $\int_2^3 (x-2)(x-3)dx = \int_0^1 X(X-1)dX$
$$= \int_0^1 (X^2-X)dX$$
$$= \left[\frac{X^3}{3}\right]_0^1 - \left[\frac{X^2}{2}\right]_0^1$$
$$= \frac{1}{3} - \frac{1}{2} = -\frac{1}{6}.$$

② $\int_1^3 (x-1)(x-2)(x-3)dx$
$$= \int_0^2 X(X-1)(X-2)dX$$
$$= \int_0^2 (X^3-3X^2+2X)dX$$

$$=\left[\frac{X^4}{4}\right]_0^2 - 3\left[\frac{X^3}{3}\right]_0^2 + 2\left[\frac{X^2}{2}\right]_0^2$$
$$= 4 - 8 + 4 = 0.$$

③ $\displaystyle\int_{-2}^{0}(x+2)(1-x)dx = \int_{0}^{2}X(3-X)dX$
$$= \int_{0}^{2}(3X - X^2)dX$$
$$= 3\left[\frac{X^2}{2}\right]_0^2 - \left[\frac{X^3}{3}\right]_0^2$$
$$= 6 - \frac{8}{3} = \frac{10}{3}.$$

問4 $\left\langle \displaystyle\int_{\alpha}^{\beta}(x-\alpha)dx = \frac{(\beta-\alpha)^2}{2} \text{ の場合}\right\rangle$

① $\displaystyle\int_{\alpha}^{\beta}(x-\alpha)dx = \int_{0}^{\beta-\alpha}X\,dX$
$$= \left[\frac{1}{2}X^2\right]_0^{\beta-\alpha}$$
$$= \frac{1}{2}(\beta-\alpha)^2.$$

② $\displaystyle\int_{\alpha}^{\beta}(x-\alpha)dx = \left[\frac{x^2}{2}\right]_{\alpha}^{\beta} - \alpha\left[x\right]_{\alpha}^{\beta}$
$$= \frac{1}{2}(\beta^2 - \alpha^2) - (\alpha\beta - \alpha^2)$$
$$= \frac{1}{2}(\beta^2 - 2\alpha\beta + \alpha^2)$$
$$= \frac{1}{2}(\beta - \alpha)^2.$$

$\left\langle \displaystyle\int_{\alpha}^{\beta}(x-\alpha)^2 dx = \frac{(\beta-\alpha)^3}{3} \text{ の場合}\right\rangle$

① $\displaystyle\int_{\alpha}^{\beta}(x-\alpha)^2 dx = \int_{0}^{\beta-\alpha}X^2\,dX$

$$=\left[\frac{1}{3}X^3\right]_0^{\beta-\alpha}$$
$$=\frac{1}{3}(\beta-\alpha)^3.$$

② $\int_\alpha^\beta (x-\alpha)^2\,dx = \int_\alpha^\beta (x^2-2\alpha x+\alpha^2)dx$
$$=\left[\frac{1}{3}x^3\right]_\alpha^\beta - \alpha\left[x^2\right]_\alpha^\beta + \alpha^2\left[x\right]_\alpha^\beta$$
$$=\frac{1}{3}(\beta^3-\alpha^3)-(\alpha\beta^2-\alpha^3)+(\alpha^2\beta-\alpha^3)$$
$$=\frac{1}{3}(\beta^3-3\alpha\beta^2+3\alpha^2\beta-\alpha^3)$$
$$=\frac{1}{3}(\beta-\alpha)^3.$$

p. 136

問 5 $\displaystyle\int_\alpha^\beta (x-\alpha)^3\,dx = \int_0^{\beta-\alpha} X^3\,dX = \left[\frac{1}{4}X^4\right]_0^{\beta-\alpha} = \frac{1}{4}(\beta-\alpha)^4.$

問 6 ① $\displaystyle\int_2^5 (x-2)dx = \int_0^3 X\,dX = \left[\frac{1}{2}X^2\right]_0^3 = \frac{9}{2}.$

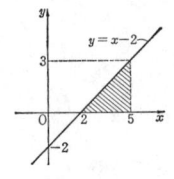

〈別解1〉 $\displaystyle\int_2^5 (x-2)dx = 3\times 3 \times \frac{1}{2}$

〈別解2〉 $\displaystyle\int_2^5 (x-2)dx = \int_2^5 x\,dx - \int_2^5 2\,dx$

$$= \left[\frac{x^2}{2}\right]_2^5 - \left[2x\right]_2^5$$
$$= \frac{25}{2} - \frac{4}{2} - (10-4) = \frac{9}{2}.$$

② $\displaystyle\int_{-3}^{1}(x+3)^2\,dx = \int_0^4 X^2\,dX$
$$= \left[\frac{1}{3}X^3\right]_0^4 = \frac{64}{3}.$$

〈別解〉 つまり，底辺が1辺4の正方形である四角錐の体積である．

よって，
$$\int_{-3}^{1}(x+3)^2\,dx = \frac{1}{3}\times 4^2 \times 4.$$

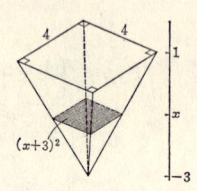

③ $\displaystyle\int_1^{10}(x-1)^3\,dx = \int_0^9 X^3\,dX = \left[\frac{1}{4}X^4\right]_0^9 = \frac{6561}{4}.$

p.138

問7 例1は，

$$\int_2^5 (x-2)(5-x)\,dx$$
$$= \int_2^5 (-x^2 + 7x - 10)\,dx$$
$$= -\left[\frac{1}{3}x^3\right]_2^5 + 7\left[\frac{1}{2}x^2\right]_2^5 - 10\left[x\right]_2^5$$

$$= -\frac{125-8}{3}+7\times\frac{25-4}{2}-10\times(5-2)=\frac{9}{2}.$$

例2は,

$$\int_1^2 (x-1)^2(2-x)dx$$
$$=\int_1^2 (-x^3+4x^2-5x+2)dx$$
$$=-\left[\frac{1}{4}x^4\right]_1^2+4\left[\frac{1}{3}x^3\right]_1^2-5\left[\frac{1}{2}x^2\right]_1^2+2\left[x\right]_1^2$$
$$=-\frac{16-1}{4}+4\times\frac{8-1}{3}-5\times\frac{4-1}{2}+2\times(2-1)=\frac{1}{12}.$$

例3は,

$$\int_{-1}^4 (x+1)(4-x)^2 dx$$
$$=\int_{-1}^4 (x^3-7x^2+8x+16)dx$$
$$=\left[\frac{1}{4}x^4\right]_{-1}^4-7\left[\frac{1}{3}x^3\right]_{-1}^4+8\left[\frac{1}{2}x^2\right]_{-1}^4+16\left[x\right]_{-1}^4$$
$$=\frac{256-1}{4}-7\times\frac{64+1}{3}+8\times\frac{16-1}{2}+16\times(4+1)$$
$$=\frac{625}{12}.$$

問8 ① $X=x+2$ とおくと $\begin{array}{c|c} x & -2\to 1 \\ \hline X & 0\to 3 \end{array}$ より

$$\int_{-2}^1 (x+2)(1-x)dx = \int_0^3 X(3-X)dX$$
$$= \int_0^3 (3X-X^2)dX$$
$$= 3\left[\frac{1}{2}X^2\right]_0^3-\left[\frac{1}{3}X^3\right]_0^3$$

$$= 3 \times \frac{9}{2} - \frac{27}{3} = \frac{9}{2}.$$

② $X=x-3$ とおくと $\begin{array}{c|c} x & 3 \to 5 \\ \hline X & 0 \to 2 \end{array}$ より

$$\int_3^5 (x-3)(5-x)dx = \int_0^2 X(2-X)dX$$

$$= \int_0^2 (2X-X^2)dX$$

$$= \left[X^2\right]_0^2 - \left[\frac{1}{3}X^3\right]_0^2$$

$$= 4 - \frac{8}{3} = \frac{4}{3}.$$

③ $X=x-1$ とおくと $\begin{array}{c|c} x & 1 \to 4 \\ \hline X & 0 \to 3 \end{array}$ より

$$\int_1^4 (x-1)^2(4-x)dx = \int_0^3 X^2(3-X)dX$$

$$= \int_0^3 (3X^2-X^3)dX$$

$$= \left[X^3\right]_0^3 - \left[\frac{1}{4}X^4\right]_0^3$$

$$= 27 - \frac{81}{4} = \frac{27}{4}.$$

④ $X=x+2$ とおくと $\begin{array}{c|c} x & -2 \to 1 \\ \hline X & 0 \to 3 \end{array}$ より

$$\int_{-2}^1 (x+2)(1-x)^2 dx$$

$$= \int_0^3 X(3-X)^2 dX$$

$$= \int_0^3 (9X-6X^2+X^3)dX$$

$$= 9\left[\frac{1}{2}X^2\right]_0^3 - 6\left[\frac{1}{3}X^3\right]_0^3 + \left[\frac{1}{4}X^4\right]_0^3$$

$$= 9 \times \frac{9}{2} - 6 \times \frac{27}{3} + \frac{1}{4} \times 81 = \frac{27}{4}.$$

問 9 $\displaystyle\int_{\frac{1}{2}}^{2}(-2x^2+5x-2)dx = 2\int_{\frac{1}{2}}^{2}\left(x-\frac{1}{2}\right)(2-x)dx$

$$= 2\int_0^{\frac{3}{2}} X\left(\frac{3}{2}-X\right)dX$$

$$= 2\int_0^{\frac{3}{2}} \left(\frac{3}{2}X - X^2\right)dX$$

$$= 2 \times \left\{\frac{3}{2}\left[\frac{1}{2}X^2\right]_0^{\frac{3}{2}} - \left[\frac{1}{3}X^3\right]_0^{\frac{3}{2}}\right\}$$

$$= 2 \times \left(\frac{3}{2} \times \frac{1}{2} \times \frac{9}{4} - \frac{1}{3} \times \frac{27}{8}\right) = \frac{9}{8}.$$

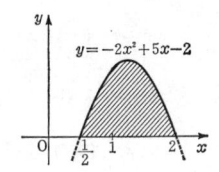

p. 138
練習問題

1 (1) $\displaystyle\int_{-1}^{3}(x+1)(3-x)dx = \int_0^4 X(4-X)dX$

$$= \int_0^4 (4X - X^2)dX$$

$$= 2\left[X^2\right]_0^4 - \left[\frac{1}{3}X^3\right]_0^4$$

$$=2\times16-\frac{64}{3}=\frac{32}{3}.$$

〈別解〉 $X=x-1$ とおくと,
$$\int_{-1}^{3}(x+1)(3-x)dx = \int_{-2}^{2}(X+2)(2-X)dX$$
$$=2\int_{0}^{2}(4-X^2)dX$$
$$=2\Big[4X-\frac{X^3}{3}\Big]_{0}^{2} = \frac{32}{3}.$$

(2) $\displaystyle\int_{\frac{2}{3}}^{2}(3x-2)(2-x)dx = 3\int_{0}^{\frac{4}{3}}X\Big(\frac{4}{3}-X\Big)dX$

$$=3\int_{0}^{\frac{4}{3}}\Big(\frac{4}{3}X-X^2\Big)dX$$
$$=3\times\Big\{\frac{2}{3}\Big[X^2\Big]_{0}^{\frac{4}{3}}-\Big[\frac{1}{3}X^3\Big]_{0}^{\frac{4}{3}}\Big\}$$
$$=3\times\Big(\frac{2}{3}\times\frac{16}{9}-\frac{1}{3}\times\frac{64}{27}\Big)=\frac{32}{27}.$$

(3) $\displaystyle\int_{-1}^{2}(x+1)(2-x)^2\,dx = \int_{0}^{3}X(3-X)^2\,dX$

$$=\int_{0}^{3}(9X-6X^2+X^3)dX$$
$$=9\Big[\frac{1}{2}X^2\Big]_{0}^{3}-2\Big[X^3\Big]_{0}^{3}+\Big[\frac{1}{4}X^4\Big]_{0}^{3}$$
$$=9\times\frac{9}{2}-2\times27+\frac{1}{4}\times81=\frac{27}{4}.$$

〈別解〉 $X=x-2$ とおくと,
$$\int_{-1}^{2}(x+1)(2-x)^2\,dx = \int_{-3}^{0}(X+3)(-X)^2\,dX$$
$$=\int_{-3}^{0}(X^3+3X^2)dX$$

$$= \left[\frac{X^4}{4} + X^3\right]_{-3}^{0}$$

$$= 27 - \frac{81}{4} = \frac{27}{4}.$$

2 $\int_{-\frac{1}{3}}^{\frac{1}{2}}(-6x^2+x+1)dx = 6\int_{-\frac{1}{3}}^{\frac{1}{2}}\left(x+\frac{1}{3}\right)\left(\frac{1}{2}-x\right)dx$

$$= 6\int_{0}^{\frac{5}{6}} X\left(\frac{5}{6}-X\right)dX$$

$$= 6\int_{0}^{\frac{5}{6}} \left(\frac{5}{6}X - X^2\right)dX$$

$$= 6 \times \left\{\frac{5}{6}\left[\frac{1}{2}X^2\right]_0^{\frac{5}{6}} - \left[\frac{1}{3}X^3\right]_0^{\frac{5}{6}}\right\}$$

$$= 6 \times \left(\frac{5}{6} \times \frac{1}{2} \times \frac{25}{36} - \frac{1}{3} \times \frac{125}{216}\right)$$

$$= \frac{125}{216}.$$

3 $\int_{\alpha}^{\beta}(x-\alpha)(\beta-x)dx = \int_{0}^{\beta-\alpha} X\{(\beta-\alpha)-X\}dX$

$$= \int_{0}^{\beta-\alpha} \{(\beta-\alpha)X - X^2\}dX$$

$$= (\beta-\alpha)\left[\frac{1}{2}X^2\right]_0^{\beta-\alpha} - \left[\frac{1}{3}X^3\right]_0^{\beta-\alpha}$$

$$= (\beta-\alpha) \times \frac{1}{2}(\beta-\alpha)^2 - \frac{1}{3}(\beta-\alpha)^3$$

$$= \frac{1}{6}(\beta-\alpha)^3.$$

4 (1) $\int_{0}^{c} X^2(c-X)^2 dX = \int_{0}^{c}(c^2X^2 - 2cX^3 + X^4)dX$

$$= c^2\left[\frac{1}{3}X^3\right]_0^c - 2c\left[\frac{1}{4}X^4\right]_0^c + \left[\frac{1}{5}X^5\right]_0^c$$

$$= c^2 \times \frac{1}{3}c^3 - 2c \times \frac{1}{4}c^4 + \frac{1}{5}c^5$$
$$= c^5\left(\frac{1}{3} - \frac{1}{2} + \frac{1}{5}\right) = \frac{1}{30}c^5.$$

(2) $\displaystyle\int_1^3 (x-1)^2(3-x)^2\,dx = \int_0^2 X^2(2-X)^2\,dX$

となり，(1) の $c=2$ の場合になるから，
$$\int_1^3 (x-1)^2(3-x)^2\,dx = \frac{1}{30} \times 2^5 = \frac{16}{15}.$$

3.3 面積と体積（教科書 p.140〜152）

A 留意点

原則として，3.2 で学んだ積分範囲の移動を用いれば簡単になるものをとりあげているが，もちろん，展開して項別に積分してもよい．

B 問題解説

p.141 (3.3.1)

問 1 $\displaystyle\int_1^2 \{x^2 - (2x-3)\}dx = \int_1^2 (x^2 - 2x + 3)dx.$

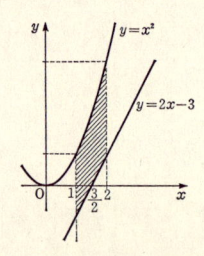

$$=\left[\frac{x^3}{3}\right]_1^2-\left[x^2\right]_1^2+3\left[x\right]_1^2$$
$$=\frac{7}{3}.$$

p. 144

問2 $2x+3=x^2$ とおくと,
$$x^2-2x-3=0,$$
$$(x+1)(x-3)=0$$
となる. $x=-1, 3$ となることに注意して, 面積を求める.
$$\int_{-1}^3\{(2x+3)-x^2\}dx = \int_{-1}^3(-x^2+2x+3)dx$$
$$= \int_{-1}^3(x+1)(3-x)dx$$
$$= \int_0^4 X(4-X)dX=\frac{32}{3}.$$

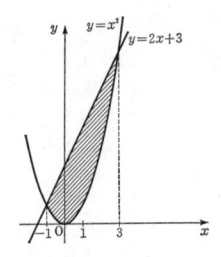

問3 $-2x^2+2x=x^2-1$ とおくと,
$$3x^2-2x-1=0,$$
$$(3x+1)(x-1)=0$$
となるから, $x=-\frac{1}{3}, 1$.

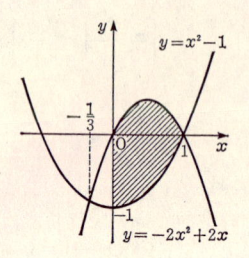

2つの曲線は上の図のようになっているから、両者に囲まれた部分の面積は、

$$\int_{-\frac{1}{3}}^{1}\{(-2x^2+2x)-(x^2-1)\}dx = \int_{-\frac{1}{3}}^{1}(-3x^2+2x+1)dx$$

$$= 3\int_{-\frac{1}{3}}^{1}\left(x+\frac{1}{3}\right)(1-x)dx$$

$$= 3\int_{0}^{\frac{4}{3}}X\left(\frac{4}{3}-X\right)dX = \frac{32}{27}.$$

p. 145

問4 曲線 $y=x^3$ の点 $(-2, -8)$ における接線は、

$$y-(-8) = 3\times(-2)^2\{x-(-2)\}$$

すなわち

$$y = 12x+16.$$

$x^3=12x+16$ とおくと、

$$(x+2)^2(x-4) = 0$$

より、$x=-2, 4$ となる。

求める面積は、

$$\int_{-2}^{4}\{(12x+16)-x^3\}dx = \int_{-2}^{4}(x+2)^2(4-x)dx$$

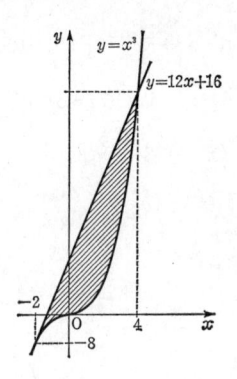

$$= \int_0^6 X^2(6-X)dX = 108.$$

p. 146

問 5　$-x^3+5x^2-5x+2=2x-1$ とおくと,
$$x^3-5x^2+7x-3 = 0,$$
$$(x-1)^2(x-3) = 0$$

となるので，この領域は下の図のようになっている．

　求める面積は，

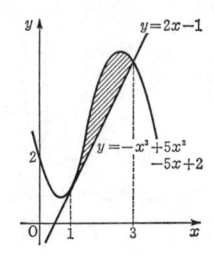

$$\int_1^3 \{(-x^3+5x^2-5x+2)-(2x-1)\}dx$$
$$=\int_1^3 (-x^3+5x^2-7x+3)dx$$
$$=\int_1^3 (x-1)^2(3-x)dx$$
$$=\int_0^2 X^2(2-X)dX = \frac{4}{3}.$$

問6 ① $x^2=-2x$ とおくと,
$$x^2+2x=0,$$
$$x=-2, 0$$
となるから,
$$\int_{-2}^0 (-2x-x^2)dx = \int_{-2}^0 -x(x+2)dx$$
$$=\int_0^2 X(2-X)dX = \frac{4}{3}.$$

② $\frac{1}{2}x^2+1=x^2-1$ とおくと,
$$\frac{1}{2}x^2 = 2.$$
$x=\pm 2$ となるから,
$$\int_{-2}^2 \left\{\left(\frac{1}{2}x^2+1\right)-(x^2-1)\right\}dx = \int_{-2}^2 \left(-\frac{1}{2}x^2+2\right)dx$$
$$=\frac{1}{2}\int_{-2}^2 (x+2)(2-x)dx$$
$$=\frac{1}{2}\int_0^4 X(4-X)dX = \frac{16}{3}.$$

③ $-x^2+2x+2=0$ とおくと,
$$x^2-2x-2=0,$$
$$x=1\pm\sqrt{3}$$

となるので,
$$\int_{1-\sqrt{3}}^{1+\sqrt{3}}(-x^2+2x+2)dx$$
$$=\int_{1-\sqrt{3}}^{1+\sqrt{3}}\{x-(1-\sqrt{3})\}\{(1+\sqrt{3})-x\}dx$$
$$=\int_0^{2\sqrt{3}}X(2\sqrt{3}-X)dX=4\sqrt{3}.$$

④ $x^3=\dfrac{3}{2}x^2-\dfrac{1}{2}$ とおくと,
$$2x^3-3x^2+1=0,$$
$$(2x+1)(x-1)^2=0$$
となり, $x=-\dfrac{1}{2}$, 1 となる.
$$\int_{-\frac{1}{2}}^{1}\left\{x^3-\left(\dfrac{3}{2}x^2-\dfrac{1}{2}\right)\right\}dx=\int_{-\frac{1}{2}}^{1}\left(x+\dfrac{1}{2}\right)(1-x)^2\,dx$$
$$=\int_0^{\frac{3}{2}}X\left(\dfrac{3}{2}-X\right)^2 dX=\dfrac{27}{64}.$$

p. 149 (3.3.2)

問1 直円錐の場合, 下の図で, 高さ z のところでの切り口の円の半径を r とすると,
$$r=\dfrac{z}{h}a$$

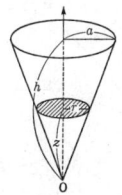

であるから，この切り口の円の面積 $f(z)$ は，
$$f(z) = \pi\left(\frac{z}{h}a\right)^2 = \frac{\pi a^2}{h^2} \cdot z^2.$$

よって，直円錐の体積は，
$$\int_0^h \frac{\pi a^2}{h^2} z^2 \, dz = \frac{\pi a^2}{h^2} \left[\frac{1}{3} z^3\right]_0^h = \frac{\pi a^2}{h^2} \times \frac{1}{3} h^3 = \frac{1}{3} \pi a^2 h.$$

ここで，πa^2 は底面積であるから，(2)はなりたっている．四角錐のときも同様である．

〈別解〉 底面積 S の錐体では，相似形の性質から，
$$f(z) = \left(\frac{z}{h}\right)^2 S$$

となる．従って，体積は
$$\int_0^h \left(\frac{z}{h}\right)^2 S \, dz = \frac{1}{3} Sh$$

となる．そこで $S = \pi a^2$, $S = a^2$ などとすればよい．

問2 図で，OR $= x$ とすると，
$$\mathrm{OR}^2 + \mathrm{RQ}^2 = \mathrm{OQ}^2$$

で，OQ $= 10$ cm であるから，
$$\mathrm{RQ} = \sqrt{10^2 - x^2} = \sqrt{100 - x^2} \ (\mathrm{cm})$$
$$\triangle \mathrm{PQR} = \frac{1}{2} \times \sqrt{100 - x^2} \times \sqrt{100 - x^2}$$

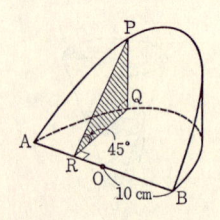

$$= \frac{1}{2}(100-x^2) \ (\text{cm}^2)$$

よって，求める体積は，

$$2\int_0^{10} \frac{1}{2}(100-x^2)dx = \int_0^{10}(100-x^2)dx$$
$$= \left[100x - \frac{1}{3}x^3\right]_0^{10} = \frac{2000}{3} \ (\text{cm}^3).$$

これは，約 667 cm³ である．

p. 152 (3.3.3)

問 1 図で，高さ z のところでの半径を $g(z)$ とすると，

$$g(z) = \frac{z}{h}a.$$

よって，求める体積は

$$\int_0^h \pi\left(\frac{z}{h}a\right)^2 dz = \frac{\pi a^2}{h^2}\int_0^h z^2\, dz$$
$$= \frac{\pi a^2}{h^2} \times \left[\frac{1}{3}z^3\right]_0^h$$
$$= \frac{\pi a^2}{h^2} \times \frac{1}{3}h^3 = \frac{1}{3}\pi a^2 h.$$

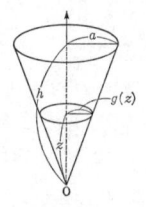

問 2 つぎの図より，y 軸のまわりの回転体の体積は，

$$\int_0^4 \pi x^2\, dy = \int_0^4 \pi y\, dy = \pi\left[\frac{1}{2}y^2\right]_0^4 = 8\pi.$$

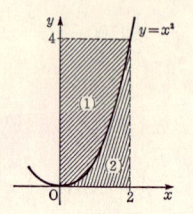

x 軸のまわりの回転体の体積は,

$$\int_0^2 \pi y^2\, dx = \int_0^2 \pi x^4\, dx = \pi \Big[\frac{1}{5}x^5\Big]_0^2 = \frac{32}{5}\pi.$$

また(2)の部分を y 軸のまわりに回転させると考えると,

$$\int_0^4 (\pi\cdot 2^2 - \pi x^2)\, dy = \int_0^4 (4\pi - \pi y)\, dy = \Big[4\pi y - \frac{\pi}{2}y^2\Big]_0^4 = 8\pi.$$

さらに,この回転体は,筒を寄せ集めたと考えると

$$\int_0^2 2\pi x \cdot x^2\, dx = \Big[\frac{1}{2}\pi x^4\Big]_0^2 = 8\pi$$

としても求められる.

p. 152
練習問題

1　① $x^2 = \dfrac{1}{9}(x+4)^2$ とおくと,

$$x^2 - x - 2 = 0,$$
$$(x+1)(x-2) = 0$$

だから,$x = -1,\ 2$.そこで,求める面積は

$$\int_{-1}^{2}\Big\{\frac{1}{9}(x+4)^2 - x^2\Big\}dx = \frac{8}{9}\int_{-1}^{2}(-x^2 + x + 2)dx$$
$$= \frac{8}{9}\int_{-1}^{2}(x+1)(2-x)dx$$

$$= \frac{8}{9}\int_0^3 X(3-X)dX = 4.$$

② $x^3-3x = -\frac{9}{4}x - \frac{1}{4}$ とおくと,

$$4x^3 - 3x + 1 = 0,$$
$$(2x-1)^2(x+1) = 0$$

だから, $x = -1, \frac{1}{2}$. そこで, 求める面積は

$$\int_{-1}^{\frac{1}{2}}\left\{(x^3-3x) - \left(-\frac{9}{4}x - \frac{1}{4}\right)\right\}dx$$

$$= \int_{-1}^{\frac{1}{2}}\left(x^3 - \frac{3}{4}x + \frac{1}{4}\right)dx$$

$$= \int_{-1}^{\frac{1}{2}}(x+1)\left(\frac{1}{2}-x\right)^2 dx$$

$$= \int_0^{\frac{3}{2}} X\left(\frac{3}{2}-X\right)^2 dX = \frac{27}{64}.$$

2 求める体積は, 直線

$$y = a + \frac{b-a}{h}x$$

の, $0 \leq x \leq h$ の部分を x 軸のまわりに回転して得られる曲面でかこまれた体積となるので,

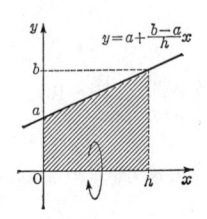

$$\int_0^h \pi\left(a+\frac{b-a}{h}x\right)^2 dx$$

$$= \pi \int_0^h \left\{a^2 + \frac{2a(b-a)}{h}x + \frac{(b-a)^2}{h^2}x^2\right\} dx$$

$$= \pi \left[a^2 x + \frac{a(b-a)}{h}x^2 + \frac{(b-a)^2}{3h^2}x^3\right]_0^h$$

$$= \pi \left\{a^2 h + a(b-a)h + \frac{(b-a)^2}{3}h\right\}$$

$$= \frac{\pi}{3}(a^2 + ab + b^2)h.$$

3 この領域は下の図のようである.そこで,求める体積は,

$$\int_1^3 \pi(-x^2+4x-3)^2 dx$$

$$= \pi \int_1^3 (x-1)^2(3-x)^2 dx$$

$$= \pi \int_0^2 X^2(2-X)^2 dX = \frac{16}{15}\pi.$$

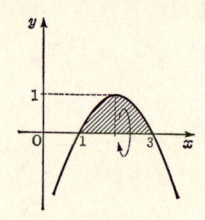

3.4 量と積分 (教科書 p. 153〜161)

A 留意点

時間的に変化する量の総和を求める場合,勾配から量の差を

B 問題解説

p. 154 (3.4.1)

問1 a と b のあいだに分点

$$t_1, t_2, t_3, \cdots, t_n$$

をとり，$b=t_n$ とする．ただし，

$$a<t_1<t_2<t_3<\cdots<t_{n-1}<t_n=b.$$

$$t_1-a=\Delta t_1,\ t_2-t_1=\Delta t_2,\ \cdots,\ t_n-t_{n-1}=\Delta t_n$$

とおいて，

$$f(t_1)\Delta t_1,\ f(t_2)\Delta t_2,\ \cdots,\ f(t_n)\Delta t_n$$

をつくると，これらはそれぞれ，速度×時間だから，Δt_1, Δt_2, $\cdots$, Δt_n の時間内の変位である．

ただし，$f(t)>0$ のときは前進，$f(t)<0$ のときは後退を表す．

そこで，

$$\sum_{k=1}^{n} f(t_k)\Delta t_k$$

は，前進・後退を相殺した $a \leqq t \leqq b$ における変位の近似値

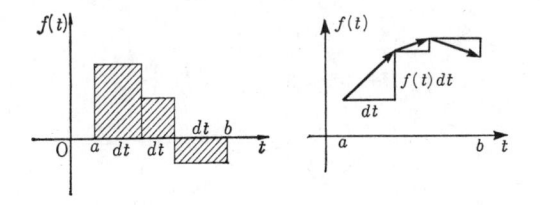

となる.
$$n \to \infty \text{ のとき, } \Delta t_n \to 0$$
とすれば,
$$\sum_{k=1}^{n} f(t_k)\Delta t_k \to \int_a^b f(t)dt$$
となり, これが, $a \leq t \leq b$ における変位となる.

p. 157
問2 出発点に再び達したとき, はじめからの変位は 0 であるから, その時刻を x 秒とすると,
$$\int_0^x (t^2-1)dt = 0$$
である. ただし, $x > 0$.

そこで,
$$\frac{1}{3}x^3 - x = 0,$$
$$x^3 - 3x = 0$$
となるから, $x = \sqrt{3}$ (秒) となる.

問3 t 秒後から $t+\Delta t$ 秒後までに注入される水の量は, 近似的に
$$(t^2+t)\Delta t \ (l).$$
であるから, はじめの 10 秒間に注入される水の量は,
$$\int_0^{10}(t^2+t)dt \ (l).$$
よって, 求める水の量は
$$5 + \int_0^{10}(t^2+t)dt = 5 + \left[\frac{1}{3}t^3 + \frac{1}{2}t^2\right]_0^{10}$$
$$= 5 + \frac{1000}{3} + \frac{100}{2} = \frac{1165}{3} \ (l).$$

これは，だいたい 388.3 l に等しい．

p. 158 (3.4.2)

問 $\int_0^{10}(x-0.1x^2)dx=\left[\frac{1}{2}x^2-0.1\times\frac{1}{3}x^3\right]_0^{10}$

$$=\frac{100}{2}-0.1\times\frac{1000}{3}=\frac{50}{3} \text{ (m)}.$$

これはだいたい 16.7 m に等しい．

p. 159 (3.4.3)

問 地上から x km のところから，$x+\Delta x$ km のところまでの気柱の大気の質量は，

$$\Delta x \text{ km} = \Delta x\times 10^5 \text{ cm}$$

であるから，近似的に

$$1.3\times 10^{-3}\times\left(\frac{1}{39.5}\right)^4(x-39.5)^4\times\Delta x\times 10^5$$

$$=1.3\times 10^2\times\left(\frac{1}{39.5}\right)^4(x-39.5)^4\Delta x \text{ (g)}.$$

そこで，求める質量は，

$$\int_0^{39.5}1.3\times 10^2\times\left(\frac{1}{39.5}\right)^4(x-39.5)^4\,dx$$

$$=1.3\times 10^2\times\left(\frac{1}{39.5}\right)^4\int_{-39.5}^0 X^4\,dX$$

$$=1.3\times 10^2\times\left(\frac{1}{39.5}\right)^4\times\frac{1}{5}\times(39.5)^5$$

$$=1.3\times 39.5\times\frac{1}{5}\times 10^2 = 1027 \text{ (g)}.$$

ところで，水銀柱 76 cm の質量は，

$$13.6\times 76 = 1033.6 \text{ g}$$

である．

注) 教科書の図は極端. 地球の半径は 6000 km 以上だから, 39.5 km はみかんの皮ほどの厚みも実はない.

p. 160
練習問題

1　(1) $y = \int_0^x t(2-t)dt$ (cm)

(2) (1)より,
$$y = \int_0^x (2t-t^2)dt = \left[t^2 - \frac{1}{3}t^3\right]_0^x = x^2 - \frac{1}{3}x^3.$$

これを 0 とおくと,
$$x^2 - \frac{1}{3}x^3 = 0$$

となり, $x=0, 3$. よって, 3秒後である.

(3) $t(2-t)>0$ としてみると, $0<t<2$, また, $t(2-t)<0$ とすると $2<t$ となる. $0<t<2$ で前進, $2<t$ で後退するから, $0<t<3$ で動いた道のりは,

$$\int_0^2 t(2-t)dt + \int_2^3 \{-t(2-t)\}dt = \frac{8}{3} \text{ (cm)}.$$

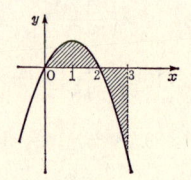

2　$10 + \int_0^{100}(x - 0.01x^2)dx = 10 + \left[\frac{1}{2}x^2 - 0.01 \times \frac{1}{3}x^3\right]_0^{100}$
$= 10 + \frac{1}{2} \times 100^2 - 0.01 \times \frac{1}{3} \times 100^3$

$$=10+5000-\frac{10000}{3}=\frac{5030}{3} \ (\text{℃}).$$

これは,約 1676.7℃ である.

p.162
章末問題

1 $M=\dfrac{1}{2}\displaystyle\int_{-1}^{1}(1-x^2)dx=\dfrac{1}{2}\Big[x-\dfrac{1}{3}x^3\Big]_{-1}^{1}=\dfrac{2}{3}$.

(1) $\displaystyle\int_{-1}^{1}\Big\{(1-x^2)-\dfrac{2}{3}\Big\}dx=\int_{-1}^{1}\Big(\dfrac{1}{3}-x^2\Big)dx$

$$=\Big[\dfrac{1}{3}x-\dfrac{1}{3}x^3\Big]_{-1}^{1}=0.$$

(2) $\displaystyle\int_{-1}^{1}\Big(\dfrac{1}{3}-x^2\Big)^2 dx=\int_{-1}^{1}\Big(\dfrac{1}{9}-\dfrac{2}{3}x^2+x^4\Big)dx$

$$=\Big[\dfrac{1}{9}x-\dfrac{2}{9}x^3+\dfrac{1}{5}x^5\Big]_{-1}^{1}=\dfrac{8}{45}.$$

(3) $(1-x^2)-M=\dfrac{1}{3}-x^2=0$ とおくと,$x=\pm\dfrac{1}{\sqrt{3}}$ であるから,

$$\int_{-1}^{1}\Big|\dfrac{1}{3}-x^2\Big|dx=2\Big(\int_{0}^{\frac{1}{\sqrt{3}}}\Big(\dfrac{1}{3}-x^2\Big)dx+\int_{\frac{1}{\sqrt{3}}}^{1}\Big(x^2-\dfrac{1}{3}\Big)dx\Big).$$

これを計算すると,

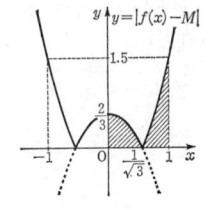

$$\int_{-1}^{1}\left|\frac{1}{3}-x^2\right|dx=\frac{8\sqrt{3}}{27}.$$

p. 162

2 (1) $-x^2-4x+5=2x+5$ とおくと,
$$x^2+6x=0,$$
$$x=-6, 0$$
であるから, 下の図より,
$$\int_{-6}^{0}\{(-x^2-4x+5)-(2x+5)\}dx=\int_{-6}^{0}(-x^2-6x)dx$$
$$=\int_{-6}^{0}(-6-x)\cdot x\,dx$$
$$=\int_{0}^{6}X(6-X)dX=36.$$

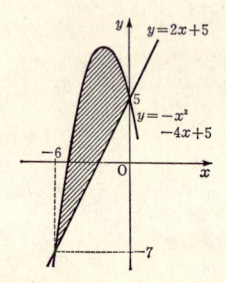

(2) $x^2-x+3=-x^2+4x+1$ とおく.
$2x^2-5x+2=0$ より,
$$x=\frac{1}{2}, 2$$
であるから, つぎの図より

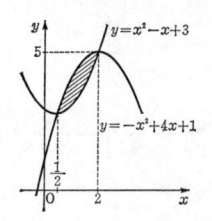

$$\int_{\frac{1}{2}}^{2}\{(-x^2+4x+1)-(x^2-x+3)\}dx$$
$$=\int_{\frac{1}{2}}^{2}(-2x^2+5x-2)dx$$
$$=2\int_{\frac{1}{2}}^{2}\left(x-\frac{1}{2}\right)(2-x)dx$$
$$=2\int_{0}^{\frac{3}{2}}X\left(\frac{3}{2}-X\right)dX=\frac{9}{8}.$$

3 (1) 下の図より,
$$\int_{0}^{3}\{0-(x^3-3x^2)\}dx=\int_{0}^{3}(3x^2-x^3)dx=\frac{27}{4}.$$

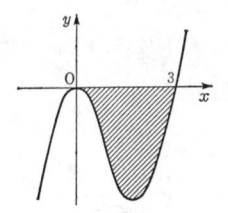

(2) つぎの図より,
$$\int_{-2}^{2}(x^2-4)^2\,dx=\int_{-2}^{2}(x^4-8x^2+16)dx=\frac{512}{15}.$$

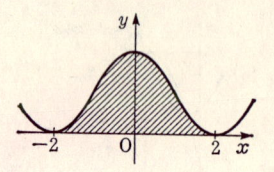

(3) 下の図より,

$$\int_0^2 x(2-x)^3 dx = \int_0^2 (8x-12x^2+6x^3-x^4)dx = \frac{8}{5}.$$

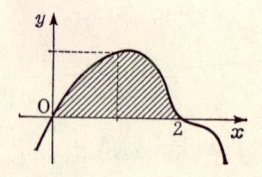

〈別解〉 この関数を対称にひっくりかえした
$$y = x^3(2-x)$$
を考えると,この積分は

$$\int_0^2 x^3(2-x)dx = \int_0^2 (2x^3-x^4)dx = 2^5 \times \left(\frac{1}{4}-\frac{1}{5}\right) = \frac{8}{5}$$

として求まる.

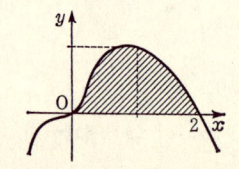

4 $x^4-5x^2+9=x^2$ とおくと,
$$x^4-6x^2+9 = 0,$$
$$(x^2-3)^2 = 0,$$
$$x = \pm\sqrt{3}$$

であるから, つぎの図を得る.

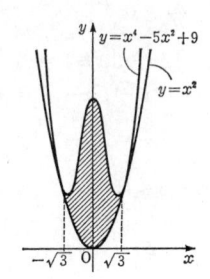

求める面積は,
$$\int_{-\sqrt{3}}^{\sqrt{3}}\{(x^4-5x^2+9)-x^2\}dx$$
$$= \int_{-\sqrt{3}}^{\sqrt{3}}(x^4-6x^2+9)dx = \frac{48}{5}\sqrt{3}.$$

5 (1) $y=x^3$ 上の点 $(1, 1)$ における接線は,
$$y = 3x-2$$
である.

$y=ax^2+b$ が点 $(1, 1)$ を通るから,
$$1 = a+b,$$
$$b = 1-a.$$

したがって,
$$y = ax^2+b = ax^2+(1-a)$$
となる. この曲線の点 $(1, 1)$ における接線の傾きは, 3

に等しくなるはずだから，$2a \times 1 = 3$ より，
$$a = \frac{3}{2}.$$

よって，$b = -\frac{1}{2}$．

(2) $x^3 = \frac{3}{2}x^2 - \frac{1}{2}$ とおくと，
$$2x^3 - 3x^2 + 1 = 0,$$
$$(2x+1)(x-1)^2 = 0,$$
$$x = -\frac{1}{2},\ 1.$$

そこで，求める面積は
$$\int_{-\frac{1}{2}}^{1}\left\{x^3 - \left(\frac{3}{2}x^2 - \frac{1}{2}\right)\right\}dx = \int_{-\frac{1}{2}}^{1}\left(x+\frac{1}{2}\right)(1-x)^2\,dx$$
$$= \int_{0}^{\frac{3}{2}} X\left(\frac{3}{2}-X\right)^2 dX = \frac{27}{64}.$$

p. 163

6 図の切り口は，つぎのような直角二等辺三角形である．その面積は，
$$\sqrt{a^2-x^2} \times \sqrt{a^2-x^2} = a^2-x^2.$$

求める体積は，
$$2\int_{0}^{a}(a^2-x^2)dx = \frac{4}{3}a^3.$$

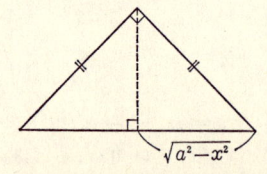

7 半球の中心から水面に垂直に z 軸をとると,水は
$$\frac{1}{\sqrt{2}}a \leqq z \leqq a$$
の範囲にある.

求める水の量は
$$\int_{\frac{1}{\sqrt{2}}a}^{a} \pi(a^2-z^2)dz = \pi\left[a^2z-\frac{1}{3}z^3\right]_{\frac{1}{\sqrt{2}}a}^{a}$$
$$= \frac{2}{3}\pi a^3 - \frac{5}{6\sqrt{2}}\pi a^3 = \frac{8-5\sqrt{2}}{12}\pi a^3.$$

p. 164

8 (1) △PQR は直角三角形だから,
$$r^2 = PQ^2 + RQ^2.$$
PQ=a, RQ=$a-z$ だから,
$$r^2 = a^2+(a-z)^2 = 2a^2-2az+z^2.$$
よって,$r=\sqrt{2a^2-2az+z^2}$.

(2) $\int_0^a \pi(2a^2-2az+z^2)dz = \pi\left[2a^2z-az^2+\frac{z^3}{3}\right]_0^a = \frac{4}{3}\pi a^3.$

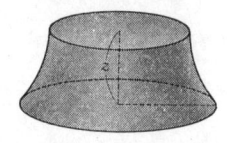

p. 165

9 $y=f(x)$ のグラフはつぎの図のようになっているので
$$f(x) = ax(x-4)^2$$
とおける.

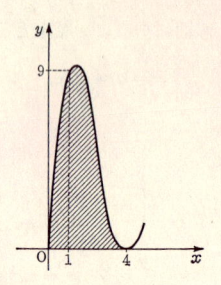

$f(1)=9$ であるから,$a\times 1\times 9=9$ より,
$$a=1.$$
そこで
$$f(x)=x(x-4)^2$$
となる.

実際,この $f(x)$ について,$x=4$ で極小値 0 となることが確かめられる.

そこで,求める面積は
$$\int_0^4 x(x-4)^2\,dx=\int_0^4 (x^3-8x^2+16x)dx=\frac{64}{3}.$$

〈別解〉 $f'(x)=(ax+b)(x-4)$ とおくことができる.
$$f'(x)=ax^2+(b-4a)x-4b,$$
$$f(x)=\frac{1}{3}ax^3+\frac{1}{2}(b-4a)x^2-4bx+c.$$

$f(0)=0$ より,$c=0$.
$f(1)=9$,$f(4)=0$ より,$a=3$,$b=-4$ となり,
$$f(x)=x^3-8x^2+16x$$
を得る.

3 授業の実際

●積分の導入(1)

よく考えてみると

　　除法の一般化としての微分
　　乗法の一般化としての定積分

が本質的な意味での逆演算である．

これに対して，原始関数を求める演算は逆微分法に他ならず，このことの計算的な側面である．

それで，「第2章 2.3.3 原始関数」の項では，例題2や問3のような，具体的な量の問題は取り扱わない方が本筋であったかも知れない．

本書では，原始関数を積分と切り離して微分の章に入れたが，ここで運動の問題にふれたこともあって，積分の導入は面積になっている．

しかし，原始関数の項を純然たる逆微分の計算と割り切っておけば，具体的な量を求める例で積分を導入することができる．

その場合，

(ア) まず，細かく分けて，かけてたす，ということをはっきりさせる．具体的な量に即していえば，このかけてたすところが，

　　　　(1当りの量)×(いくら分)（あるいは容量）

になっていること

(イ) 考え方をはっきりさせるために，式化されていない場合から入ること

(ウ) 独立変数が時間の場合と空間的なひろがりの場合，求める量がなんらかの分布の総量になるときと，なんらかの位置の

差になる場合があること
などに注意し，たとえばつぎのような例をとりあげる．
① 速度が一様でないときの進行距離

　横軸を時間，たて軸を速度として，自動車（あるいは電車，オートバイ，自転車，…）の走行状態を数値が非常識にならないようフリーハンドでかいて，ある時間内の進行距離を求める．
② ある一定断面積を通って流れる水の，単位時間内に流れる量が一定でないとき，ある時間内に流れた水の総量を求める．

　水のかわりに電流を考えることもできよう．
③ 密度と体積（あるいは面積，長さ）から質量を出す．

　たとえば，3.4.3 のにごった水の質量を求めることを導入に使うこともできるし，教科書 159 ページの問のかわりに，実際の密度分布（次ページ表1）を用いて導入に使うこともできよう．
④ 一様でない勾配から高度差などを求める．たとえば，3.4.2 である．

　ここで，①～④に，先の(ウ)で示したことについての基本的なとり合わせがすべて出ているわけであるが，定積分の概念形成のための導入として，どれがもっとも適当であるかは実践的な検討にまたなくてはならない．筆者は，④をさけ，①あるいは②の一方と③とによるのがよいと考えている．

　これらについて，式化されていなければ，

　　　　　　　細かく分けて，かけてたす

以外にはないわけである．

　つぎに，式化されている場合，すなわち，時刻から速度をきめる関数（上の①の場合）などが式で明示されている場合に入る．

高度 Z(km)	密度 ρ(kg/m³)*	高度 Z(km)	密度 ρ(kg/m³)*
0	1.2250+ 0	47.4	1.4187− 3
1	1.1117	50	1.0269
2	1.0066	51.0	9.0690− 4
3	9.0925− 1	55	5.6810
4	8.1935	60	3.0968
5	7.3643	65	1.6321
6	6.6011	70	8.2829− 5
7	5.9002	72.0	6.2374
8	5.2579	75	3.9921
9	4.6706	80	1.8458
10	4.1351	86.0	6.958 − 6
11	3.6480	90	3.416
11.1	3.5932	91.0	2.860
12	3.1194	100	5.604 − 7
13	2.6660	110	9.708 − 8
14	2.2786	120	2.222
15	1.9476	130	8.152 − 9
16	1.6647	140	3.831
17	1.4230	160	1.233
18	1.2165	180	5.194 −10
19	1.0400	200	2.541
20.0	8.8910− 2	250	6.073 −11
21	7.5715	300	1.916
22	6.4510	350	7.014 −12
23	5.5006	400	2.803
24	4.6938	450	1.184
25	4.0084	500	5.215 −13
26	3.4257	550	2.384
27	2.9298	600	1.137
28	2.5076	650	5.712 −14
29	2.1478	700	3.070
30	1.8410	750	1.788
32.2	1.3145	800	1.136
35	8.4634− 3	850	7.824 −15
40	3.9957	900	5.759
45	1.9663	1000	3.561

*符号を付した −1, −2, …, −15 などは 10 の指数.

表 1　密度の高度分布（1982 年　理科年表）

ここからは，大筋，教科書の展開によればよい．

ただし，①（と④）では，正・負の符号のついた有向面積は自然であるが，②と③では，負の面積は現れない． (増島高敬)

●積分の導入(2)

自然落下

物体の自然落下の場合，t 秒後の速度は
$$v = 9.8t \ (\mathrm{m/秒})$$
になっている．このとき，最初の1秒間でどれだけ落下するかを考えよう．

この場合に，0と1の間を n 等分すると，各部分での速さは $9.8 \times \dfrac{k}{n}$ に近い．そこで，その間に落下する距離は，

$$\sum_{k=1}^{n} 9.8 \times \frac{k}{n} \times \frac{1}{n} = 9.8 \times \frac{n(n+1)}{2} \times \frac{1}{n^2}$$
$$= 4.9 + 4.9 \times \frac{1}{n}$$

で近似できる．

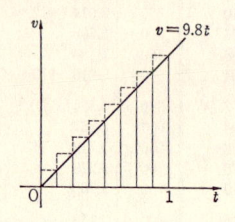

ここで，等分する n を細かくしていくと，極限として，1秒間での落下距離 4.9 m がえられることになる．この場合は，図でいえば三角形の面積を求めることに相当し，グラフが直線にな

っているので、ちょうど、最初の速度 0 m/秒と 1 秒後の速度 9.8 m/秒との平均 4.9 m/秒で、1 秒間を等速で動いたのと同じになっている。しかし、もっと複雑な運動の場合は、三角形の面積のような単純な計算では求まらない。

しかしながら、この考えを使って、もっと一般の場合の計算法を考えることができる。それが、積分の考えである。

$v = t^2$ の場合

もう少し複雑な場合として、
$$v = t^2$$
の場合を考えてみよう。

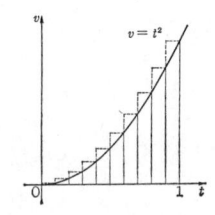

この場合は、n 等分でやってみると、級数の公式
$$\sum_{k=1}^{n} k^2 = \frac{n(n+1)(2n+1)}{6}$$
から、
$$\sum_{k=1}^{n}\left(\frac{k}{n}\right)^2 \times \frac{1}{n} = \frac{n(n+1)(2n+1)}{6} \times \frac{1}{n^3}$$
$$= \frac{2n^3 + 3n^2 + n}{6} \times \frac{1}{n^3}$$
$$= \frac{1}{3} + \frac{1}{2n} + \frac{1}{6n^2}$$

となって, n を大きくすると $\frac{1}{3}$ に近づく[1].

これは, 放物線
$$v = t^2 \quad (0 \leq t \leq 1)$$
の下の部分の面積を計算していることにもなっている. しかし, 数列の和の計算をしてから, その極限をとっているのでは, 複雑な場合には対応できない. 必要なのは, 極限の値であって, それを求める計算法があればよい.

ここで, 速さは距離から微分して求まった. したがって, 微分の逆演算として, この計算法を考えていくことにしたい.

(森　毅)

---

[1] この場合, 自然落下のときのように平均速度にしても,
$$\frac{1}{2}\left\{\left(\frac{k-1}{n}\right)^2 + \left(\frac{k}{n}\right)^2\right\} = \frac{2k(k-1)+1}{2n^2}$$
なので,
$$\sum_{k=1}^{n}\left\{(k-1)k + \frac{1}{2}\right\} \times \frac{1}{n^3}$$
$$= \left\{\frac{(n-1)n(n+1)}{3} + \frac{n}{2}\right\} \times \frac{1}{n^3}$$
$$= \frac{1}{3} + \frac{1}{6n^2}$$

となって, 近似の精度はあがるが, 極限をとらねば, $\frac{1}{3}$ には達しない.

第4章 指数関数・対数関数 （教科書 p.169〜222）

1 編修にあたって

この章「指数関数・対数関数」を編修するにあたって，そのねらいや工夫・配慮したことがらについて述べておこう．

(1) 指数関数や対数関数などの変化は，われわれをとりまく自然界や社会の中でさまざまな現象として数多く存在している．たとえば，生物の成長，放射能の減衰，光の吸収，複利法，感覚の刺激等々．

バクテリアの増殖のように，一定時間増すごとにその量が一定倍ずつになる現象が指数変化で一様倍変化ともいわれる．この変化は，正比例とともに最も普遍的な現象である．

それらを式で表現すれば，

正比例は，　　$f(x_1+x_2) = f(x_1)+f(x_2)$
指数変化は，$f(x_1+x_2) = f(x_1)f(x_2)$

ということになる[注1]．

したがって，指数関数・対数関数は，「微分・積分」まで通して，高校数学においては，大変重要な位置を占めている．

そこで，その導入や解説の扱いにあたっては，意外性のある問題，おもしろい問題，実際に起こったような問題など生徒が興味をひく問題を例や問にできる限り取り入れるように工夫した．たとえば，

古典落語「蟇(がま)の油」の口上から　(p.170)
ラーメンの 10 年後の値段　(p.171)
ある雑誌の主張について　(p.196)
体内にはいった水銀の排出　(p.200)
電話代 10 円の 24 時間後　(p.202)

などである.

(2) 指数の拡張は, バクテリアの増殖をモデルに, 一様倍変化を前提にして表とグラフから, 数Ⅰで学んだ0や負の指数の意味を捉え直し, それから分数の指数へと導いた.

指数法則　　$a^{s+t} = a^s a^t$
　　　　　　$a^{st} = (a^s)^t$

は, 一様倍変化(指数変化)の本質を表しており, この法則がなりたつように指数を拡張するわけだが, 形式的な扱いにせず, バクテリアの増殖をモデルにその意味を理解できるよう配慮した.

それはまた, 指数関数の本質的なことがら, つまり指数変化
$$g(s+t) = g(s)g(t)$$
の理解に重点を置いたので, 指数の底が負の場合は扱う必然性がなく, 正の場合だけに限定し, 累乗根も補足扱いとした.

指数法則Ⅱは, 通常 $a^{s-t} = \dfrac{a^s}{a^t}$ で示されるが, これと同値な

$$a^{-t} = \frac{1}{a^t}$$

としたのは, 指数法則 $f(t)f(-t) = f(0)$ を意識しているからである.

関数 f において定義域が離散量とくに自然数のときが, 等比

数列

$$f(1),\ f(2),\ f(3),\ f(4),\ \cdots,\ f(n),\ \cdots$$

で，定義域が連続量つまり実数のときは，一般の指数関数である．

したがって，等比数列は指数関数の特別の場合として位置づけることができる．それは，曾呂利新左衛門の倍々の問題，複利の問題など，扱う問題が重複していることでも明らかであろう．

(3) 基礎解析における対数関数は，極論すれば，指数関数の理解を深めるためにあるといってもよい．

従来，対数は新しい記号 log とその意味抜きの押しつけからくる難しさから，生徒に対数アレルギーを起こさせることが多かった．

そこで，対数というのは小数表現した桁数として導入する[注2]．0からはじめて，1は0桁，10は1桁，100は2桁，…と考えると，

$$2\ は約\ 0.3\ 桁,\ 3\ は約\ 0.48\ 桁,\ \cdots,$$

また

$$(m\ 桁) \times (n\ 桁) = (m+n)\ 桁$$

である．このように常用対数を中心に据え，手づくりで常用対数のだいたいの値が導けるようにし，生徒が対数を身近なものとして捉えられるように配慮した．「4.2 対数関数」のページ数が「4.1 指数関数」よりだいぶ多くなってしまったのはそのためである．

歴史的には，10進小数の成立とともに生まれ，分数指数が考えられる以前にイギリスのネピアとスイスのビュルギによっ

て，対数が考え出された．

対数は，×を＋で計算できるので，複雑な計算が大変楽に計算できるようになり，天文学者ケプラーは「対数のおかげで天文学者の寿命は2倍になった」といって喜んだそうである．

+	0	1	2	3	4	5	6	7	8	…
×	1	2	4	8	16	32	64	128	256	…

だからといって，対数の重要性が計算の有効性にだけあるわけではない．それだけなら，電卓の普及した今では対数はその意義を失っているだろう．やはり，指数という乗法の世界を対数という加法の世界で捉え直すことができるところにその重要性がある．

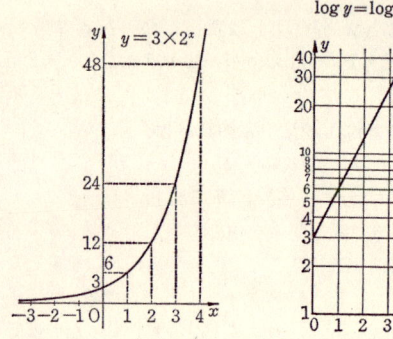

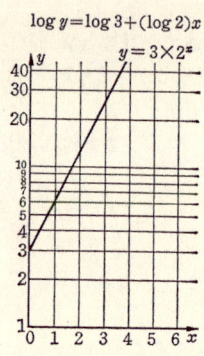

(4) 指数関数と対数関数は，変数のスケールの違いだけで変換される．いま，2つの指数関数

において，
$$y = a^x \qquad ①$$
$$y = b^x \qquad ②$$

において，

$$b = a^c, \quad ただし，\quad c = \log_a b$$

から，$b^x = a^{cx}$.

すなわち，②は，

$$y = a^{cx} \qquad ②$$

となる．

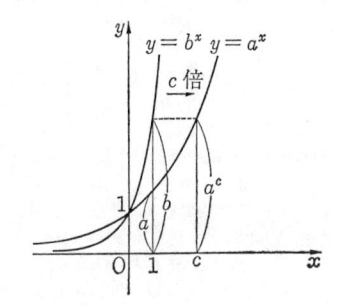

したがって，指数関数は，1つだけ標準的な底の関数を調べればよい．

その標準的な底として

$$2, \ 10, \ e \ (=2.71828\cdots)$$

をとることが多い．

2は2倍で扱いやすく，また論理計算に向いており，10は通常の数値計算向きで，eは式計算に向いているので，「微分・積分」ではこのeが使われる．

[注1] つぎの変化（加法法則）を関数等式で表現すれば，
$$f(x+t) = f(x)+g(t). \tag{1}$$
ここで，$t \longmapsto g(t)$ なる関数を考える．
任意の s, t に対して，
$$\begin{aligned}
f(x+s+t) &= f((x+s)+t) \\
&= f(x+s)+g(t) \\
&= \{f(x)+g(s)\}+g(t) \\
&= f(x)+\{g(s)+g(t)\}.
\end{aligned}$$
よって，$g(s+t)=g(s)+g(t)$ \hfill (2)

がなりたつ．式(1)において，$t=0$ のとき $g(0)=0$．
すなわち，この関数 $g(t)$ が正比例関数で，$g(1)=a$ とすると
$$g(t) = at \tag{3}$$
である．
また，式(1)において，$f(0)=b$ とおくと
$$f(x) = b+ax \tag{4}$$
となり，$f(x)$ は1次関数である．

指数変化（指数法則）を関数等式で表現すれば，
$$f(x+t) = f(x)g(t). \tag{5}$$
同じように，倍率 $g(t)$ を考えると，任意の s, t に対して
$$\begin{aligned}
f(x+s+t) &= f((x+s)+t) \\
&= f(x+s)g(t) \\
&= \{f(x)g(s)\}g(t) \\
&= f(x)\{g(s)g(t)\}.
\end{aligned}$$
よって，$\begin{cases} g(s+t)=g(s)g(t) \\ g(0)=1 \end{cases}$ \hfill (6)

がなりたつ．この関数 g が指数関数で，$g(1)=a$ とすると
$$g(t) = a^t \tag{7}$$
である．

[注2] つぎの図のような円（対数円）を考えると常用対数が一層イメージ化できるだろう．
この円は，1 を 10 倍するたびに 1 回転，つまり 1 回転で「1桁」上がると考える．ここではやはり，1 は 0 桁，10 は 1 桁，100 は 2 桁，…と小数式桁数で考える．

それでは，2 はだいたい何回転（何桁）ぐらいだろうか．
$$2^3 = 8$$
だから，まだ 1 回転に少したりない．つまり $\frac{1}{3}$ 回転（0.333 桁）より少ない．ところが，
$$2^{10} = 10^3$$
であったから，2 は 10 回かけると 3 回転，つまり「0.3 桁」と考えられる．これがすなわち
$$\log 2 \fallingdotseq 0.3$$
である．
これから，本文で扱ったように
$$\log 4,\ \log 8,\ \log 5,\ \cdots$$
と手づくりで常用対数を求めることができる． （時永　晃）

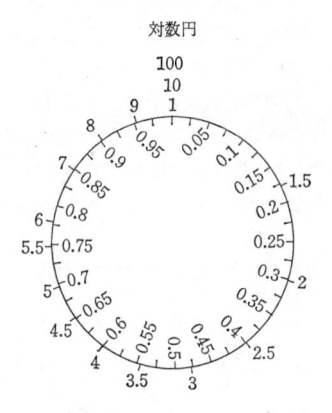

対数円

450　　指導資料　第4章　指数関数・対数関数

2　解説と展開

4.1　指数関数 (p.170〜190)

A　留意点

　バクテリアの増殖をモデルに，それも培養基で理想状態を想定して考えたが，いま1年で2倍ずつに増えていくある生物について考えてみよう．

　たとえば，オス・メス2匹が1年で2倍の4匹になる過程は，ある日突然つまり誕生の日に2匹が3匹に，3匹が4匹となる．（図1）

　ところが，その生物を1000匹，10000匹の単位で大量に観察してみると，1年後のある日突如として2000匹が4000匹になるわけではない．それぞれデタラメに誕生して増加していき，1年後にだいたい4000匹になるわけである．（図2）

　量が多ければ多いほど，その変化の仕方はなだらかで連続的な変化とみなせるようになる（図3）．このように，非常に大量なものの理想的な一様倍変化をきちんと表すために指数関数があるといってもよいだろう．

　指数変化が自然現象や社会現象の基本的な法則であること

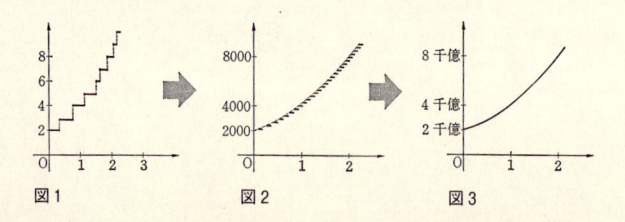

図1　　　　　図2　　　　　図3

を，できるだけ多くの例を示して生徒がしっかりと認識できるようにさせたいものである．

B 問題解説

p. 171 (4.1.1)

問1 略

p. 172

問2 ガラス板を x 枚通過した光度が y であるから，

$x=1$ のとき
$$y = A \times \frac{9}{10},$$

$x=2$ のとき
$$y = \left(A \times \frac{9}{10}\right) \times \frac{9}{10} = A \times \left(\frac{9}{10}\right)^2,$$

$x=3$ のとき
$$y = \left(A \times \left(\frac{9}{10}\right)^2\right) \times \frac{9}{10} = A \times \left(\frac{9}{10}\right)^3,$$

① したがって，
$$y = A \times \left(\frac{9}{10}\right)^x.$$

② $x=10$ のとき
$$y = A \times \left(\frac{9}{10}\right)^{10} \fallingdotseq 0.35A$$

p. 176 (4.1.2)

問 ① y mg とすると，$y = 5 \times 3^x$.

② $x=3$ のとき，$5 \times 3^3 = 135$.

$x=-2$ のとき，$5 \times 3^{-2} = \frac{5}{9}$.

$x=0$ のとき，$5 \times 3^0 = 5$.

したがって，3時間後，2時間前，0時間後のバクテリアの量は，それぞれ

$$135 \text{ mg}, \quad \frac{5}{9} \text{ mg}, \quad 5 \text{ mg}$$

である．

p. 176 （4.1.3）

問 1 表 1 から，0.3 時間ごとのバクテリアの量のふえる倍率を調べてみると，下のようになっている．ただし，時刻を x 時間，バクテリアの量を y mg とする．

x	y		x	y	
0.1	3.00		3.1	25.72	
0.2	3.22		3.2	27.57	1.23倍
0.3	3.45	1.23倍	3.3	29.55	
0.4	3.69	1.23倍	3.4	31.67	
0.5	3.96	1.23倍	3.5	33.94	
0.6	4.24	1.23倍	3.6	36.38	
0.7	4.55	1.23倍	3.7	38.99	1.23倍
0.8	4.87	1.23倍	3.8	41.79	
0.9	5.22	1.23倍	3.9	44.79	1.23倍
1.0	5.60	1.23倍	4.0	48.00	
1.1	6.00		…		

したがって，どの 0.3 時間の経過に対しても，その量は，約 1.23 倍（一定）となっている．

p. 178

問 2 ① $y = 5 \times 8^x$．

② 20 分，1 時間 40 分は，それぞれ $\frac{1}{3}$ 時間，$\frac{5}{3}$ 時間であるから，

$x=\dfrac{1}{3}$ のとき $5\times 8^{\frac{1}{3}}=5\times 2=10$,

$x=\dfrac{5}{3}$ のとき $5\times 8^{\frac{5}{3}}=5\times 2^5=160$.

したがって，20分後，1時間40分後のバクテリアの量は，それぞれ 10 mg，160 mg である．

p. 179

問3 ① $8^{\frac{2}{3}}=(2^3)^{\frac{2}{3}}=2^{3\times\frac{2}{3}}=2^2=4$.

② $9^{0.5}=(3^2)^{0.5}=3^{2\times 0.5}=3$.

③ $16^{\frac{3}{2}}=(2^4)^{\frac{3}{2}}=2^{4\times\frac{3}{2}}=2^6=64$.

④ $32^{0.4}=(2^5)^{0.4}=2^{5\times 0.4}=2^2=4$.

p. 180

問4 ① $5^{\frac{1}{3}}\times 5^{\frac{1}{6}}=5^{\frac{1}{3}+\frac{1}{6}}=5^{\frac{1}{2}}$.

② $\left(2^{-\frac{2}{3}}\right)^{\frac{9}{2}}=2^{-\frac{2}{3}\times\frac{9}{2}}=2^{-3}=\dfrac{1}{2^3}=\dfrac{1}{8}$.

③ $\dfrac{a^{\frac{1}{3}}\times a^{\frac{3}{2}}}{a^{\frac{9}{4}}}=a^{\frac{1}{3}+\frac{3}{2}-\frac{9}{4}}=a^{\frac{4+18-27}{12}}=a^{-\frac{5}{12}}$.

④ $\left(a^{\frac{2}{3}}\times a^{-\frac{1}{2}}\right)^6=a^4\times a^{-3}=a$.

問5 ① $\left(a^{\frac{1}{2}}+b^{\frac{1}{2}}\right)\left(a^{\frac{1}{2}}-b^{\frac{1}{2}}\right)=\left(a^{\frac{1}{2}}\right)^2-\left(b^{\frac{1}{2}}\right)^2=a-b$.

② $\left(a^{\frac{1}{2}}-b^{\frac{1}{2}}\right)^2=\left(a^{\frac{1}{2}}\right)^2-2\left(a^{\frac{1}{2}}\right)\left(b^{\frac{1}{2}}\right)+\left(b^{\frac{1}{2}}\right)^2$
$=a-2a^{\frac{1}{2}}b^{\frac{1}{2}}+b$.

p.182 (4.1.4)

問1

	3^x	$\left(\frac{1}{3}\right)^x$	1.1^x	0.1^x
-2.0	0.11	9.00	0.83	100.00
-1.8	0.14	7.22	0.84	63.10
-1.6	0.17	5.80	0.86	39.81
-1.4	0.21	4.66	0.88	25.12
-1.2	0.27	3.74	0.89	15.85
-1.0	0.33	3.00	0.91	10.00
-0.8	0.42	2.41	0.93	6.31
-0.6	0.52	1.93	0.94	3.98
-0.4	0.64	1.55	0.96	2.51
-0.2	0.80	1.25	0.98	1.58
0	1.00	1.00	1.00	1.00
0.2	1.25	0.80	1.02	0.63
0.4	1.55	0.64	1.04	0.40
0.6	1.93	0.52	1.06	0.25
0.8	2.41	0.42	1.08	0.16
1.0	3.00	0.33	1.10	0.10
1.2	3.74	0.27	1.12	0.06
1.4	4.66	0.21	1.14	0.04
1.6	5.80	0.17	1.16	0.03
1.8	7.22	0.14	1.19	0.02
2.0	9.00	0.11	1.21	0.01

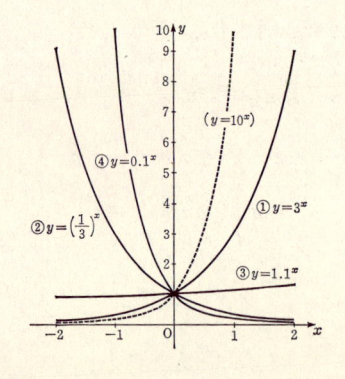

① $y = 3^x$
② $y = \left(\frac{1}{3}\right)^x$
③ $y = 1.1^x$
④ $y = 0.1^x$
$(y = 10^x)$

p. 184

問 2 ① $4^{\frac{1}{3}}=(2^2)^{\frac{1}{3}}=2^{\frac{2}{3}}$, $8^{\frac{1}{5}}=(2^3)^{\frac{1}{5}}=2^{\frac{3}{5}}$.

関数 $y=2^x$ は，増加関数である.

$\frac{2}{3}>\frac{3}{5}$ だから，$2^{\frac{2}{3}}>2^{\frac{3}{5}}$ がなりたつ.

したがって，$4^{\frac{1}{3}}>8^{\frac{1}{5}}$.

〈別解〉 $a>b\geqq 1 \Longleftrightarrow a^p>b^p\geqq 1$ $(p>0)$ であるから，

$$\left(4^{\frac{1}{3}}\right)^{15}=4^5=2^{10},$$
$$\left(8^{\frac{1}{5}}\right)^{15}=8^3=2^9$$

より，$\left(4^{\frac{1}{3}}\right)^{15}>\left(8^{\frac{1}{5}}\right)^{15}$.

したがって，$4^{\frac{1}{3}}>8^{\frac{1}{5}}$.

② $\left(\frac{1}{9}\right)^{\frac{1}{3}}=\left(\frac{1}{3}\right)^{\frac{2}{3}}$, $\left(\frac{1}{27}\right)^{\frac{1}{4}}=\left(\frac{1}{3}\right)^{\frac{3}{4}}$.

関数 $y=\left(\frac{1}{3}\right)^x$ は，減少関数である.

$\frac{2}{3}<\frac{3}{4}$ だから，$\left(\frac{1}{3}\right)^{\frac{2}{3}}>\left(\frac{1}{3}\right)^{\frac{3}{4}}$ がなりたつ.

したがって，$\left(\frac{1}{9}\right)^{\frac{1}{3}}>\left(\frac{1}{27}\right)^{\frac{1}{4}}$.

〈別解1〉 $\left(\frac{1}{9}\right)^{\frac{1}{3}}=3^{-\frac{2}{3}}$, $\left(\frac{1}{27}\right)^{\frac{1}{4}}=3^{-\frac{3}{4}}$.

関数 $y=3^x$ は，増加関数である.

$-\frac{2}{3}>-\frac{3}{4}$ だから，$3^{-\frac{2}{3}}>3^{-\frac{3}{4}}$ がなりたつ.

したがって，$\left(\frac{1}{9}\right)^{\frac{1}{3}}>\left(\frac{1}{27}\right)^{\frac{1}{4}}$.

〈別解2〉 $a < b \leq 1 \iff a^p < b^p \leq 1 \ (p > 0)$.

さて，$\left\{\left(\dfrac{1}{9}\right)^{\frac{1}{3}}\right\}^{12} = \left(\dfrac{1}{9}\right)^4 = \left(\dfrac{1}{3}\right)^8$,

$\left\{\left(\dfrac{1}{27}\right)^{\frac{1}{4}}\right\}^{12} = \left(\dfrac{1}{27}\right)^3 = \left(\dfrac{1}{3}\right)^9$.

ゆえに，$\left\{\left(\dfrac{1}{27}\right)^{\frac{1}{4}}\right\}^{12} < \left\{\left(\dfrac{1}{9}\right)^{\frac{1}{3}}\right\}^{12}$.

したがって，$\left(\dfrac{1}{27}\right)^{\frac{1}{4}} < \left(\dfrac{1}{9}\right)^{\frac{1}{3}}$.

p. 189
練習問題

1 (1) $4^{\frac{2}{3}} \times 8^{-\frac{1}{2}} \div 16^{-\frac{1}{6}} = 2^{\frac{4}{3}} \times 2^{-\frac{3}{2}} \div 2^{-\frac{2}{3}} = 2^{\frac{4}{3} - \frac{3}{2} + \frac{2}{3}} = 2^{\frac{1}{2}}$.

(2) $\left(a^{\frac{1}{3}} - 1\right)\left(a^{\frac{2}{3}} + a^{\frac{1}{3}} + 1\right) = \left(a^{\frac{1}{3}}\right)^3 - 1 = a - 1$.

(3) $(a^x + a^{-x})^2 - (a^x - a^{-x})^2$
$= (a^x + a^{-x} + a^x - a^{-x}) \times (a^x + a^{-x} - a^x + a^{-x})$
$= 2a^x \times 2a^{-x} = 4$.

2 $\dfrac{2^{3x} + 2^{-3x}}{2^x + 2^{-x}} = \dfrac{(2^x + 2^{-x})(2^{2x} - 1 + 2^{-2x})}{2^x + 2^{-x}} = 2^{2x} - 1 + 2^{-2x}$.

$2^x = 3$ だから，$2^{2x} = (2^x)^2 = 9$, $2^{-2x} = \dfrac{1}{9}$.

よって，
$$2^{2x} - 1 + 2^{-2x} = 9 - 1 + \dfrac{1}{9} = \dfrac{73}{9}.$$

〈別解1〉 $2^x = 3$ だから，$2^{-x} = \dfrac{1}{3}$, $2^{3x} = 27$, $2^{-3x} = \dfrac{1}{27}$.

したがって，

$$\frac{2^{3x}+2^{-3x}}{2^{x}+2^{-x}} = \frac{27+\dfrac{1}{27}}{3+\dfrac{1}{3}} = \frac{\dfrac{730}{27}}{\dfrac{10}{3}} = \frac{73}{9}.$$

〈別解2〉 $(2^x+2^{-x})^3 = 2^{3x}+3\times 2^x+3\times 2^{-x}+2^{-3x}$.

よって,
$$2^{3x}+2^{-3x} = (2^x+2^{-x})^3 - 3(2^x+2^{-x}).$$

これを分子に代入し,
$$\begin{aligned}\frac{2^{3x}+2^{-3x}}{2^x+2^{-x}} &= \frac{(2^x+2^{-x})^3-3(2^x+2^{-x})}{2^x+2^{-x}}\\ &= (2^x+2^{-x})^2-3\\ &= \left(3+\frac{1}{3}\right)^2-3 = \frac{73}{9}.\end{aligned}$$

3 $0.5^4=\left(\dfrac{1}{2}\right)^4$, $0.5^{-3}=\left(\dfrac{1}{2}\right)^{-3}$, $2^{-2}=\left(\dfrac{1}{2}\right)^2$.

関数 $y=\left(\dfrac{1}{2}\right)^x$ は,減少関数である.

$4>2>-3$ だから,
$$\left(\frac{1}{2}\right)^4 < \left(\frac{1}{2}\right)^2 < \left(\frac{1}{2}\right)^{-3}$$

がなりたつ.

したがって,$0.5^4 < 2^{-2} < 0.5^{-3}$.

〈別解〉 $0.5^4=2^{-4}$, $0.5^{-3}=2^3$.

関数 $y=2^x$ は,増加関数である.

$-4<-2<3$ だから,
$$2^{-4} < 2^{-2} < 2^3$$

がなりたつ.

したがって,$0.5^4 < 2^{-2} < 0.5^{-3}$.

4 (1) $y=\left(\dfrac{1}{2}\right)^{x}=2^{-x}$; y 軸に関して対称

(2) $y=2^{-x}$; y 軸に関して対称

(3) $y=\left(\dfrac{1}{2}\right)^{-x}=2^{x}$; 一致

(4) $y=2^{x}+1$; y 軸方向に 1 だけ平行移動

(5) $y=2^{x-1}$; x 軸方向に 1 だけ平行移動

(6) $y=2^{x+1}-1$; x 軸方向に -1, y 軸方向に -1 だけ平行移動

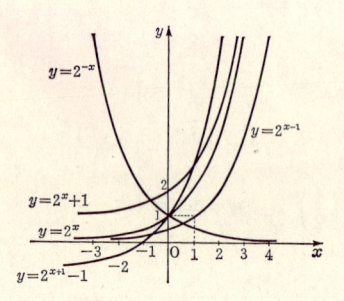

5 $a^{x+2}=9\cdot a^{x}$ となるから,両辺を a^{x} で割ると,
$$a^2=9.$$
よって,$a>0$ だから,$a=3$.
したがって,求める指数関数は $y=3^{x}$.

6 (1) 関数 $y=5^{x}$ は,底が 1 より大きいので増加関数である.
    よって,$0.1<0.2$ なら,$5^{0.1}<5^{0.2}$ はなりたつ.
    〈別解〉 $1<5^{0.1}$. 両辺に $5^{0.1}$ をかけて,
$$5^{0.1}<5^{0.2}.$$
    よってなりたつ.

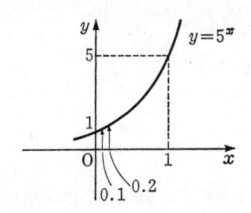

(2) 関数 $y=\left(\dfrac{1}{5}\right)^x$ は,底が1より小さいので減少関数である.

よって,$0.1<0.2$ から,$\left(\dfrac{1}{5}\right)^{0.1}>\left(\dfrac{1}{5}\right)^{0.2}$ となり,なりたたない.

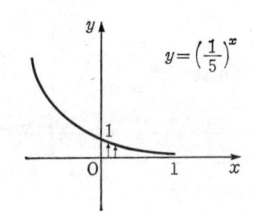

〈別解〉 $1>\left(\dfrac{1}{5}\right)^{0.1}$,よって,

$$\left(\dfrac{1}{5}\right)^{0.1} > \left(\dfrac{1}{5}\right)^{0.2}$$

となり,なりたたない.

7 (1) $2^x>8$,

$2^x>2^3$.

底が1より大きいから

$$x>3.$$

(2) $0.3^x > 0.09$,

$0.3^x > 0.3^2$.

底が 1 より小さいから,
$$x < 2.$$

(3) $a^x > a^2$.

指数関数 $y = a^x$ は,$a > 1$ のとき増加関数で,$0 < a < 1$ のとき減少関数である.

したがって,

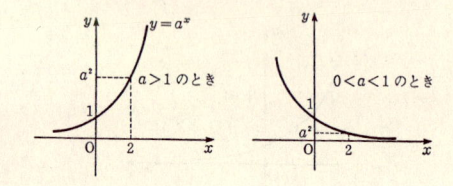

$a > 1$ のとき $x > 2$,
$0 < a < 1$ のとき $x < 2$.

4.2 対数関数 (p.191〜217)

A 留意点

対数の導入では,本文のような扱いや対数円(本書 448 ページ)で述べたような扱いなどによって,生徒が手づくりの対数になじみ,対数とはどういうものなのかを感得させたい.すなわち,

$\log a$ とは,"a は 10 の何乗",

"a は小数式桁数で何桁"

と考えられるようにしたい．

どうしても対数になじめないような場合には，10の指数だけで徹底してしまう方法もある．つまりは，対数は指数を言い換えたものである．

(指数法則) (対数法則)

$a^s a^t = a^{s+t} \iff \log pq = \log p + \log q$

$(a^s)^t = a^{st} \iff \log p^t = t \log p$

それゆえ，対数計算と指数計算を対比させて解くのもよいだろう．

たとえば，

2×3 は，10 を底とする指数に直して

$2 \times 3 = 10^{0.3010} \times 10^{0.4771} = 10^{0.3010+0.4771} = 10^{0.7781}$.

ここで，対数表を逆に見て，$10^{0.7781}$ が 6 となることがわかる．

B 問題解説

p. 191 (4.2.1)

問1 ① $100 = 10^2$.

② $100000000 = 10^8$.

③ $1 = 10^0$.

④ $0.1 = 10^{-1}$.

⑤ $0.01 = 10^{-2}$.

⑥ $0.00000001 = 10^{-8}$.

p. 193

問2 ① $10 = 10^1$ より，$\log 10 = 1$.

② $10000 = 10^4$ より，$\log 10000 = 4$.

③ $1 = 10^0$ より，$\log 1 = 0$.

④ $0.0001 = 10^{-4}$ より，$\log 0.0001 = -4$.

p. 195 (4.2.2)

問1

	求めた値	常用対数表の値
log 4	0.6	0.6021
log 5	0.7	0.6990
log 8	0.9	0.9031

問2 ① $7^2 \fallingdotseq 50 = 5 \times 10 = 10^{0.7} \times 10 = 10^{1.7}$.

よって, $7 \fallingdotseq 10^{0.85}$.

したがって,

$$\log 7 = 0.85.$$

② $6 = 2 \times 3 \fallingdotseq 10^{0.3} \times 10^{0.48} = 10^{0.78}$.

したがって,

$$\log 6 = 0.78.$$

p. 196

問3 ① $\log 2 = 0.3$ から, $2 = 10^{0.3}$.

よって, $2^{20} = (10^{0.3})^{20} = 10^6$.

したがって, 2^{20} は 7 けたの整数である.

② $2^{30} = (10^{0.3})^{30} = 10^9$.

したがって, 2^{30} は 10 けたの整数である.

問4 正しくない.

いま, 村の人口を A 人とすると,

1 年後の村の人口は $A \times 0.9$ 人,

2 年後の村の人口は $A \times 0.9^2$ 人,

……

10 年後の村の人口は $A \times 0.9^{10}$ 人

である.

0.9^{10} を計算する. $9 \fallingdotseq 10^{0.95}$ を用いて,

$$0.9^{10} = \left(\frac{9}{10}\right)^{10} \fallingdotseq (10^{-0.05})^{10} = 10^{-0.5} = \frac{1}{10^{\frac{1}{2}}} = \frac{1}{\sqrt{10}} \fallingdotseq \frac{1}{3}.$$

10 年たってもまだ $\frac{1}{3}$ は残っている.

p. 197
問 5 ① $\log q = 1.23$ から, $q = 10^{1.23}$.
よって, $10 < q < 10^2$.
したがって, q は 2 けたの数である.

② $\log r = 3.37$ から, $r = 10^{3.37}$.
よって, $10^3 < r < 10^4$.
したがって, r は 4 けたの数である.

p. 199 (4.2.3)
問 1 ① $\log 200 = \log(2 \times 10^2)$
$= \log 2 + \log 10^2$
$= 0.3010 + 2$
$= 2.3010.$

② $\log \sqrt{6} = \log(2 \times 3)^{\frac{1}{2}}$
$= \frac{1}{2} \log(2 \times 3)$
$= \frac{1}{2}(0.3010 + 0.4771)$
$= \frac{1}{2} \times 0.7781 = 0.3891.$

③ $\log \dfrac{\sqrt{5}}{9} = \log \sqrt{5} - \log 9$
$= \dfrac{1}{2} \log \dfrac{10}{2} - 2 \log 3$

$$= \frac{1}{2}(1-\log 2) - 2\log 3$$

$$= \frac{1}{2}(1-0.3010) - 2 \times 0.4771$$

$$= 0.3495 - 0.9542 = -0.6047.$$

p. 200

問 2 ① $3\log 2 + \log 18 - 2\log 12$

$$= 3\log 2 + \log(2 \times 3^2) - 2\log(3 \times 2^2)$$

$$= 3\log 2 + \log 2 + 2\log 3 - 2(\log 3 + 2\log 2) = 0.$$

② $\dfrac{1}{3}\log\dfrac{8}{27} - \dfrac{1}{2}\log\dfrac{16}{9}$

$$= \frac{1}{3}\log\left(\frac{2}{3}\right)^3 - \frac{1}{2}\log\left(\frac{4}{3}\right)^2$$

$$= (\log 2 - \log 3) - (2\log 2 - \log 3) = -\log 2.$$

問 3 Ⅱ $\log\dfrac{p}{q} = \log p - \log q$ において, $p=1$ とおくと,

$$\log\frac{1}{q} = \log 1 - \log q = -\log q.$$

〈別解〉 $\log q = t$, つまり $q = 10^t$ とおくと,

$$\frac{1}{q} = 10^{-t}.$$

よって, $\log\dfrac{1}{q} = -t = -\log q.$

p. 201

問 4 もとの強さを A とし, 1日ごとに残量が a 倍 $(a<1)$ になっていくとすると,

$$A \times a^{23} = A \times \frac{1}{3}$$

だから, $a^{23}=\frac{1}{3}$.

ゆえに, $a=\left(\frac{1}{3}\right)^{\frac{1}{23}}$.

x 日後にもとの強さの $\frac{1}{2}$ になったとすると,
$$A \times a^x = A \times \frac{1}{2}$$
だから, $a^x = \frac{1}{2}$.

よって, $\left(\frac{1}{3}\right)^{\frac{x}{23}} = \frac{1}{2}$.

両辺の常用対数を考えて,
$$\frac{x}{23}\log\frac{1}{3} = \log\frac{1}{2},$$
$$x\left(-\frac{\log 3}{23}\right) = -\log 2.$$

ゆえに, $x = \frac{23\log 2}{\log 3} = \frac{23 \times 0.3010}{0.4771} = \frac{6.923}{0.4771} \fallingdotseq 14.5$.

したがって, 強さが $\frac{1}{2}$ となるのは 15 日後である.

同様に, $\frac{1}{10}$ となるのは, $\left(\frac{1}{3}\right)^{\frac{x}{23}} = \frac{1}{10}$ より,
$$\frac{x}{23}\log\frac{1}{3} = \log\frac{1}{10},$$
$$x = \frac{23}{\log 3} = \frac{23}{0.4771} \fallingdotseq 48.2.$$

したがって, 49 日後である.

p. 202

問 5 バクテリアの量は, 3 時間ごとに 2 倍になるから, 1 時間

ごとに $2^{\frac{1}{3}}$ 倍となる.そこでもとの量を A とすると,x 時間後の量は

$$A \times \left(2^{\frac{1}{3}}\right)^x$$

であるから,10万倍をこえるのは,

$$A \times \left(2^{\frac{1}{3}}\right)^x \geqq A \times 10^5,$$

$$2^{\frac{x}{3}} \geqq 10^5.$$

両辺の常用対数をとると,

$$\frac{x}{3} \log 2 \geqq 5.$$

ゆえに,$x \geqq \dfrac{15}{\log 2} = \dfrac{15}{0.3010} = 49.8.$

したがって,10万倍をこえるのは50時間後である.

問6 ガラス板を通過する前の光度を A とし,x 枚のガラス板を重ねたとき,これを通過した後のその光度は,

$$A \times \left(\frac{9}{10}\right)^x$$

となる.もとの $\dfrac{1}{3}$ 以下になるのは,

$$A \times \left(\frac{9}{10}\right)^x \leqq A \times \frac{1}{3},$$

$$\left(\frac{9}{10}\right)^x \leqq \frac{1}{3}.$$

両辺の常用対数をとると,

$$x \log \frac{9}{10} \leqq \log \frac{1}{3},$$

$$x(2 \log 3 - 1) \leqq -\log 3.$$

ゆえに,

$$x \geq \frac{\log 3}{1-2\log 3} = \frac{0.4771}{0.0458}.$$

つまり，$x \geq 10.5$．

したがって，11 枚重ねると $\frac{1}{3}$ 以下になる．

p. 205 (4.2.4)

問1 ① $\log_2 16 = 4$．

② $\log_3 \frac{1}{9} = -2$．

③ $\log_4 1 = 0$．

問2 ① $2^5 = 32$

② $3^{-3} = \frac{1}{27}$

③ $3^{\frac{1}{2}} = \sqrt{3}$

④ $7^0 = 1$

p. 206

問3 ① $\log_3 27 = x$ とおくと，

$3^x = 27$ より，$3^x = 3^3$．

ゆえに，$x = 3$ すなわち，$\log_3 27 = 3$．

以下同様にして，

② $2^x = \frac{1}{4} = 2^{-2}$ から，$\log_2 \frac{1}{4} = -2$．

③ $4^x = 4$ から，$\log_4 4 = 1$．

④ $\sqrt{2}^x = 8$ より，$2^{\frac{x}{2}} = 2^3$．ゆえに $x = 6$．
したがって，$\log_{\sqrt{2}} 8 = 6$．

⑤ $a^x = a$ から，$\log_a a = 1$．

⑥ $a^x = 1 = a^0$ から，$\log_a 1 = 0$．

問 4 （Ⅰ） $a^s=p$, $a^t=q$ とおくと，指数法則 $a^s \times a^t = a^{s+t}$ から，

$$p \times q = a^{s+t}.$$

したがって，

$$\log_a(p \times q) = s+t.$$

ところが，$s = \log_a p$, $t = \log_a q$ であるから，$\log_a(p \times q) = \log_a p + \log_a q$.

（Ⅱ） 同様に，指数法則 $\dfrac{a^s}{a^t} = a^{s-t}$ から，

$$\frac{p}{q} = a^{s-t}.$$

よって，

$$\log_a \frac{p}{q} = s-t,$$

すなわち，$\log_a \dfrac{p}{q} = \log_a p - \log_a q$.

〈別解〉 $\log_a q + \log_a \dfrac{p}{q} = \log_a\left(q \times \dfrac{p}{q}\right) = \log_a p$

だから，$\log_a \dfrac{p}{q} = \log_a p - \log_a q$.

（Ⅲ） 指数法則 $(a^s)^k = a^{sk}$ から，

$$p^k = a^{sk}.$$

よって，$\log_a p^k = sk = (\log_a p) \times k = k \log_a p$.

ゆえに，$\log_a p^k = k \log_a p$.

問 5 ① $\log_a \dfrac{q^3}{p^2} = \log_a q^3 - \log_a p^2$

$$= 3\log_a q - 2\log_a p$$
$$= 3t - 2s.$$

② $\log_a \sqrt{p^3 q^5} = \log_a (p^3 q^5)^{\frac{1}{2}}$
$= \dfrac{1}{2}(\log_a p^3 + \log_a q^5)$
$= \dfrac{1}{2}(3\log_a p + 5\log_a q)$
$= \dfrac{1}{2}(3s + 5t)$
$= \dfrac{3}{2}s + \dfrac{5}{2}t.$

p. 207

問 6 対数の性質,

$$\text{II} \quad \log_a \dfrac{p}{q} = \log_a p - \log_a q$$

において, $p=1$ とおくと,

$$\log_a \dfrac{1}{q} = \log_a 1 - \log_a q.$$

ところが, $\log_a 1 = 0$ だから,

$$\log_a \dfrac{1}{q} = -\log_a q.$$

問 7 ① $\log_2 100 - 2\log_2 5 = \log_2(2^2 \times 5^2) - 2\log_2 5$
$= 2\log_2 2 + 2\log_2 5 - 2\log_2 5 = 2.$

〈別解〉 $\log_2 100 - \log_2 5^2 = \log_2 \dfrac{100}{25} = \log_2 4 = 2.$

② $3\log_2 \dfrac{2}{3} + 2\log_2 \dfrac{3}{4} + \log_2 6$
$= 3(\log_2 2 - \log_2 3) + 2(\log_2 3 - 2\log_2 2)$
$\quad + (\log_2 2 + \log_2 3) = 0.$

〈別解〉 $\log_2\left(\dfrac{2}{3}\right)^3 + \log_2\left(\dfrac{3}{4}\right)^2 + \log_2 6$

$$=\log_2\Bigl(\frac{2^3}{3^3}\times\frac{3^2}{2^4}\times 6\Bigr)=\log_2 1=0.$$

p. 208

問 8 ① $\log_2 9=\log_2 3^2=\dfrac{2\log 3}{\log 2}=\dfrac{2b}{a}.$

② $\log_{27} 16=\dfrac{\log 16}{\log 27}=\dfrac{4\log 2}{3\log 3}=\dfrac{4a}{3b}.$

③ $\log_3 5=\dfrac{\log 5}{\log 3}=\dfrac{1-\log 2}{\log 3}=\dfrac{1-a}{b}.$

問 9 底の変換公式により,
$$\log_a b=\frac{\log b}{\log a},\ \log_b a=\frac{\log a}{\log b}.$$
よって,
$$(\log_a b)(\log_b a)=\frac{\log b}{\log a}\times\frac{\log a}{\log b}=1.$$

p. 210 (4.2.5)

問 1

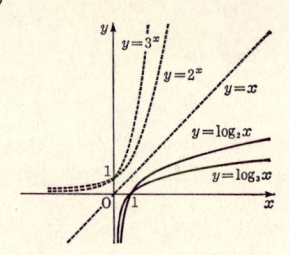

p. 211

問 2 $\log_4 x$ も増加関数である.
$$\log_4 1=0,\ \log_4 8=\frac{3}{2}$$

だから,
$$1 \leq x \leq 8 \text{ のとき}, \ 0 \leq \log_4 x \leq \frac{3}{2}.$$

p. 212 (4.2.6)

問1 ① $2=7^x$ とおいて,両辺 7 を底とする対数をとると,
$$\log_7 2 = \log_7 7^x.$$

ゆえに,$x=\log_7 2$.

したがって,$2=7^{\log_7 2}$.

② $2=a^x$ とおいて,両辺 a を底とする対数をとると,
$$\log_a 2 = \log_a a^x.$$

ゆえに,$x=\log_a 2$.

したがって,$2=a^{\log_a 2}$.

問2 ① $2^{\log_2 3}=x$ とおいて,両辺 2 を底とする対数をとると,
$$\log_2 2^{\log_2 3} = \log_2 x,$$
$$\log_2 3 = \log_2 x.$$

よって,$x=3$.

したがって,$2^{\log_2 3}=3$.

② $3^{-2\log_3 2}=x$ とおいて,両辺 3 を底とする対数をとると,
$$\log_3 3^{-2\log_3 2} = \log_3 x,$$
$$-2\log_3 2 = \log_3 x.$$

よって,$\log_3 x=\log_3 2^{-2}$.

ゆえに,$x=2^{-2}=\dfrac{1}{4}$.

したがって,$3^{-2\log_3 2}=\dfrac{1}{4}$.

〈別解〉 $a^{\log_a b}=b$ だから,
$$3^{-2\log_3 2} = (3^{\log_3 2})^{-2} = 2^{-2} = \frac{1}{2^2} = \frac{1}{4}.$$

p. 216

練習問題

1 $2^{10}=1024$ だから,
$$10^3 < 2^{10} < 10^4.$$
よって, $10^{0.3} < 2 < 10^{0.4}.$
したがって,
$$0.3 < \log_{10} 2 < 0.4.$$

2 $\log 1 = 0.$
$\log 4 = \log 2^2 = 2a.$
$\log 5 = \log \dfrac{10}{2} = 1 - a.$
$\log 6 = \log(2 \times 3) = a + b.$
$\log 8 = \log 2^3 = 3a.$
$\log 9 = \log 3^2 = 2b.$
$\log 10 = 1.$
$\log 70 = \log(10 \times 7) = 1 + c.$
$\log 600 = \log(10^2 \times 6) = 2 + a + b.$

3 $3 = 10^{0.4771}$ だから,
$$3^{50} = (10^{0.4771})^{50} = 10^{23.855}.$$
よって, $10^{23} < 3^{50} < 10^{24}.$
したがって, 3^{50} は 24 けたの数である.

〈別解〉

$3^{50} = x$ とおいて, 両辺の常用対数をとると,
$$\log x = 50 \log 3 = 23.855.$$
ゆえに, $10^{23} < x < 10^{24}.$
したがって, 3^{50} は 24 けたの数である.

4 (1) $\log_{\sqrt{2}} 2 = \dfrac{\log 2}{\log \sqrt{2}} = \dfrac{\log 2}{\dfrac{1}{2}\log 2} = 2.$

(2) $\log_3 \dfrac{4}{3} - 2\log_3 \sqrt{12} = (\log_3 4 - \log_3 3) - (\log_3 4 + \log_3 3)$
$$= -2.$$

(3) $(\log_3 2)(\log_8 9) = \dfrac{\log 2}{\log 3} \times \dfrac{\log 9}{\log 8} = \dfrac{\log 2}{\log 3} \times \dfrac{2\log 3}{3\log 2}$
$$= \dfrac{2}{3}.$$

(4) $\dfrac{\log_5 8}{\log_5 4} = \dfrac{\log_5 2^3}{\log_5 2^2} = \dfrac{3}{2}.$

5 (1) $\log_2 \dfrac{9}{7} = \log_2 9 - \log_2 7 = 2\log_2 3 - \log_2 7 = 2a - b.$

(2) $\log_6 21 = \dfrac{\log_2 21}{\log_2 6} = \dfrac{\log_2 3 + \log_2 7}{\log_2 2 + \log_2 3} = \dfrac{a+b}{1+a}.$

6 $1.5 = \dfrac{3}{2}\log_2 2 = \log_2 2^{\frac{3}{2}} = \log_2 \sqrt{8}.$

$\log_2 3 = \log_2 \sqrt{9}.$

関数 $y = \log_2 x$ は増加関数で，
$$\sqrt{8} < \sqrt{9}$$
だから，$\log_2 \sqrt{8} < \log_2 \sqrt{9}$.

よって，$1.5 < \log_2 3$.

〈別解〉
$$9 > 8.$$
両辺 2 を底とする対数を考えると，
$$\log_2 9 > \log_2 8,$$
$$2\log_2 3 > 3.$$
ゆえに，$\log_2 3 > 1.5$.

7 x 時間後のバクテリアは,2^x 個であるから,10万個以上になるには,
$$2^x > 10^5.$$
両辺の常用対数を考えて,
$$x \log 2 > 5.$$
よって,$x > \dfrac{5}{\log 2} = \dfrac{5}{0.3010}.$
ゆえに
$$x > 16.6.$$
したがって,17時間かかる.

8 (1) $y = \log_2 \dfrac{1}{x} = -\log_2 x.$

したがって,$y = \log_2 x$ とは,x 軸に関して対称である.

(2) $y = \log_2 x$ と,$y = 2^x$ とは逆関数である.

したがって,直線 $y = x$ に関して対称である.

9 (1) 関数 $y = \log_{10} x$ は,底が1より大だから増加関数である.

また,$2 = \log_{10} 10^2$ だから,
$$\log_{10} x > 2,$$
$$\log_{10} x > \log_{10} 10^2.$$
したがって,$x > 100.$

(2) 関数 $y = \log_{0.1} x$ は,底が1より小だから減少関数である.また,
$$2 = \log_{0.1} 0.1^2$$
だから,
$$\log_{0.1} x > 2,$$
$$\log_{0.1} x > \log_{0.1} 0.1^2.$$

したがって，$0 < x < 0.01$.

p. 218
章末問題

1 全てなりたたない．
   ここでは，生徒にいろいろ反例をあげさせたい．

2 (1) $(ab^{-1}+a^{-1}b)^2-(ab^{-1}-a^{-1}b)^2$
   $=a^2b^{-2}+2ab^{-1}a^{-1}b+a^{-2}b^2-(a^2b^{-2}-2ab^{-1}a^{-1}b+a^{-2}b^2)$
   $=4$.

   (2) $(\log_2 3+\log_4 9)(\log_3 4-\log_9 2)$
   $=\left(\dfrac{\log 3}{\log 2}+\dfrac{\log 9}{\log 4}\right)\left(\dfrac{\log 4}{\log 3}-\dfrac{\log 2}{\log 9}\right)$
   $=\dfrac{2\log 3}{\log 2}\times\dfrac{3\log 2}{2\log 3}=3$.

3 平均して1年ごとにx倍になるとすると，2年後には，
$$A\times x^2 \text{円}$$
   となる．実際には2年で
$$(A\times 2)\times 3 \text{円}$$
   であるから，
$$A\times x^2 = A\times 6,$$
$$x^2 = 6.$$
   よって，$x=\pm\sqrt{6}$.
   $x>0$ だから，$x=\sqrt{6}$.
   したがって，平均すると1年に$\sqrt{6}$倍，つまり，約 2.45 倍になる．

4 対数の定義から，
$$x-1 = 2^3.$$
   よって，$x=9$.

5 (1) Mは2点P, Qの中点だから,

$$\frac{\log_2 3 + \log_2 12}{2} = \frac{1}{2}\log_2 36 = \log_2 6.$$

したがって,

Mのy座標は, $\log_2 6$. （もしくは$1+\log_2 3$）.

(2) $a=6$.

6 $\log 2 = 0.3010$ より,

$$2 = 10^{0.3010}.$$

よって, $\dfrac{1}{2} = 2^{-1} = 10^{-0.3010}$

であるから,

$$\left(\frac{1}{2}\right)^{30} = (10^{-0.3010})^{30} = 10^{-9.03}.$$

ゆえに,

$$10^{-10} < \left(\frac{1}{2}\right)^{30} < 10^{-9}.$$

したがって, 小数第10位にはじめて0でない数字が現れる.

7 $20 \times x$ 分後のバクテリアの個数は,

$$40 \times 2^x.$$

これが100万個に等しくなったつぎの瞬間には100万個を超えるので

$$40 \times 2^x \geqq 10^6.$$

よって, $2^x \geqq \dfrac{10^5}{4}$.

両辺の常用対数をとって

$$x \log 2 \geqq 5 - 2\log 2,$$

$$x \geq \frac{5-2\log 2}{\log 2} = \frac{4.3980}{0.3010} \fallingdotseq 14.6.$$

したがって，
$$20 \times 14.6 = 292\,(\text{分}) = 4\,\text{時間}\,52\,\text{分}.$$
すなわち，100 万個を超えるのは 4 時間 53 分後である．

3 授業の実際

●指数関数の導入

指数関数の導入は，教科書では「倍々の法則」において，
{ 古典落語「墓の油」の口上から，紙を半分にしていった厚さ，
{ 現在 400 円のラーメンの 10 年後の値段
の話題から入っている．倍々の法則つまり指数変化をさらに一層印象づけるには，紙を 20 回切るのを 30 回切ることにするのもよい．ここ数年，実際の授業はつぎのような問題を提起し，生徒に予想させることから導入してきた．

新聞紙は，たて 54.5 cm，よこ 81 cm です．だいたい，たて 55 cm，よこ 80 cm，厚さを 0.1 mm として，つぎの問題をやってみよう．

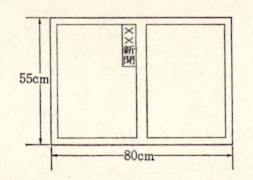

問　1 枚の新聞紙を半分，半分，…と折りたたみ，30 回折りたたむことが可能だとしたら，
　(1) その厚さ　　(2) その面積
を計算してみよう．
　計算を始める前に，まず直観的にどれぐらいかを予想してみよう．
　(1) その厚さは

> ア 10 m 以内　　イ 100 m　　ウ 1000 m　　エ その他
> (2) その面積は
> ア 1 cm²　　イ 0.01 cm²　　ウ 0.0001 cm²　　エ その他

(1)について，ある年の2クラス合わせた生徒の予想の分布はつぎのようになった．

ア 51　　イ 14　　ウ 9　　エ 4

「エ」と予想した4人にどれぐらいの厚さになるかを聞いてみたところ2000～3000 mを予想しており，実質的には全員予想が外れていた（やはり架空の話だ）．

指数変化を正比例の変化と思っている生徒が多いので，正比例と同じく基本的な法則として指数変化をよく理解させるために，その導入には十分工夫や配慮をしたいものである．

そのためのいくつかの問題をつぎに提示しておこう．これらは一番最初に生徒への問題提起にとどめるだけでもよいと思う．

> むかし，インドにセーラムという王様がいました．
> そして，数多くの家来の中に，セッサ・イブン・ダヘルというものがいました．
> ある日，セッサはチェス（西洋将棋）を発明して王様に献上したのです．
> 喜んだ王様は，セッサに，「好きなだけほうびをとらせるぞ」と約束しました．
> そこでセッサは，「将棋盤の第一の目に小麦を1粒，つぎの

目に2粒, そのつぎに4粒としだいに2倍ずつふやしていって, 最後の64番目に当たる分の小麦をいただけないでしょうか」といいました. 64というのは, チェスの目は, 8×8=64だからです.

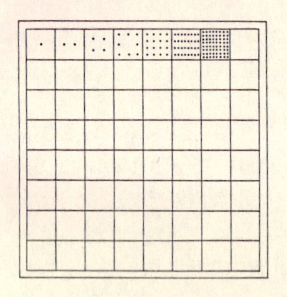

王様はいいました. 「それはいともたやすい願いじゃ, 早速受けとるがよい」

そこで計算をはじめましたが… その結果は？ 小麦は何粒でしょうか.

三省堂「基礎解析」傍用問題集 p.42

太閤秀吉の家臣曾呂利新左衛門が手柄をたて, 秀吉にほうびは何がよいかと聞かれたとき, 「きょうは米を1粒, あすは2粒, つぎの日は4粒…とつぎつぎに2倍にして将棋盤の目の数 9×9=81, つまり81日分の米をいただきたい」と答えたという.

81日目の米の量だけでも, どれぐらいの量になるだろうか.

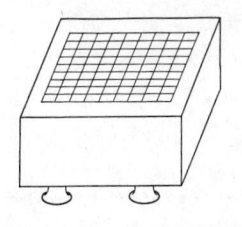

「数学Ⅱ」傍用問題集 p.15

　大儲金融はつぎのような宣伝をしていた．
"1万円を1週間借りても週刊誌1冊分(150円)の利息です"
　ここで100万円借りると，1年後には利息はどれぐらいになっているだろうか．5年後だとどうか．

「基礎解析」「数学Ⅱ」傍用問題集それぞれ p.50 と p.21

　[1980年] 現在，世界人口は約45億で，地球上の陸地面積は約 1.4 億 km^2 である．したがって，平均すれば現在1人当たり約 $0.03 \, km^2$ の土地を占めていることになる．
　そして，世界人口は毎年約2%の割合で増加している．この状態が続けば，1人当たりが $1 \, m^2$ の土地になるのは何年後のことだろうか．

同上

(時永　晃)

● 指数関数のグラフ

数学Ⅱの教科書のコラム「みちくさ」でとりあげたように，わら半紙や模造紙を折って $y=2^x$ のグラフをかく作業をするとよいだろう．

みちくさ 52

指数関数の折り紙

わら半紙を折って工夫すると，$y=2^x$ のグラフのだいたいの形がかける．

まず，わら半紙を図のように半分に折って折れ線をつくり，その半分の部分をまた半分に折って折れ線をつくる．こうして5回ほどくり返し折る．

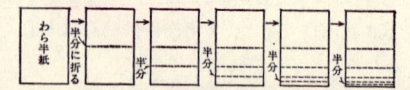

つぎに，このわら半紙を縦に8等分する折れ線をつくり，x 軸，y 軸をそれぞれ下の図のようにきめて目盛りをつける．わら半紙は，横には等間隔に折ったので，x が0のとき y は1，x が1のとき y は2，x が2のとき4，…と点がとれる．この点を結ぶと $y=2^x$ のだいたいの形ができる．実際にわら半紙を折って，グラフをかいてみよう．

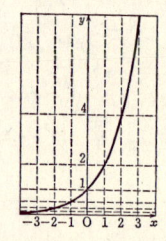

また，$y=2^x$ のグラフは，電卓を使って 0.1 きざみぐらいで点

をプロットさせ,「$x=10$ のときの y の値を目盛るためには,グラフ用紙のたての長さがどれぐらい必要か」という問いかけなどをしてみるのもよいだろう.

(時永 晃)

● マグニチュードと対数

太郎 地震の大きさを表すのにマグニチュードというのがあるのを知っているだろう.

弓子 震度3,とか震度2とかいう震度のことかしら?

太郎 いや,震度というのはゆれ方の程度で,1つの地震でも場所によって震度は違うだろう.

ところがマグニチュードというのは,ある1つの地震がどの程度に大きい地震であるかを示す量なんだね.

マグニチュード 7.5,なんていうと大地震で各地に被害は出るけれど,震源地からうんと遠いところの震度は小さくなるだろう.

ひろし マグニチュード7の地震でも,場所ごとに震度は違うってことですね.

太郎 そうそう.

ところでこのマグニチュードというのは,どうやって決めるかというと,震源地から 100 km 離れた場所にある地震計の最大の振れ幅の対数をとったものなんだ.

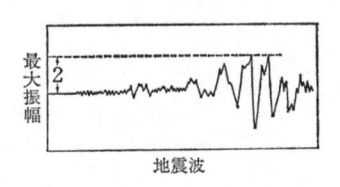

地震波

マグニチュード＝$\log_{10} l$

　（但し，l は地震計の最大振幅．単位はミクロンで測る）

弓子　ふーん．こんなところにも対数が使われるのね．

どうして対数など使われるのかしら．

太郎　$\log_{10} l$ で l が10倍，100倍，1000倍…となってゆくと，$\log_{10} l$ の値は1ずつふえてゆくだろう．

つまりマグニチュードが1ふえるということは，その地震のゆれ方の大きさが10倍になるということなんだ．

このような対数の使われ方はほかにもある．

音の強さを表すデシベルという単位は，音の強さの対数をとったものだし，星の明るさを表す「1等星」とか「2等星」とかの決め方も，星からくる光の量をはかり，その対数をとったものなんだ．星の場合は光の量が大体2.5倍になるごとに等級が1あがるんだ．

そのほか酸とアルカリの強さを表すのに pH（ペーハー）というのが使われるけれど，これも，大雑把ないい方をすると，水にとけている酸の濃さの対数をとったものなんだ．

pH（ペーハー）が1ふえるごとにアルカリ性が10倍強くなると考えていいんだ．

　　　　　　　　　　　　　　　　　　　　　　　　（時永　晃）

　　　　　　　　　　　（ほるぷトレーニングテキスト「高校数学Ⅰ」）

4 参考

●バクテリアの増殖

バクテリア（細菌）のふえかたは，一般的に指数法則に従うといわれる．実際の資料で調べてみると，つぎのようになった．

（実験）アエロゲネス菌（大腸菌の親類）をブドウ糖培地で37℃で培養したときの実験データはつぎのようになった．なお，細菌数は最初 2.0×10^6 個/ml であった．

ここで，菌の量を"個"で表しているが，微生物化学では，培養の方法によっては，"重量"でも表したりする．菌数を調べる方法は，当然1個1個数えるのではなく，試験管に光をあて，そ

培養時間 （分）t	細菌数 （個）n
0分	2.0×10^6 個/ml
150分	14.1×10^6 個/ml
200分	38.9×10^6 個/ml
250分	104.7×10^6 個/ml
280分	190.6×10^6 個/ml
310分	346.7×10^6 個/ml
340分	616.5×10^6 個/ml
370分	794.2×10^6 個/ml
400分	812.7×10^6 個/ml

表1

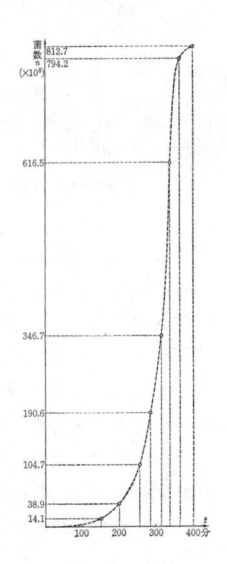

の透過性で調べる．

表1の実験のデータから，グラフをかくと，その右のようになる．

このグラフをみると，指数関数のグラフらしい．そうであるなら，2倍になるのにかかる時間はいくらだろうか．そこで，横軸に時間，たて軸に細菌数の対数（$\log n$）をとって，グラフをかく．片対数方眼紙を使うと便利である．

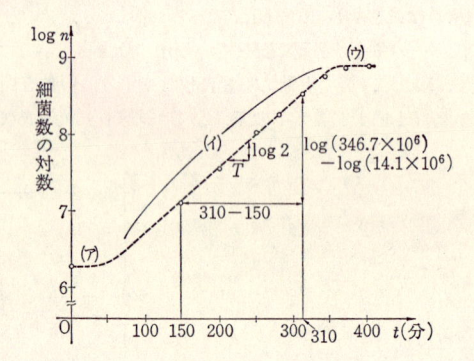

すると，(イ)の部分が直線になり，そこでは，指数的に増殖していることがわかる．なお，(ア)の時期は誘導期といい細胞分裂開始前であり，(イ)の時期は指数増殖期といい，一定速度で分裂しているときであり，(ウ)の時期は定常期といい，細胞分裂が停止しているときである．フラスコ等の閉じた容器内では，このような増殖をする菌が多い．

1個の細胞が分裂してからその娘細胞が分裂するまでを"世代時間"という．数百万個の細胞を対象とすると，全細胞に対する平均の世代時間はかなり一定の値を示すので，これを"平

均世代時間"という．すなわち，細菌が2倍の数になるのに要する時間を，平均世代時間とよぶ．

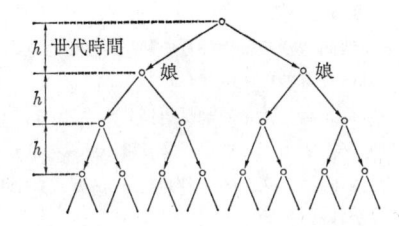

さて，表1の実験データで，平均世代時間 T を求めてみる．

指数増殖期で，$t=150$ から $t=310$ まで，x 世代だったとすると，

$$346.7 \times 10^6 = 14.1 \times 10^6 \times 2^x.$$

両辺の対数をとると，

$$\log(346.7 \times 10^6) = \log(14.1 \times 10^6) + x \log 2.$$

よって，

$$x = \frac{\log(346.7 \times 10^6) - \log(14.1 \times 10^6)}{\log 2}$$

$$= \frac{2.540 - 1.149}{0.3010} = 4.621.$$

よって，

$$T = \frac{310 - 150}{4.621} \fallingdotseq 34.62$$

となり，平均世代時間は約35分である．

微生物化学の分野では，指数的増殖は直線に感じられるということである．

参考文献『生物物理化学Ⅱ』(共立全書)．　　　　　(何森　仁)

●住宅ローン

ふつう，住宅ローンの返済は，つぎの①と②を加えた額を毎月返す方法をとっている.
① 借入金額の残高にみあった毎月の利息（このときの月利は年利を 12 で割ったもの）
② 毎月返済する元金（元金の割賦返済分）

これは月利（残債）方式といい，返済額の計算のしかたによって，「元金均等」返済方式，「元利均等」返済方式，「元利逓増」返済方式に分かれる．

〈例〉 借入額　1000 万円
　　　金利　　8.22％（月利 0.685％）
　　　返済　　20 年間の毎月払い（240 回支払い）

（元金均等返済方式）

毎月返す元金を均等にした返済方式．その額は，上の例では 1000 万円を 240 で割ることになって，4 万 1666 円．（ア）

借り入れ後 1 カ月目の利息は，1000 万円×0.685％＝6 万 8500 円．（イ）

したがって，1 カ月目の返済総額は，（ア）＋（イ）＝11 万 0166 円．

2 カ月目は元金が 995 万 8334 円に減っている．これに 0.685％をかけて，6 万 8214 円．（ウ）

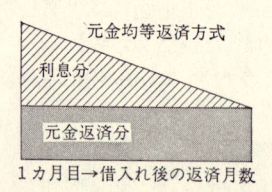

1 カ月目→借入れ後の返済月数

したがって，2カ月目の返済総額は

(ア)+(ウ) = 10万9880円.

こうして，毎月の返済総額はだんだん減っていく．

(元利均等返済方式)

毎月の返済額（元金と利息の合計）が240回すべて同じ額になるように計算したもの．毎月の返済額は，つぎの式で表される．

$$毎月の返済額 = \frac{AB}{\left\{1-\left(\frac{1}{1+A}\right)^n\right\}}$$

（A は月利，B は借入額，n は支払い回数）

これで計算すると月々の返済額は，8万5018円．(エ)

1カ月目の利息は6万8500円(イ)だから，元金の返済分は，

(エ)-(イ) = 1万6518円．(オ)

2カ月目の元金は

1000万円 - 1万6518円 = 998万3482円．

2カ月目の利息は998万3482円×0.685%＝6万8386円．(カ)

2カ月目の元金の返済分は

(エ)-(カ) = 1万6632円．

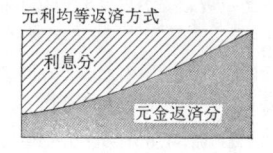

元利均等返済方式

利息分

元金返済分

(元利遞増返済方式)

文字通り返済額がだんだんふえる方式．最初の返済額は低

く，次第に高くなっていく．

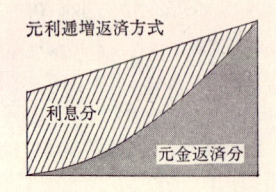

元利逓増返済方式

利息分

元金返済分

いま銀行の住宅ローンではほとんど「元利均等」であり，住宅金融公庫融資も「元利均等」になっている．年金福祉事業団融資は「元金均等」，住宅・都市整備公団の分譲住宅は「元利逓増」をとっている．

(1982年「赤旗（日曜版）」より)

● 手作りの対数

高校で対数を教わるあたりで，数学ぎらいになりだす人がよくある．数学の歴史の上では，小数が完成するとすぐに対数が生まれた，なんて話をすると不思議がられたりする．

ものさしの目盛りのように，小数が直線上に並んでいるイメージというのは，今ではあたりまえのように思いかねないが，そうしたイメージが定着してから，まだ400年もたっていないのだ．

その証拠に，なにかの出来事のおこった時刻を記すのに，例えば1月2日3時4分といった表現をするが，これは途中で表現法が変っている．11時59分から1分たつと0時0分になるのに，どうして12月31日の翌日が1月1日などになるのか．0月0日明けましておめでとう，と言った方がゼロからの出発といった新鮮な感じがするではないか．

これは，3時4分の方が，小数式に0から点で目盛っているのに，1月2日の方は非小数式に区間で数えているからである．

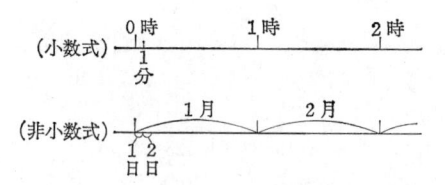

```
(小数式)    0時      1時      2時
            ┊
            1
            分

(非小数式)    1月      2月
            ┊┊
            1 2
            日日
```

ところで，小数まで含めて，10進構造の体系ができてみると
$$100 \times 1000 = 100000$$
のように，桁数の法則ができて，0の数についてはつぎのようになる．
$$2+3 = 5$$

実際の桁数はこれより1つ多いのだが，これは小数式に数えないからで，小数式「桁数」として，10を「1桁」，100を「2桁」，1は「0桁」というようにすれば，この計算とうまく合う．つまり，1はまだ「0桁」のはじまりで，2, 3, …と「0.…桁」になり，10になってやっと「1桁」がはじまる．というように考えるのである．こちらの方を「桁数」と言っていたのでは，使いなれた非小数式の桁数と食いちがうので，これを対数という．
つまり

対数とは小数式「桁数」のこと

と考えておけばよい．

高校の教科書の付録あたりには，対数表と称する表がズラーと書いてある．もちろん精密な計算にはあれが必要だが，精密すぎて，なにか身のまわりから遠そうな気がする．ここでは「手作りの対数」でやってみよう．

ここで，下の図のような円を考えて 10 倍するたびに 1 回転，つまり「1 桁」上がるとする．2 倍では，それを 3 回やっても
$$2 \times 2 \times 2 = 8$$
だから，1 回転にならない．つまり 1/3 回転より少ない．

　もっと考えてみよう．マージャンでいえば 10 ファンするわけだ．これは
$$2,\ 4,\ 8,\ 16,\ 32,\ 64,\ 128,\ 256,\ 512$$
と 9 回やって，つぎがマンガンの 1024 で，だいたい「3 桁」になる．つまり，2 は「0.3 桁」と考えてよい．あと 3 ファン，つまり 8 倍しても，まだ 4 桁にならない．
$$4 \div 13 = 0.30\cdots$$

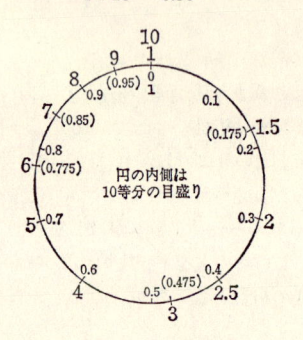

だから，これは「0.31 桁」まで行かない．実は，これだと 4 捨 5 入で 0.31 になってしまうが，もっと正確な計算では 0.30 となっている．すなわち
$$\log 2 = 0.30$$
というのはこの程度でだいたい作れる．

　これで

$$\log 2 \longrightarrow \log 4 \longrightarrow \log 8$$

の順で，値がわかる．こういう調子で10回やると3回転するわけだ．また，$\log 5$の方は，あと0.3回転して1回転になるので，これもわかる．

$\log 3$については，3倍を2回で9倍なので，10に少したりないのだから，0.5に少したりない．もう少し正確には，81からやった方がよい．これは80に近いので，$\log 80$というのは，1回転と0.9，すなわち1.9である．こうして

$$\log 8 \longrightarrow \log 81 \longrightarrow \log 9 \longrightarrow \log 3$$

という風に半分を考えていけば

$$\log 9 = 0.95, \quad \log 3 = 0.475$$

と2の割り算だけで，だいたいの値がわかる．そして，$\log 6$については，0.30回転と0.475回転だから，0.775になる．

もうあとは，$\log 7$しか残っていない．これは，$\log 50$が1.7回転だから

$$\log 5 \longrightarrow \log 4.9 \longrightarrow \log 7$$

とやって，だいたい

$$\log 7 = 0.85$$

になる．

これで，10までの整数の2桁の対数表が手作りで作れたことになる．ついでにすいたところも埋めておくと，同じようにして

$$\log 1.5 = 0.175, \quad \log 2.5 = 0.40$$

がわかる．ずいぶん安直に作ったようだが，0.05ぐらいの幅で近似が合っていて，これだけで，相当なことまで可能になる．

例えば，毎年1割ずつ減ったら10年でどうなるか．これは，0.9倍を10回やるわけだが，この場合は円を見てもわかるよう

に
$$\log 0.9 = -0.05$$
で, 逆まわりに 0.05 回転する. だから, 10 回では, 逆に 0.5 回転で, 0.3 よりちょっといったあたりにくる. つまり, 1 割引きを 10 回くりかえすと, だいたい 1/3 になるわけである. どこかに, 過疎の村で毎年人口が 1 割ずつ減って, 10 年間でなくなりそうだなんて書いてあったが, 本当はまだ 1/3 も残っているわけだ. 20 年ぐらいたっても, これで「1 桁」下がるだけ, つまり 1 割は残っている.

実用上というと, 1 割とか 5 分の利子について, つまり $\log 1.1$ や $\log 1.05$ のあたりも, 手作りでしておいた方が役に立つが, 対数の感じをつかむためだけなら, この「2 桁の対数」を目盛った「円型計算尺」で, 充分と思う.

この点では, 高校の対数というのは, 完全主義がすぎて, 精密な値を出しすぎるので, 対数のフィーリングを身近なものにできなくしているような気がする.

この程度なら, ちょっとした計算で手作りできるし, それを円上の回転として目盛りながら計算しているうちに, 自然と対数のフィーリングが生まれそうに思う. それに, 人間というものは, 手作りのものを身近に感ずる習性があるものだ.

数学といっても, そんなに正確で完全な精密さを追求するより, もっと手近なフィーリングを, 少々は荒けずりでも, 大事にしたいものだ.

(森 毅)
「クリモトニュース」

第5章 三角関数 （教科書 p.223〜273）

1 編修にあたって

●三角比と三角関数

　三角形を固定し，それを対象物として，角と辺の関係を sin と cos を使って調べるのを「三角比」とよぶことにする．また，円運動を考え，角を変数と考えて $y=\sin\theta$，$x=\cos\theta$ などの関数を考えるのを「三角関数」とよぶことにする．すると，この両者，「三角比」と「三角関数」は，三角関数の一つの関数値を考えたときが三角比といういわば一般と特殊の関係であるともいえるが，しかしそれだけにとどまらないむずかしさがある．

　歴史的にみても，三角比はギリシアの数学者・天文学者ヒッパルコスあたりによりすでにはじめられ，天文観測の必要上，角と弦の関係を算出することが行われている．ヘロンの公式で有名なヘロンもヒッパルコスから多くを学んだといわれているが，彼も実地の測量家であったらしい．すなわち，三角比はその生成のはじめは測量の道具として生まれた．あくまでも対象は固定された「三角形」であった．

　ところが，三角関数となると，これを「円関数」とよぶ人がいるのをみてもわかるように，直接の対象は「円運動」である．

　したがって，「三角形」と「円」，「静止」と「運動」という非常に対立的な視点をもっていることになる．

　数学的には，近代の関数概念の誕生以後，三角比は三角関数

に「のみ込まれた」形で整理されるのだが,教育という営みは,人類が文化を発展させた歴史をかなりの程度くりかえすことが効果的であるから,簡単に一般・特殊の関係で整理しきれない.

「数学Ⅰ」の三角比と「基礎解析」の三角関数の位置づけについては以上のような微妙な問題がつきまとう.

●三角関数の指導

この「第5章 三角関数」では,もちろん「関数としての」三角関数を指導することになる.

したがって,編修にあたって,全体を通してそれが一貫されるように配慮した.すなわち,第1節で三角関数を導入し,第2節で単振動を記述することによって「関数としての」三角関数が生かされるという形になっている.平面上の円運動そのものの解析は微分が武器となるので「微分・積分」にまわさざるを得ないのだが,現実の諸現象を数学で解析するという点は十分重視したいものである.

(小沢健一)

2 解説と展開

5.1 三角関数 (p.224〜250)

A 留意点

回転量を表す一般角の導入と,その上での三角関数の定義とグラフが中心となる.また加法定理が扱われる.加法定理については,長方形の対角線の交点を考える独特な導き方をしてみた.他のいろいろな方法もあるので併用してみるのもおもしろい.

B 問題解説

p.225 (5.1.1)

問1 略

問2 0°から360°までの間で,OA は 150°, OB は 240°を表す.
また,−180°から180°までの間では,OA は 150°, OB は −120°を表す.

p.226

問3 OA は,$150°+n\cdot 360°$, OB は,$-120°+n\cdot 360°$ を表す.
ただし,n は整数.

p.227

問4 $90°<100°<180°$ だから,100°は第2象限の角.
$180°<210°<270°$ だから,210°は第3象限の角.
$-240°=120°+(-1)\cdot 360°$ だから,−240°は第2象限の角.
$-980°=100°+(-3)\cdot 360°$ だから,−980°は第2象限の角.

p.228 (5.1.2)

問1 −30°を表す動径は,つぎの図の OA である.この上に,

たとえば，座標が $(\sqrt{3}, -1)$ である点 P をとると，OP=2 となる．そこで，

$$\sin(-30°) = -\frac{1}{2}, \quad \cos(-30°) = \frac{\sqrt{3}}{2},$$

$$\tan(-30°) = -\frac{1}{\sqrt{3}}.$$

225° を表す動径は，図の OB であるから，この上に，たとえば，座標が $(-1, -1)$ である点 Q をとると，OQ=$\sqrt{2}$ となる．そこで

$$\sin 225° = -\frac{1}{\sqrt{2}}, \quad \cos 225° = -\frac{1}{\sqrt{2}},$$

$$\tan 225° = 1.$$

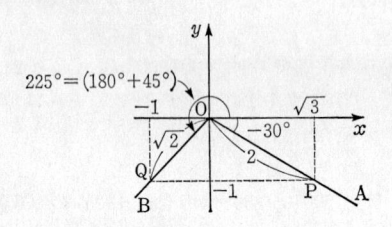

p.232

問 2 $\dfrac{1}{\cos^2\theta} = \dfrac{\sin^2\theta + \cos^2\theta}{\cos^2\theta} = \tan^2\theta + 1$

の関係があったから，

$$\tan^2\theta = \frac{1}{\cos^2\theta} - 1$$

$$= 2 - 1 = 1.$$

そこで，$\tan\theta = \pm 1$ となる．

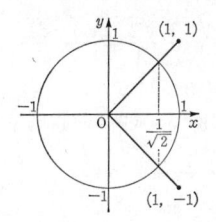

p. 233 (5.1.3)

問1 $\cos(-36°)=\cos 36°$ であるから,教科書巻末の表から,
$\cos(-36°)=0.8090.$

p. 235

問2 $\sin 170°=\sin(80°+90°)=\cos 80°=0.1736.$

問3 $\cos(\theta+180°)=\cos((\theta+90°)+90°)$
$=-\sin(\theta+90°)=-\cos\theta.$
$\sin(\theta+180°)=\sin((\theta+90°)+90°)$
$=\cos(\theta+90°)=-\sin\theta.$

したがって,

$$\tan(\theta+180°) = \frac{\sin(\theta+180°)}{\cos(\theta+180°)} = \frac{\sin\theta}{\cos\theta} = \tan\theta.$$

問4 $\cos(180°-\theta)=\cos(180°+(-\theta))=-\cos(-\theta)=-\cos\theta.$
$\sin(180°-\theta)=\sin(180°+(-\theta))=-\sin(-\theta)=\sin\theta.$
$\tan(180°-\theta)=\tan(-\theta)=-\tan\theta.$

p. 238 (5.1.4)

問1 $\cos 75°=\cos(30°+45°)$
$=\cos 30°\cos 45°-\sin 30°\sin 45°$
$=\dfrac{\sqrt{3}}{2}\cdot\dfrac{1}{\sqrt{2}}-\dfrac{1}{2}\cdot\dfrac{1}{\sqrt{2}}$

$$=\frac{\sqrt{3}\cdot\sqrt{2}}{4}-\frac{\sqrt{2}}{4}=\frac{\sqrt{6}-\sqrt{2}}{4}.$$

$$\cos 105° = \cos(60°+45°)$$
$$= \cos 60° \cos 45° - \sin 60° \sin 45°$$
$$= \frac{1}{2}\cdot\frac{1}{\sqrt{2}}-\frac{\sqrt{3}}{2}\cdot\frac{1}{\sqrt{2}}$$
$$= \frac{\sqrt{2}-\sqrt{6}}{4}.$$

$$\tan 75° = \tan(45°+30°)$$
$$= \frac{\tan 45° + \tan 30°}{1-\tan 45° \tan 30°}$$
$$= \frac{1+\dfrac{1}{\sqrt{3}}}{1-\dfrac{1}{\sqrt{3}}} = \frac{\sqrt{3}+1}{\sqrt{3}-1} = 2+\sqrt{3}.$$

p. 239

問 2 $\cos(\alpha+\beta) = \cos\alpha\cos\beta - \sin\alpha\sin\beta$ で $\alpha=\beta$ とすると,
$$\cos 2\alpha = \cos^2\alpha - \sin^2\alpha. \qquad (1)$$
$\sin(\alpha+\beta) = \sin\alpha\cos\beta + \cos\alpha\sin\beta$ で $\alpha=\beta$ とすると,
$$\sin 2\alpha = 2\sin\alpha\cos\alpha. \qquad (2)$$
$\tan(\alpha+\beta) = \dfrac{\tan\alpha+\tan\beta}{1-\tan\alpha\tan\beta}$ で $\alpha=\beta$ とすると,
$$\tan 2\alpha = \frac{2\tan\alpha}{1-\tan^2\alpha}. \qquad (3)$$

問 3 $\cos(\alpha-\alpha) = \cos\alpha\cos(-\alpha) - \sin\alpha\sin(-\alpha).$
したがって
$$1 = \cos^2\alpha + \sin^2\alpha,$$

あるいは
$$\sin^2\alpha + \cos^2\alpha = 1.$$

問4 $(\cos\alpha + i\sin\alpha)(\cos\beta + i\sin\beta)$
$= \cos\alpha\cos\beta + i^2\sin\alpha\sin\beta + i(\sin\alpha\cos\beta + \cos\alpha\sin\beta)$
$= \cos(\alpha+\beta) + i\sin(\alpha+\beta).$

p. 240

問5 $\sin 15° = \sin(45° - 30°) = \sin 45°\cos 30° - \cos 45°\sin 30°$
$$= \frac{1}{\sqrt{2}}\cdot\frac{\sqrt{3}}{2} - \frac{1}{\sqrt{2}}\cdot\frac{1}{2}$$
$$= \frac{1}{4}(\sqrt{6} - \sqrt{2}).$$

p. 242 (5.1.5)

問1 $75° = \dfrac{5}{12}\pi$, $105° = \dfrac{7}{12}\pi$, $120° = \dfrac{2}{3}\pi$, $270° = \dfrac{3}{2}\pi$.

問2 $\dfrac{\pi}{18} = 10°$, $\dfrac{3}{4}\pi = 135°$, $\dfrac{11}{12}\pi = 165°$, $\dfrac{5}{3}\pi = 300°$.

問3 $\dfrac{l}{r} = \theta$ のとき, 中心角は θ 弧度であるときめたから,
$$l = r\theta.$$

半径 r の円の面積は, πr^2,

半径の等しい扇形の面積は, 中心角の大きさにも比例するが, 扇形の弧の長さにも比例するから求める面積を S とすると,
$$\frac{S}{\pi r^2} = \frac{l}{2\pi r} = \frac{\theta}{2\pi}.$$

そこで,
$$S = \frac{\pi r^2 l}{2\pi r} = \frac{1}{2}rl,$$

または，
$$S = \frac{\theta \cdot \pi r^2}{2\pi} = \frac{1}{2} r^2 \theta.$$

p. 246 (5.1.6)
問 実際にやらせたい．教科書の $y = \sin\theta$ のグラフをコピーしてもよい．

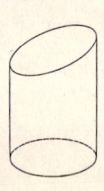

p. 249
練習問題

1    $\sin 3\theta = \sin(\theta + 2\theta)$
$\qquad = \sin\theta \cos 2\theta + \cos\theta \sin 2\theta$
$\qquad = \sin\theta(1 - 2\sin^2\theta) + \cos\theta \cdot 2\sin\theta\cos\theta$
$\qquad = \sin\theta(1 - 2\sin^2\theta) + 2\sin\theta(1 - \sin^2\theta)$
$\qquad = 3\sin\theta - 4\sin^3\theta.$

2   (1) $\sin\left(\theta + \dfrac{2\pi}{3}\right) = \sin\theta\cos\dfrac{2\pi}{3} + \cos\theta\sin\dfrac{2\pi}{3}$
$\qquad\qquad\qquad\quad = -\dfrac{1}{2}\sin\theta + \dfrac{\sqrt{3}}{2}\cos\theta.$

$\qquad\sin\left(\theta + \dfrac{4\pi}{3}\right) = -\dfrac{1}{2}\sin\theta - \dfrac{\sqrt{3}}{2}\cos\theta.$

したがって，
$$\sin\theta + \sin\left(\theta + \frac{2\pi}{3}\right) + \sin\left(\theta + \frac{4\pi}{3}\right) = 0.$$

(2) $\cos\left(\theta+\dfrac{2\pi}{3}\right)=\cos\theta\cos\dfrac{2\pi}{3}-\sin\theta\sin\dfrac{2\pi}{3}$

$\qquad\qquad\quad =-\dfrac{1}{2}\cos\theta-\dfrac{\sqrt{3}}{2}\sin\theta.$

$\cos\left(\theta+\dfrac{4\pi}{3}\right)=-\dfrac{1}{2}\cos\theta+\dfrac{\sqrt{3}}{2}\sin\theta.$

そこで,

$$\cos\theta+\cos\left(\theta+\dfrac{2\pi}{3}\right)+\cos\left(\theta+\dfrac{4\pi}{3}\right)=0.$$

〈別解〉 ベクトルを用いて,

$$\begin{pmatrix}\cos\theta\\ \sin\theta\end{pmatrix}+\begin{pmatrix}\cos\left(\theta+\dfrac{2\pi}{3}\right)\\ \sin\left(\theta+\dfrac{2\pi}{3}\right)\end{pmatrix}+\begin{pmatrix}\cos\left(\theta+\dfrac{4\pi}{3}\right)\\ \sin\left(\theta+\dfrac{4\pi}{3}\right)\end{pmatrix}=\begin{pmatrix}0\\ 0\end{pmatrix}$$

から, 証明できる (下の図).

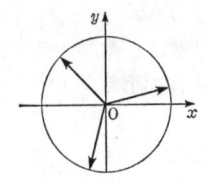

3 単位円と, 直線 $x=-\dfrac{1}{2}$ との交点を

$$\mathrm{P}\left(-\dfrac{1}{2},\ \dfrac{\sqrt{3}}{2}\right),\quad \mathrm{Q}\left(-\dfrac{1}{2},\ -\dfrac{\sqrt{3}}{2}\right)$$

とすると, OP の表す角は, $\dfrac{2}{3}\pi$, OQ の表す角は $\dfrac{4}{3}\pi$ である. ただし, O は原点.

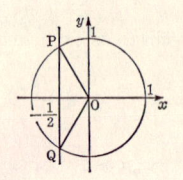

4 $(\cos\theta + i\sin\theta)^2 = \cos^2\theta + 2i\cos\theta\sin\theta + i^2\sin^2\theta$
$\qquad\qquad\qquad = (\cos^2\theta - \sin^2\theta) + i \cdot 2\sin\theta\cos\theta$
$\qquad\qquad\qquad = \cos 2\theta + i\sin 2\theta.$

5.2 単振動 (p. 251〜268)

A 留意点

　実在の現象として単振動をとりあげた．そして一応の目標として角速度が等しい2つの単振動の合成を扱う．大いに物理の内容と交流させ，数学が現実問題の解析にとって不可欠であることを強調したい．そして同時に，関数としての三角関数を身につけさせたい．

B 問題解説

p. 253 (5.2.1)

問1 長針は，1時間に負の向きに1回転するから，t 時には，負の向きに $2t\pi$ だけ回転している．したがって，
$$\theta = -2t\pi + \frac{\pi}{2}.$$

問2 $-\dfrac{\pi}{6}$ rad/時

p. 258 (5.2.3)

問 $T=\dfrac{2\pi}{\omega}=\dfrac{2\pi}{\dfrac{2}{3}\pi}=3.$

p. 268
練習問題

1 $y=2\sin\left(\dfrac{\pi}{3}t+\dfrac{\pi}{6}\right)$ と表されるから,

$$y = 2\sin\dfrac{\pi}{3}\left(t+\dfrac{1}{2}\right).$$

これは,

$$y = 2\sin\dfrac{\pi}{3}t$$

のグラフを,左へ $\dfrac{1}{2}$ 平行に移動させたグラフである.

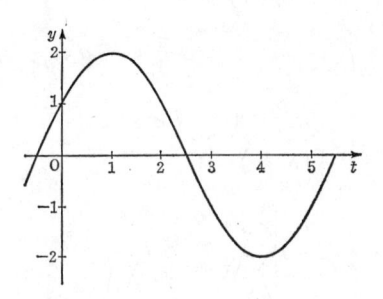

2 周期を T とすると,

$$\dfrac{\pi}{4}T = 2\pi$$

となる.したがって,

$$T = 8.$$

3 位相角の角速度を ω とすると
$$\frac{1}{60}\omega = 2\pi.$$
そこで, $\omega = 120\pi$. したがって, 求める式は
$$y = 100 \sin 120\pi t.$$

4 振幅は 5, 初期位相は $-\dfrac{\pi}{2}$ である.

周期を T とすると,
$$300\pi T = 2\pi,$$
$$T = \frac{1}{150}.$$

5 (1) $y = y_1 + y_2$ とおくと,
$$\begin{aligned}
y &= \sqrt{2}\left(\frac{1}{\sqrt{2}}\sin \pi t + \frac{1}{\sqrt{2}}\cos \pi t\right) \\
&= \sqrt{2}\left(\sin \pi t \cos \frac{\pi}{4} + \cos \pi t \sin \frac{\pi}{4}\right) \\
&= \sqrt{2}\sin\left(\pi t + \frac{\pi}{4}\right).
\end{aligned}$$

グラフは下のようになる.

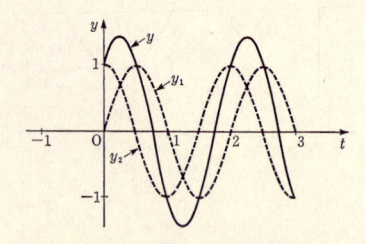

(2) $y = y_1 + y_2$ とおくと,
$$y = 2\left(\frac{1}{2}\sin\frac{\pi}{6}t + \frac{\sqrt{3}}{2}\cos\frac{\pi}{6}t\right)$$
$$= 2\left(\sin\frac{\pi}{6}t\cos\frac{\pi}{3} + \cos\frac{\pi}{6}t\sin\frac{\pi}{3}\right)$$
$$= 2\sin\left(\frac{\pi}{6}t + \frac{\pi}{3}\right).$$

これをグラフにかくと, つぎのようになる.

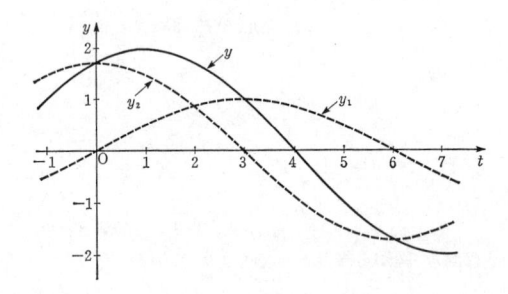

p. 269
章末問題

1 (1) θ は
$$\theta = 2n\pi \pm \frac{2\pi}{3} \quad (n \text{ は整数})$$
で与えられるから,
$$-\pi \leq 2n\pi \pm \frac{2\pi}{3} \leq \pi.$$
そこで
$$-\frac{5}{3}\pi \leq 2n\pi \leq \frac{\pi}{3},$$

または, $-\dfrac{\pi}{3} \leq 2n\pi \leq \dfrac{5}{3}\pi$.

どちらも $n=0$ であるから,
$$\theta = \pm\dfrac{2}{3}\pi.$$

(2) $\tan\theta = 1$ と変形できるから,
$$\theta = n\pi + \dfrac{\pi}{4}, \quad (n \text{ は整数})$$

$$-\pi \leq n\pi + \dfrac{\pi}{4} \leq \pi.$$

だから,
$$-\dfrac{5}{4}\pi \leq n\pi \leq \dfrac{3}{4}\pi.$$

そこで, $n = -1, 0$.
$$\theta = -\dfrac{3}{4}\pi, \ \dfrac{\pi}{4}.$$

〈別解〉 図から読みとってもよい.

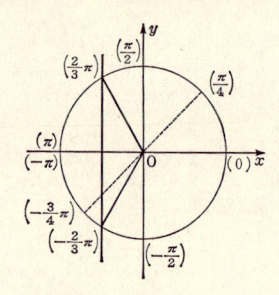

2 (1) $\sin(\pi - \theta) = \sin\{\pi + (-\theta)\}$
$\qquad\qquad = -\sin(-\theta) = \sin\theta.$

(2) $\tan(\pi-\theta)=\tan\{\pi+(-\theta)\}$
$=\tan(-\theta)=-\tan\theta.$

3 (1) $\cos\alpha=\cos\left(2\cdot\dfrac{\alpha}{2}\right)=\cos^2\dfrac{\alpha}{2}-\sin^2\dfrac{\alpha}{2}$

$=\dfrac{\cos^2\dfrac{\alpha}{2}-\sin^2\dfrac{\alpha}{2}}{\cos^2\dfrac{\alpha}{2}+\sin^2\dfrac{\alpha}{2}}=\dfrac{1-\tan^2\dfrac{\alpha}{2}}{1+\tan^2\dfrac{\alpha}{2}}=\dfrac{1-t^2}{1+t^2}.$

(2) $\sin\alpha=\sin\left(2\cdot\dfrac{\alpha}{2}\right)=2\sin\dfrac{\alpha}{2}\cos\dfrac{\alpha}{2}$

$=\dfrac{2\sin\dfrac{\alpha}{2}\cos\dfrac{\alpha}{2}}{\cos^2\dfrac{\alpha}{2}+\sin^2\dfrac{\alpha}{2}}=\dfrac{2\tan\dfrac{\alpha}{2}}{1+\tan^2\dfrac{\alpha}{2}}=\dfrac{2t}{1+t^2}.$

(3) $\tan\alpha=\dfrac{\sin\alpha}{\cos\alpha}=\dfrac{2t}{1-t^2}.$

4 $t=0$ のときは, $y=0$,
$3t=\dfrac{\pi}{2}$ のとき, すなわち $t=\dfrac{\pi}{6}$ のとき, $y=2$,
$t=\dfrac{\pi}{3}$ のとき, $y=0$.
これらをもとにして, グラフをかくと, 図のようになる.

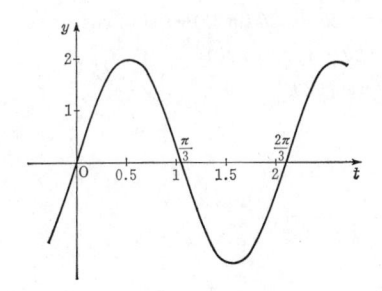

5 (1) $y_2 = -\dfrac{1}{2}\sin \pi t + \dfrac{\sqrt{3}}{2}\cos \pi t$ と変形すると，

$$y_1 + y_2 = \dfrac{1}{2}\sin \pi t + \dfrac{\sqrt{3}}{2}\cos \pi t = \sin\left(\pi t + \dfrac{\pi}{3}\right)$$

とできる．

(2) も，同様である．

〈別解〉

(1) $\sin \alpha + \sin \beta = 2\sin\dfrac{\alpha+\beta}{2}\cos\dfrac{\alpha-\beta}{2}$ であったから，

$$y_1 + y_2 = 2\cos\dfrac{\pi}{3}\sin\left(\pi t + \dfrac{\pi}{3}\right) = \sin\left(\pi t + \dfrac{\pi}{3}\right).$$

(2) $y_1 + y_2 = 4\cos\dfrac{\pi}{6}\sin\left(\dfrac{\pi}{6}t + \dfrac{\pi}{6}\right)$

$$= 2\sqrt{3}\sin\left(\dfrac{\pi}{6}t + \dfrac{\pi}{6}\right).$$

6 $(\cos\theta + i\sin\theta)^2 = (\cos^2\theta - \sin^2\theta) + 2i\sin\theta\cos\theta$

$$= \cos 2\theta + i\sin 2\theta.$$

そこで，

$(\cos\theta + i\sin\theta)^3$

$= (\cos\theta + i\sin\theta)(\cos 2\theta + i\sin 2\theta)$

$= (\cos\theta\cos 2\theta - \sin\theta\sin 2\theta) + i(\sin\theta\cos 2\theta + \cos\theta\sin 2\theta)$

$= \cos(\theta + 2\theta) + i\sin(\theta + 2\theta)$

$= \cos 3\theta + i\sin 3\theta.$

3 授業の実際

●変化と対応

　三角関数の周期性を含む変化と対応をつかませるために，教科書229ページのような教具をつくることもできる．小さい円は透き通ったアクリル板にかいておき，原点を固定して回転させる．

　ただし，実際につくるのが大変な場合には，たとえばつぎのページのようなプリントを生徒に配布し，$\sin\theta$, $\cos\theta$, $\tan\theta$ の値を点で示し，その変化のようすをつかませるだけでも効果がある．

　さらにそれぞれのコマを切り離し，画用紙に貼って一方を綴じ，パラパラとめくるおもちゃをつくることもできる．

パラパラと動かす

（小沢健一）

指導資料　第5章　三角関数

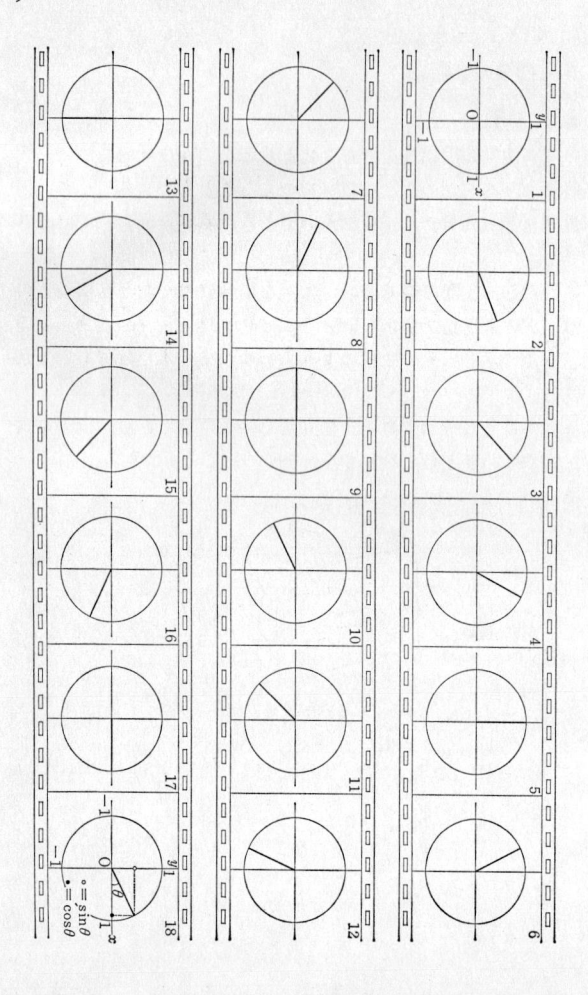

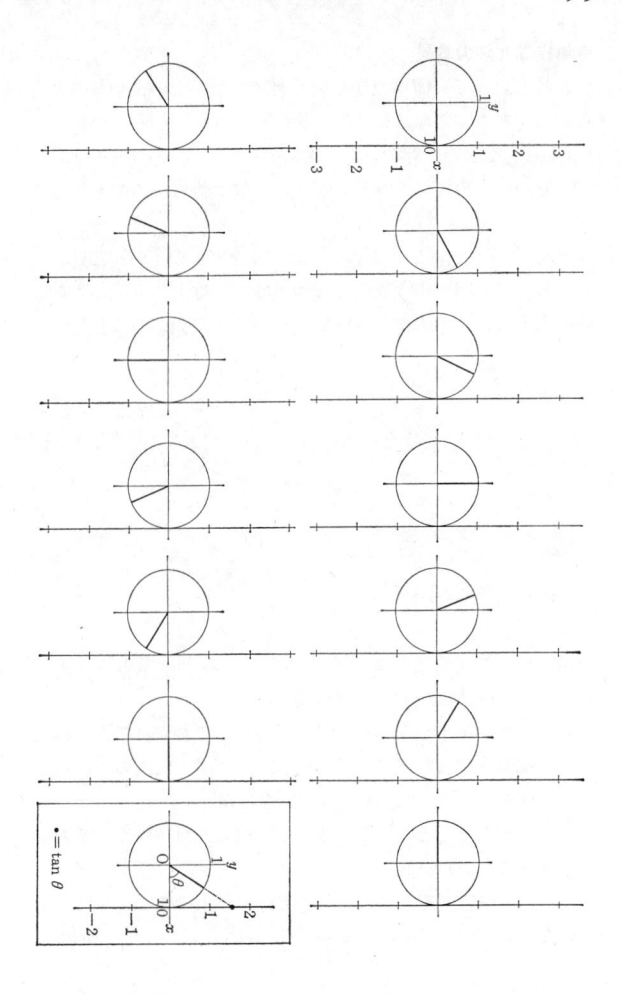

3 授業の実際

● $= \tan \theta$

● 単振動と波の教具

　教具といっても簡単だが生徒も興味を示すものにつぎのようなものがある．これは教科書 245 ページの図にも関係する．

　（用意するもの）針金（やや太めのもの）数 10 cm，糸 10 cm くらい．太めのメスシリンダー（これは他のものでも代用できる）

　（つくり方）円筒形のもの（メスシリンダーがよい）に針金をまきつけて図のようなものをつくる．一番上に 10 cm くらいの糸をつけてできあがり．円筒形の直径が大きいほど見栄えがしてよい．

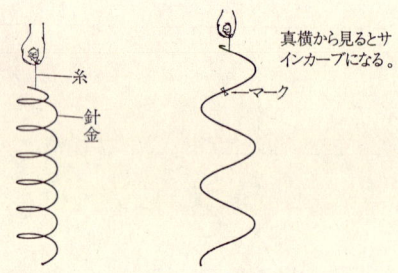

（図：糸・針金のらせん，真横から見るとサインカーブになる。マーク）

　糸をもって針金を回転させてみる．すると床屋のカンバン（？）のような波をみることができる．

　針金の途中に小さなマークをつけると，これが真横からみたとき単振動をしていることがわかる．（マークは色のついたセロテープをつけるか，小さなリボンを結ぶ．）

　マークをふやしていくと，少しずつずれた単振動が波を形成していることがわかる．

　本当は，平行光線をあてて，その影で以上のことを見るとよいのだが，横から見るだけでもかなりおもしろい．　　（小沢健一）

4 参考

●カム (cam) 装置

教科書の251ページ，256ページに描かれている装置は，回転運動を往復運動に変える装置である．この他にも，往復運動を別の往復運動に変えたり，円周上の往復運動に変えたりする装置が考えられる．これらの装置を総称して，カム装置という．

教科書251ページの装置では，回転円板は，クランクを押し上げる働きをする．クランクを下げるには，重力を利用している．ところが，256ページの装置では，クランクの上下は，ともに，回転板の働きによって起こされる．このように運動をひき起こす回転板がカムである．

下の左図のようなカム装置では，回転板が1回転すると，この回転板に接触する棒は等速で押し上げられ，ストンと落ちる．この装置は，たとえば餅つき機の杵の動きに利用される．身近なカム装置としては，ミシンの下糸を巻くとき，糸の往復をつくり出すものがある．家庭科と連絡をとって見せてもらうと興味をもつだろう．

下の右図のように溝を切った板を左右に動かすと，溝にはまっている棒は，上下運動をする．溝の形を工夫すると，いろいろの運動がつくられる．

（武藤　徹）

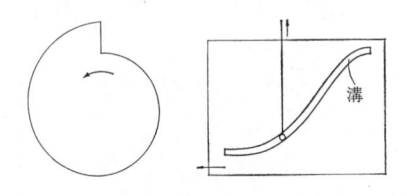

資料

選択は柔軟に

　　　　　　　　　　　　　　　　　　森　　毅

　いよいよ，数学も高2からの選択が始まる．高1が必修で，高2から選択という流れは，文部省でも日教組でも，その方向をめざしていたわけで，時の流れといえる．

　ただし，現場段階で，どのように選択制が生かされるかについては，いまのところ，コース制にしかならないようだ．本来の選択制というなら，高2で代数・幾何で高3で基礎解析，もしくはその逆，あるいは両者を並行にとるかの選択を生徒にまかせ，2年生と3年生が机を並べて授業を受け，ときに3年生が2年生に教わったりする，それが理想だろう．戦後の新制高校の発足のときは，それに近かった．

　そのためには，教室も教員も不足していると言われるが，それは嘘だと思う．戦後のあの時代，教室も教員も今より不足していた．現在の高校の体制秩序がそれを許容しなくなっているだけだ．それで，さしあたりはコース制になろうとも，カリキュラムとしては，相互に独立で，どちらを先にしてもなんとかなるような，とり扱いの柔軟性が必要になる．

　そればかりか，数Ⅰの必修が不十分だったり，1年間の間をおいてからでも，使える形でないと困る．この点では，数Ⅰの「必修」ということの意味にかかわろう．「必修」というのは「準備」であってはならず，なんでも数Ⅰから出発せねばならないとは思わない．

　いつか，数Ⅰの成績で2年の「能力別編成」をしている高校の数Ⅰのテスト問題を見せてもらったことがあるが，3次式の因

数分解や3次方程式などだった．これが基礎解析に必要とは思えない．4次関数の極値問題で使うことはあろうが，それはマイナーな問題である．基礎解析の中心主題の微積分にとっては，数Ⅰがすべて「準備」として必要なわけではない．

数Ⅰの中心的な主題に，2次関数と座標幾何がある．伝統的には，数Ⅰで2次関数を「代数的」に扱い，数Ⅱの微積分は「解析的」に扱った．実は，「平方完成」だって意味を考えれば解析的である．必修と選択との関係は，「準備」というより，理念の発展が問題になる．だから，数Ⅰの2次関数が微積分に理念的に発展するのが本来で，そのことは逆に，基礎解析を学ぶことによって，2次関数がよりよくわかるようになるべきだろう．基礎解析を学んで数Ⅰがよくわかる，それが必修と選択の正しい関係と思う．

座標幾何と代数・幾何にも，同じ関係がある．この科目は，ベクトルや行列を中心にしているが，ひとつの科目になったのは格別の意味があろう．大学の教養課程で，1950年代には，旧制高校の行列式中心の「行列代数」と2次曲線中心の「座標幾何」が，「代数学と幾何学」にまとめられた．それは60年代にカリキュラムとして固まって，現在の教養課程の「線型代数」になった．代数・幾何は内容的に昔の数ⅡBの程度をこえなくとも，かつての新制大学の50年代に対応する，「高校線型代数」の出発なのである．

これらに確率・統計を加えた形が一本となって数Ⅱがあるが，これはそれらの縮刷版になってはなるまい．数Ⅱを選択する高校生の大多数にとって，これが「学校数学」の最後になる可能性が多い．そこでなにより，彼らの心のなかに数学の世界がどう作られるかが問題になろう．他の選択の個別的なまとまりと反

対に，これらの教材がうまく融けあうことが必要になる．だからこの科目を，他の選択科目を簡略化したものにしてはなるまい．

　こうした性格の違う選択が，必修の数Ⅰの上にどんな花を咲かせるか，その成否は柔軟性にかかっている．

（三省堂　数学資料　No.14　1982 年）

基礎解析における数列・微分・積分

増島高敬

　数列・微分・積分は，ふつう一まとまりの分野と考えられていて，高校での数学の中心的位置を占める，とされている．

　新指導要領になってからも，私たちにとって，

　　　数Ⅰの2次関数

　　　　　——→ 基礎解析の微分・積分

　　　　　　　——→ 3年の微分・積分

とつづく流れが，必修は数Ⅰだけであるにもかかわらず，メインストリートであることにかわりはない．それだけに，伝統的な教材観の再検討が必要とされるだろう．

　数列についていうと，いままでは，関数としてとらえる視点が非常にうすかったと思う．

　たとえば，指数関数があったときに，その変域を0と自然数に制約して等比数列をつくる，というようなことである．

　$f(x)=ca^x$ とすると，

　　$f(0) = c,\ f(1) = ca,\ f(2) = ca^2,\ \cdots,\ f(n) = ca^n,\ \cdots$

となる．ここで，「はじめから n 番目の項を n で表す」ことにこだわれば，それは ca^{n-1} となるが，この場合，$f(n-1)$ と考えるほうが自然であるし，$f(n)$，つまり $x=n$ に対する値を考えるなら，ca^n のほうが自然である．このような事情は，初項を $f(3)$ だとか $f(-2)$ だとかにとったときは，もっと明白になってくる．

　このように考えることによって，本格的には手法として差分・和分を必要とすることにはなるが，数列と微分・積分が，同

じ，量の変化の追跡というレールにのることになるだろう——一方は離散的に，一方は連続的に．そして，このように考えれば，連続的に追跡することが先行したほうがむしろわかりやすい，といえよう．

微分についてはどうだろうか．

$y=f(x)$ という関数があったとき，x が $x=\alpha$ から Δx だけ変化したとき，それに応じて y が Δy だけ変化したとしよう．f が様々であったとしても，Δy が Δx に正比例するものとみなすことは常識的である．すなわち，「局所的に正比例とみなす」ことである．そうすると，たとえば $y=f(x)=x^2$ とするときに

x	$\alpha \longrightarrow \alpha+\Delta x$
y	$\alpha^2 \longrightarrow (\alpha+\Delta x)^2 = \alpha^2+2\alpha\Delta x+(\Delta x)^2$

であるから，
$$\Delta y = 2\alpha\Delta x+(\Delta x)^2$$
となり，$y=f(x)=x^2$ は，$x=\alpha$ の近くで
$$Y = 2\alpha X$$
という正比例とみなされる．

従来は，このような視点はまったくといってよいほどなかった．

もちろん，伝統的な，
$$f'(\alpha) = \lim_{\Delta x \to 0} \frac{f(\alpha+\Delta x)-f(\alpha)}{\Delta x}$$
とすることも重要であり，指導する必要がある．しかし，この場合にもつぎのような問題はあるだろう．

一つは，この $f'(\alpha)$ の定義について，どういうイメージをあたえるか，ということである．いままでは，接線の傾きだけだっ

た，といってよい．しかし，これに，

$$\text{微積分の基本定理} \longrightarrow \frac{d}{dx}\int_a^x f(t)dt = f(x)$$

の説明に現れるような，微分して切り口をつくる，というイメージをつけ加える必要があろう．

また，もうひとつ，具体的な量の変化に即して $f'(a)$ がどのような量を表すか——各種の速度・流率・各種の勾配や傾き・密度など——をしっかりおさえる必要があるだろう．これも，$f'(a)$ のイメージにかかわることであり，また，具体的な場面で微分を活用できるか，ということでもある．

積分についてはどうだろうか．

微分は局所的に正比例化すること，との対比でいえば定積分は，階段関数（区分的な一様変化）にむすびつく．そして，演算の面では，$f'(a)$ を求めることが除法の発展であるのに対して，定積分は乗法の発展となる．

この点からいうと，旧課程 数ⅡB の教科書で主流となっていた，定積分を原始関数の差で定義するやりかたはまずい，といえる．

やはり，微分は除法，定積分は乗法の発展として，それぞれ独立に定義され，のちに $\frac{d}{dx}\int_a^x f(t)dt = f(x)$ を通じて $\int_a^b f(t)dt = \Big[F(t)\Big]_a^b$ となる流れのほうが，意味がよくわかる．そして，微分の場合と同様，具体的な量の問題を十分にとりあげたいものである．この場合，定積分は幾何的面積というより，正・負の符号をもった有向面積と考えたい．

最後に，不定積分と原始関数の関係も，後者を中心に整理したいものである．

（三省堂　数学資料　No. 14　1982 年）

基礎解析における関数の導入

時永　晃

　関数の導入で大切なことは，まず，生徒に興味をもたせるような問題を提示することである．これは，導入一般についていえることではある．つぎに，その提示した問題が，これから学ぶ関数の性質や特徴を端的に表す，つまりその関数の典型的な例となっていることである．

指数関数

　指数関数は，バクテリアの増殖をモデルにするのがよいだろう．その量の変化が，どの一定時間の経過に対しても一定倍となる，つまり一様倍変化であることから，指数を整数，有理数へと拡張し，指数関数を扱う．

　その前に，つぎのようないくつかの問題を提示するとよいだろう．これらは，すべて式 $y = A \times a^x$ で表され，この倍率を表す関数 $f(x) = a^x$ が指数関数で，これを考察していくことになる．

(1) 1枚の紙を半分，その半分，またその半分，…と切って，それらを重ねていくとき，20回切ることが可能だとすれば，その厚さはどれぐらいか．

(2) 村の人口が毎年1割ずつへっていくと，10年たてば村はからっぽになる？

(3) 電話代10円を "10分間1割の利息をつける" という約束で1日借りると，返済金額はいくらか．

とかく変化は，1次関数的な変化になじんできたのでそれと

間違いやすい．指数関数の変化は，増加の場合のそのすごさ，減少の場合のそのしぶとさをこれらの問題から理解できるだろう．また，指数が正整数の場合が，等比数列 $a_n=ar^{n-1}$ と同じであることもわかるだろう．

対数関数

対数は，常用対数を重視する．基礎解析では，常用対数がわかれば対数がわかったというぐらいに考えてもよいだろう．

指数関数 $y=10^x$ から，正の数が 10^x の形で表され，$p=10^□$ より"$\log p$ というのは 10 の何乗か"ということを理解させる．これは，いわゆる小数表現した桁数のことでもある．すなわち，1 は 0 桁，10 は 1 桁，…，2 はだいたい 0.3 桁ということである．

そして，1 から 10 までの整数の常用対数を手づくりで求める．たとえば，$2^{10}=1024$ から $2^{10}\fallingdotseq 10^3$，よって $2\fallingdotseq 10^{0.3}$ すなわち $\log 2\fallingdotseq 0.3$ となる．

自分で数学をつくるというと少し大げさだが，ともかく生徒たちが手づくりで自分の対数表をつくれるなんて楽しいことだと思う．

それから，対数の性質は，指数法則をいいかえることによって，

$$a^s\times a^t = a^{s+t} \iff \log pq = \log p+\log q$$
$$(a^s)^t = a^{st} \iff \log p^t = t\log p$$

すなわち

　　　　　"かけ算がたし算に，累乗が倍に"

なっていることを理解させることが大切である．

三角関数

　基礎解析では，数Iで扱った0°から180°までの角，つまり図形の角から，回転の量を表す角，一般角を扱う．だから，直交座標(x, y)より極座標(r, θ)を扱いたいぐらいだが，これは制約があって扱えない．

　三角関数は，円運動が上下や前後の直線運動として周期的に変化することを理解させるのが重要な課題である．

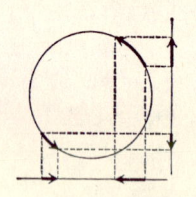

　ここには，単位円周上の動点Pの座標(x, y)が
$$x = \cos\theta,\ y = \sin\theta$$
ということから，$\cos\theta$, $\sin\theta$の値を読みとる素晴らしい教具「クルクル」がある．

　これは下図のように，単位円の半径1を直径とする小円の1点を単位円の中心に固定してクルクルまわす簡単な教具である．

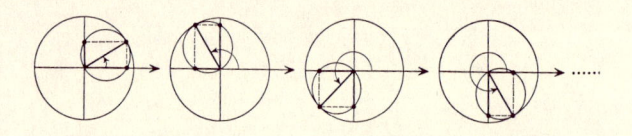

　また，この「クルクル」を使って三角関数のいくつかの公式も説明することができる．

最後に，つぎのグラフは，三角関数 $x=\cos\theta$, $y=\sin\theta$ を統一して理解するのに大変よいと思う．

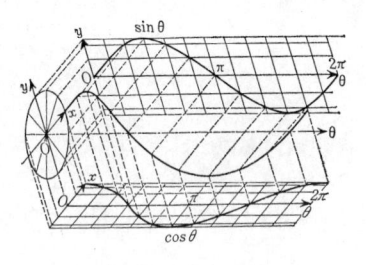

(三省堂 数学資料 No. 14 1982年)

天才論についてのコメント

野﨑昭弘

章扉の天才のエピソードは，執筆者の間で，大変評判が悪かった．
(1) 天才を特別扱いするのはよくない．
(2) ふつうの人だって，「深く考える」ことはできる．
(3) これでは「深く考えるのはソンだ」ということにならないか．

それでも扉の文章を変えなかったのは，おもしろがってくれる人もいたことと，天才を「雲の上の人」と考えたりする世間的なイメージをぶちこわすには，これくらいは書かないと，という気持からであった．

天才だって人間だから，やっぱり失敗もする．ここで天才たちをとりあげたのは，単純な「特別扱い」を戒めるためでもある．また，マスコミにのらないという意味での「ふつうの人」であっても，たとえば他人の心について本当に深く考えることができるならば，その人を天才と呼ぶことは一向さしつかえないと私は思う．そして，そういう天才は，残念ながらあまり数多くはないようである．

現代の特徴は，何でも「知識」で片付けようとして，自分で深く考えようとはしないことではあるまいか．ゴルフでも釣りでも，受験勉強と同じように，「この場合はこうする」という細かいセオリーが世にあふれている．それに対する反発も，根性もののマンガにあふれていて，わがままな行動が賛美されたりしているけれども，そういうホンネはマンガの中だけで，世の中の

タテマエはむしろ人々が「深く考える」のを抑圧しているようにさえ見える.

それにしても(3)の批判は痛かった. 心配に思われた方は,「ニュートンは, やっぱりエライ」ということを, 上手に補足していただきたい. 少なくとも, 少々そそっかしい人を温かく見守ることを奨励するように, ご指導いただければ幸いである.

「できる・わかる・モデル・操作」

新海　寛

　私は，いわゆる教員養成学部で，小学校教員養成課程の学生に対する数学の講義などを担当している．その折々に，学生達は「できる」けれども「わかっていない」と感ずることに出会う．はじめは驚いたりしていたのだが，今では，それをたよりにした授業計画を組むようになった．

　たとえば，食塩水の濃度の問題である．「濃度8％の食塩水50gと14％の食塩水100gを混ぜ合わせたら，何％の食塩水になるか」という普通の問いなら，ほとんどの者ができる．ところが，「50gの食塩を200gの水に溶かして，そのまま一週間放置しておいた．その結果，(イ)底に食塩がたまる，(ロ)下の方が濃くなる，(ハ)上の方がうすくなる，(ニ)特に変化しない，(ホ)わからない，(ヘ)その他」に対しては，(イ)19.3％，(ロ)15.1％，(ホ)5.9％，であった．また，バネの伸びについて，「ここに重りAで10cm伸びるバネがある．これと同じバネを2本つないでAをぶら下げたら，伸びは全体で何cmになるか」と問うと，5cm—22.7％，10cm—38.7％，20cm—33.6％，なる結果になった（75年受講生）．彼らにとって，「バネの伸びは重りの重さに比例する」は，しごく当然の知識であるにもかかわらず，である．

　どちらも一様変化を前提にして理解される概念であると，私は考えている．ところが，私の学生達はそれを持っていないのである．溶解にしても，バネにしても，非常に身近な現象で，教育の場でも繰り返し登場する．その数多い場面のどこかで，一様変化に留意した教育計画が実行されていれば，こんな結果に

はならなかったであろう.

　数学が型の科学であるとしても,それだからといって,具体的現象と切りはなした形式的取り扱いばかりに終始していたのでは,知識はバラバラに集積されるばかりで構造化されない.

　「家庭教師に行って,小学校2年の子に 4×3 をどう教えますか. 4×0 をどう教えますか. そのとき,5年の子が $4 \times \frac{2}{7}$ がわからないといいました. あなたなら,どう教えますか」と問うてみたこともある. 学生の標準的な回答パターンは,つぎのようである.

4×3；これは 4 を 3 回たすことですよ.

　　だから, 4+4+4 = 12 です.

4×0；4 を 1 回もたさないんだから,答は 0 です.

$4 \times \frac{2}{7}$；4×3=3×4 でしょう.

　　つまり, $4 \times \frac{2}{7} = \frac{2}{7} \times 4$ なんです.

　　だから, $\frac{2}{7} + \frac{2}{7} + \frac{2}{7} + \frac{2}{7} = \frac{8}{7}$ になります.

　この説明では, $\frac{2}{3} \times \frac{2}{7}$ はどうにもならなくなるわけだが,彼らは,このときは,分子は分子,分母は分母同士かければいいんですと,形式的操作ですませてしまう.

　あまりにもバラバラの説明で,回答者自身が,不統一さにためらいを感じるくらいであるが,かつて学んだ知識にたよって,やむを得ずこのパターンをとるのである.

　こういう教育の場に適合するには,多くの小引き出しを持った頭脳が,情報検索能力に優れた頭脳が,要求される.でも,そ

の頭脳は既知の場面では活躍できるが，未知の場面に対しては動きがとれない．

モンキーハンティングという教具がある．木の枝にサルが止まっている．これを下から鉄砲で撃つ．サルは発砲と同時に枝から落下する．そこで，どの方向に向けて鉄砲を撃てばよいかという問題がモンキーハンティングである．ほとんどの高校の物理教室に，この教具はあるとのことである（実物を私は見ていないのだが）．

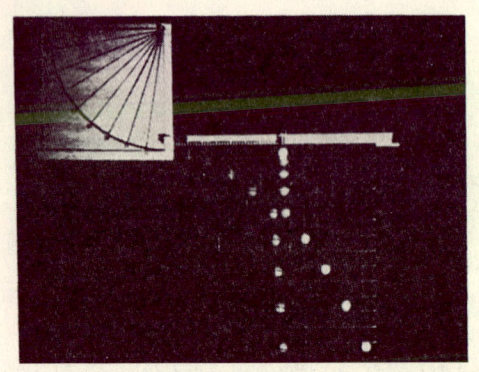

モンキーハンティング

この問題は，鉄砲の弾も重力でサルと同様に下に引き下げられると考えることによって解ける．つまり，枝にいるサルを目がけて撃てばよいのである．実験した人の話では，実に見事に，サルに命中するそうである．

この問題を絵にして出してみたこともある．学生の多くは正答した．実は，彼らは高校の物理の時間に実験して知っていた

「できる・わかる・モデル・操作」

のである.

ところが，同時に出した下の問いでは，その彼らが，見るも無残といえる結果を示すのである.

「図のような斜面の A 点から小球をころがしたら，×印に落下した．B 点からころがしたら，どこに落ちるだろうか」

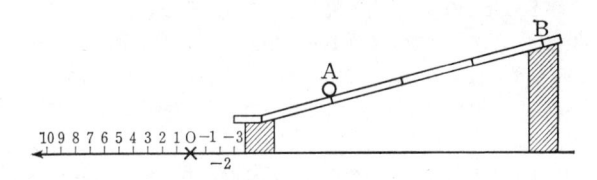

```
10 9 8 7 6 5 4 3 2 1 0 −1 −3
                    ×
                   −2
```

×印を原点にして左を正にとった座標で，モンキーハンティング正答者 38 名の回答状況を示すと，つぎのようになる (77 年受講生，前記とは科目が異なる).

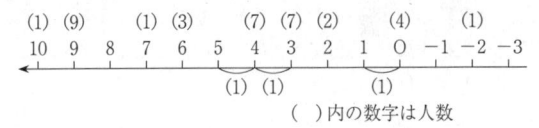

```
  (1) (9)   (1) (3)   (7) (7) (2)   (4)   (1)
  10  9   8  7   6  5  4  3  2  1  0 −1 −2 −3
                    (1)(1)       (1)
```
（　）内の数字は人数

モンキーハンティングの実験を知っているのであるから落体の運動についても学んだと考えてよいであろう．しかも，加速度やその方向，分力なども学んでいると考えられる．それを斜面に適用すれば，B 点からの球の空中に飛び出る速度は A 点からのそれの 2 倍になると結論づけ得るはずである．それなのに，そう答え得たのは，わずかに 7 人．前後のものを合わせても 18 人．5 割に満たないのである．未知というにはあまりにも既知に近いこのような場面にも，半数以上の学生は適応できなかったのである.

「わかる」とは、どのような現象であるのか、よくはわからないのだが、当の知識が過去の知識群の中にうまくはめ込まれる、あるいは、過去の知識群の作る構造の一部分を破壊して新しい構造を形成して落ち着く、といった現象なのではないだろうか。すっとわかるのは前者に相当し、悩んだ末に「そうだったのか」と膝をたたくのは、後者の場合であろう。そして、このような現象は、そのことをよく知る——抽象的な事であっても、それが具体的に思える程よく知る——ことによって生ずるのではないか。「百聞は一見にしかず」とは、このことをいうのではないだろうか、と思える。

見えるようにし、具体化することは取り扱える——操作できるということでもある。そして、操作によって、事はより身近になるのである。

このような作業は、数学の歴史の中でも、しばしば行われてきた。複素数の図示——ガウス平面もその1つであろう、論理の構造を束の中に移し込んだのも、その例である。それらは、つまり、モデル化である。

我々が教具を用いるのは、そのような行為としてであるといえるであろう。たとえば関数モデルとしてブラック・ボックスを用いる。これは、関数というとらえ難いものを箱——はたらきを持った箱という具体物でわかろうということである。

職員室でブラック・ボックスをいじっていると、「それ何ですか」と先生方が集まってくる。「これは関数ですよ」といって、若干の説明をする。それだけで、「はじめて関数がわかった」と感激？ された例を、いろいろの人から聞いている。目に見える「もの」として具体化したからなのである。

したがって、次のような図だけでは不十分で、実際に箱を作

って操作する必要がある（三省堂では，手軽に組み立てられるブラック・ボックスを製作している[1]）．

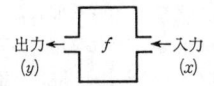

$$\text{出力} \leftarrow \boxed{f} \leftarrow \text{入力}$$
$$(y) \qquad\qquad (x)$$

2次関数 $y=x^2+ax+b$ を2つの関数 $y_1=ax+b$ と $y_2=x^2$ の和として考えることがむずかしいという．この困難を解消するのに，次のような教具を考案した人がいる（長野・箕輪工・近藤氏）[2]．

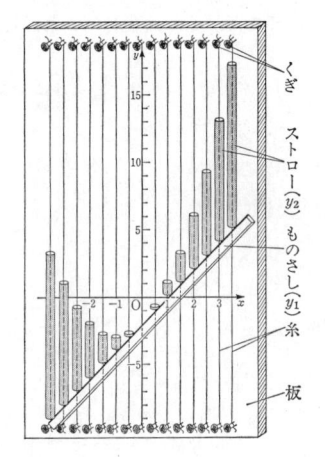

くぎ
ストロー(y_2)
ものさし(y_1)
糸
板

---

1) ⓒ東京地区数学教育協議会　事務局　時永　晃（東京都立狛江高校）　製作　三省堂
2) 等間隔にくぎを打った板に，ストローを通した糸を張ってある．そのストローを，ものさし等で支える．

y_1 に y_2 がのっかる．つまり，y_1+y_2 が目に見えて，よくわかったという．この教具では，y_1 をいろいろに変えることができる．y_1 をいろいろに変えて y_1+y_2 を作れるところが，よくわかった理由であろう．しかも，これを用いれば，y_1+y_2 のグラフが図形的に y_2 と同じだということもよく見える．これを見せて，その上で変化の割合（変化率）の加法性を持ち出せば，グラフの同一性が「わかる」であろう．その後に，式変形を試みたらどうだろうか．

　こうしたくふうを，さまざまの場面で試みて，「わかる」に挑戦してみたいものである．それは楽しいことだと思うが，どうであろうか．

（三省堂　数学資料　No. 15　1982 年）

差分と和分

森　毅

　高校で級数の和をやるが，あれは数列ごとに違ったやり方のようで，いっこうに組織的でない．連続変数の場合の微積分に対応するのが，離散変数の場合の差和分であって，考え方は同じである．無限小を必要としないだけ離散的な場合が易しいが，式の形ではちょっと問題がある．

　いま，自然数 k のとき $f(k)$ という関数があると，k が変化したときの「隣りとの差」が考えられる．ただしここで，$f(k+1)$ との差にするか，$f(k-1)$ との差にするか，未来志向の人と過去志向の人とで考えが分かれよう．どちらかでよいのだが，中立的に

$$\Delta f(k) = f(k+1) - f(k),$$
$$\nabla f(k) = f(k) - f(k-1)$$

の双方を考えておこう．これは「差」なのだが，微分に義理をたてて，差分という．定差とか階差とか言われることもあるが，要するに「差」である．なお，伝統的な用法の「差」としては，「x と y との差」$|x-y|$ と「x から y への差」$y-x$ とがあるが，これは後者である．

　連続的な場合には，「隣りとの差」を考えようにも，隣りがない．そこで，無限小の差で，微分

$$df = Df(t)dt$$

が必要になる．そのかわり，なめらかな場合なら，未来も過去もなく，現在の Df だけですむ．

　差を集めれば和になる．こちらも和分という．この場合，植

木算で「間の数」が1つ減ることで

$$\sum_{m}^{n-1} \Delta f(k) = f(n)-f(m),$$

$$\sum_{m+1}^{n} \nabla f(k) = f(n)-f(m)$$

になる．

連続的な場合には，連続的な和で積分になる．同じ和で，SumのSでも，ギクシャクとたす和分がギリシア字体の$\sum$で，ベターとたす積分が長字体の$\int$であるところ，うまくできている．ともあれ

$$\int_a^b Df(t)dt = f(b)-f(a)$$

になっているわけだ．ここでも，木と間の区別がいらない．

この関係，図を眺めて納得してくれ（図1，図2）．高校では，この関係を説明しようと，df や gdt を使うと教科書検定で通らない．

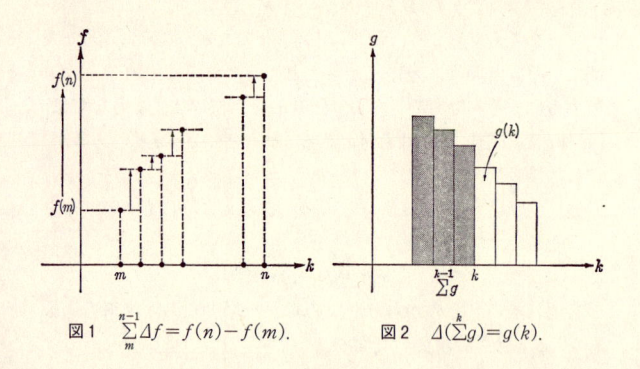

図1　$\sum_{m}^{n-1}\Delta f = f(n)-f(m)$.

図2　$\Delta(\sum^{k} g) = g(k)$.

さて，
$$\Delta([n]_r) = r[n]_{r-1} \text{ [1]},$$
$$\nabla([n]^r) = r[n]^{r-1} \text{ [2]}$$
となる．それはたとえば，
$$(n+1) \times n \times \cdots \times (n-r+2) \times (n-r+1)$$
を眺めればわかる．1つずつ減っていく数で，$n+1$ から $n-r+1$ まで，r あるわけだ．

それで，差分の逆が和分で，
$$\sum_0^{n-1}[k]_r = \frac{[n]_{r+1}}{r+1},$$
$$\sum_0^n [k]^r = \frac{[n]^{r+1}}{r+1}$$
という和の公式になる．これは微積分の
$$D(t^r) = rt^{r-1}, \quad \int_0^u t^r\,dt = \frac{u^{r+1}}{r+1}$$
と同じである．

ついでに，等差級数の和と1次関数の積分とは，この特別の場合であるにしても，「引っくりかえしてたす」ですむ．

等比数列は
$$\Delta x = px, \quad x(0) = c$$
$$\sum_0^{n-1} x = \frac{1}{p}\sum_0^{n-1}\Delta x = \frac{x(n)-x(0)}{p},$$
すなわち
$$\sum_0^{n-1} c(1+p)^k = \frac{c((1+p)^n - 1)}{p}$$

---

1) $[n]_r = \overbrace{n(n-1)\cdots(n-r+1)}^{r}$.
2) $[n]^r = \overbrace{n(n+1)\cdots(n+r-1)}^{r}$.

で，指数関数の
$$Dx = px, \quad x(0) = c$$
についての
$$\int_0^u x\,dt = \frac{1}{p}\int_0^u Dx\,dt = \frac{x(u)-x(0)}{p},$$
すなわち
$$\int_0^u ce^{pt}\,dt = \frac{c(e^{pu}-1)}{p}$$
に対応している．等比級数の「ずらして，かけて，ひく」というのは，このことである．

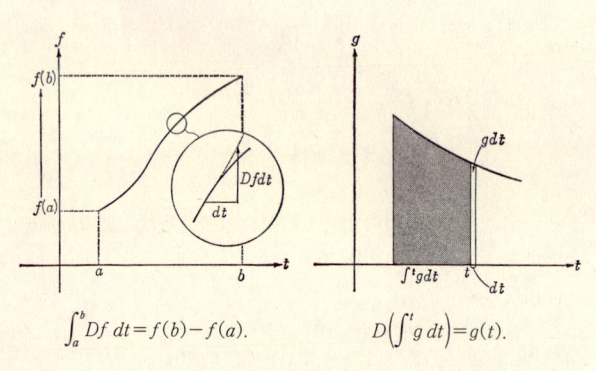

$$\int_a^b Df\,dt = f(b) - f(a). \qquad D\!\left(\int^t g\,dt\right) = g(t).$$

(「数学セミナー」1982 年 8 月号　日本評論社)

家計簿の数列

森　毅

ガウスが少年のころ，1からnまでの数をたすのに，それを引っくりかえして加えた，という話は有名である．つまりベルト状に数字をならべて，

$$\boxed{①②③\cdots (n-2)(n-1)(n)} + \boxed{(n)(n-1)(n-2)\cdots ③②①}$$
$$= \boxed{(n+1)(n+1)(n+1)\cdots (n+1)(n+1)(n+1)}$$

として，この個数はn個あるから，

$$1+2+3+\cdots+n = \frac{n(n+1)}{2}$$

を計算したのである．

こうした，数列の和の計算を一般的に行うのには，〈家計簿の原理〉を使うとよい．

いま，k日目の終わりに家計簿を計算してみて，そのときの現金がx_k円とする．この日，つまり$k-1$日目の終わりからk日目の終わりまでの間の入金がy_k円だったとすると，

$$y_k = x_k - x_{k-1}$$

となる．

一方，最初の金額をx_0円とすると，そこへ入金される金額を加えていくと，

$$x_0 + y_1 + y_2 + \cdots + y_n = x_n$$

になる．もちろん，入金より出金が多かったりするとy_kはマイナスを考えるし，x_kの方もときにマイナスになってもよい．

収入だけを考えれば，

$$y_1 + y_2 + \cdots + y_n = x_n - x_0$$

つまり，月末と月始めとの差が収入になっている．

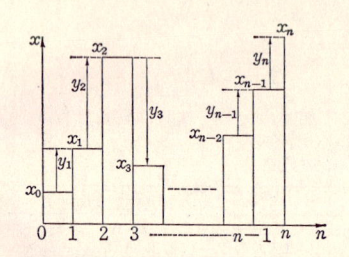

ここで，x_k から y_k をだすのは簡単で，その逆をやれば，y_k から x_k が求まることになる．

いま，
$$x_k = k(k+1)$$
の場合を考えると，
$$y_k = k(k+1) - (k-1)k = 2k$$
になっている．そこで，
$$1 + 2 + 3 + \cdots + n = \frac{1}{2}(y_1 + y_2 + \cdots + y_n)$$
$$= \frac{1}{2}(x_n - x_0) = \frac{n(n+1)}{2}$$
になっている．これは，ガウスの計算したのと同じ答である．

この方式がよいのは，これをもっと一般にできることだ．今度は，
$$x_k = k(k+1)(k+2)$$
の場合を考えてみよう．このときは，
$$y_k = k(k+1)(k+2) - (k-1)k(k+1)$$

$$= 3k(k+1)$$

になっている．そこで，

$$1\cdot2+2\cdot3+\cdots+n(n+1) = \frac{1}{3}(y_1+y_2+\cdots+y_n)$$
$$= \frac{1}{3}(x_n-x_0) = \frac{n(n+1)(n+2)}{3}$$

になっている．

このような公式は，いくらでも作れる．たとえば，

$$1\cdot2\cdot3+2\cdot3\cdot4+\cdots+n(n+1)(n+2) = \frac{n(n+1)(n+2)(n+3)}{4}$$

となる．

一番有名なのは，複利の場合であって，

$$x_k = a(1+r)^k$$

のとき，

$$y_k = a(1+r)^k - a(1+r)^{k-1}$$
$$= ra(1+r)^{k-1}$$

となる．そこで，

$$a+a(1+r)+\cdots+a(1+r)^n = \frac{1}{r}(y_1+y_2+\cdots+y_{n+1})$$
$$= \frac{1}{r}(x_{n+1}-x_0)$$
$$= \frac{a}{r}\{(1+r)^{n+1}-1\}$$

という，「等比数列の和の公式」になる．

さて，2乗の和

$$1^2+2^2+\cdots+n^2$$

を求めてみよう．これは，

$$k^2 = k(k+1)-k$$

だから，
$$1^2+2^2+\cdots+n^2$$
$$=\{1\cdot 2+2\cdot 3+\cdots+n(n+1)\}-(1+2+\cdots+n)$$
$$=\frac{n(n+1)(n+2)}{3}-\frac{n(n+1)}{2}$$
$$=\frac{n(n+1)(2n+1)}{6}$$

になっている．

これを，ガウス流の工夫で求めることもできる．こんどは，2乗の和なので，1を1つ，2を2つ，3を3つとたしていけばよい．そこで，これを三角形に配置してみよう．

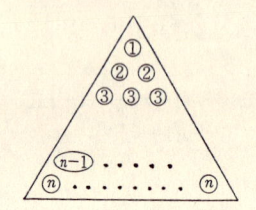

この三角形のなかの，数ぜんぶの和を求めればよい．まえにはベルトだったから引っくりかえしたが，こんどは三角形なので，これを回してみる．

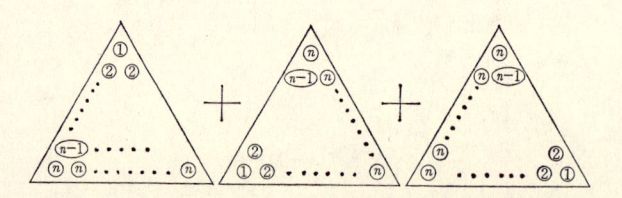

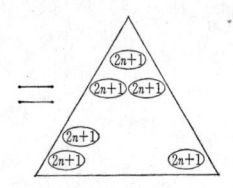

これで，どれも $2n+1$ になる．この，$2n+1$ がいくつあるかというと，個数は

$$1+2+\cdots+n = \frac{n(n+1)}{2}$$

になる．すなわち，

$$1^2+2^2+\cdots+n^2 = \frac{1}{3}(2n+1)\cdot\frac{n(n+1)}{2}$$
$$= \frac{(2n+1)n(n+1)}{6}$$

となった．

「クリモトニュース」

原始関数・不定積分・定積分

新海 寛

不定積分とは何か

「関数 $F(x)$ の導関数が $f(x)$ のとき,すなわち $\dfrac{d}{dx}F(x)=f(x)$ がなりたつとき,$F(x)$ を $f(x)$ の**不定積分**または**原始関数**という.…. $f(x)$ の不定積分を $\int f(x)dx$ で表し,$f(x)$ を**被積分関数**といい,関数 $f(x)$ の不定積分を求めることを $f(x)$ を**積分する**という.…. $f(x)$ の1つの不定積分を $F(x)$ とすれば $\int f(x)dx=F(x)+C$ である.ここに,C は任意の定数で,**積分定数**という.」

これは,三省堂版数ⅡB・積分法の冒頭の部分である.多くの教科書がこれとよく似た書き出しで始めている.だから,つい気にも止めずに読み飛ばしてしまうが,よく読んでみると,おかしな所に気づく.それは,はじめに「不定積分を $\int f(x)dx$ で表し」と $F(x)=\int f(x)dx$ であるかのように書いておいて,つぎに「1つの不定積分を $F(x)$ とすれば $\int f(x)dx=F(x)+C$」と変えているところである.これでは,$F(x)=F(x)+C$ となることになる.おかしいといえば,「不定積分または原始関数」という表現もおかしい気がする.

教科書によっては,このあたりに気を使って,以下のように始めるものもある.

「微分すると $f(x)$ になるような関数 $F(x)$ のことを,$f(x)$ の**原始関数**という.…. $f(x)$ の原始関数の1つを $F(x)$ とすると,$f(x)$ の任意の原始関数は $F(x)+C$(C は定数)の形に書け

る．これを $f(x)$ の**不定積分**といい，$\int f(x)dx$ で表す．…」

こう書いてあれば不定積分と原始関数の区別もつくし，上のように奇妙な等式も出てくる気づかいはない．

それにしても，教科書によって，不定積分＝原始関数 であったり，不定積分＝原始関数の一般形 であったりしていて，よいのであろうか．史観の相違で侵略を進出といいかえるようなことは数学の教科書では通用しないと思えるのである．

さて，原始関数（primitive function あるいは antiderivative）は，"微分すると $f(x)$ になる関数" のことである．ここに問題はない．問題は，不定積分（indefinite integral）の定義である．大学級の教科書は，どうしているだろうか．いくつかのテキストについて見ることにしよう．

高木貞治『解析概論』：定積分を Cauchy-Riemann 風に定義した後，上端を変数とする $\int_a^x f(x)dx$ を考えて，これを積分関数とよぶ．しかる後に，下端をも指定しない場合を $\int f(x)dx$ と書いて，不定積分とする．記号 $\int f(x)dx$ はそれ以前にも「$F'(x)=f(x)$ なる $F(x)$ を $f(x)$ の原始関数といい，後に説明する意味で，積分記号を用いて $F(x)=\int f(x)dx$ と記す」と使われてもいる．

小松勇作『解析概論』：$\int_a^x f(x)dx$ を不定積分と定義．その上で，「$f(x)$ が連続ならば，その1つの原始関数は (43.4)［注 定義をさす］にあげた不定積分 $F(x)$ で与えられる．（中略）さて，あらためて，$f(x)$ の任意な1つの原始関数を $F(x)$ とすれば，$f(x)$ の原始関数の全体は，C を任意な定数として $\int f(x)dx=F(x)+C$ で与えられる．この左辺が $f(x)$ の原始関数を表す記号である．…」と説明する．

井上正雄『積分学』：原始関数は $\int_a^x f(x)dx+C$ の形でかけるが，そのうちの a と C という不定要素を省略して $\int f(x)dx$ と記すこととし，これを不定積分という．その上で，原始関数の1つを $F(x)$ とすると，$\int f(x)dx=F(x)+C$ と書けると，念をおす．

その他にも，マグロウヒル好学社の『不定積分』は原始関数の一般形を不定積分としているし，藤原松三郎の『微分積分学』では，不定積分＝原始関数 としていたと思う．ますます，千差万別で，わけがわからない．面倒だとばかり，不定積分を用いない本もでてくるありさまである（森毅『現代の古典解析』，ルディン『現代解析学』など）．

ここはやはり，それぞれの積分観によって乗り切るところなのであろうか．

積分略史

積分の始まりを求積法の始まりをもってすると考えれば，数をかちえた古代文化のあらゆるところに起原を求めねばならない．いく分なりとも理論的な求積法と限定して，ここでは，古代ギリシアから始めることにする．

さて，その古代ギリシアであるが，無限小の理論とのかかわりで常に取り上げられるのは，取り尽しの法（method of exhaustion）である．『ユークリッド原論』（中村幸四郎他訳・共立出版）によれば，原論にはこの方法による命題が6個あるとされる．今，その1つ「すべての円錐は，それと同じ底面，等しい高さをもつ円柱の3分の1である．（第12巻命題10）」を見てみよう．

10 $F(x) = \dfrac{2}{3}x^3 - \dfrac{1}{2}x^2 - 3x + 1$

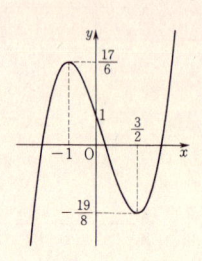

x	$\cdots$	-1	$\cdots$	$\dfrac{3}{2}$	$\cdots$
$F'(x)$	$+$	0	$-$	0	$+$
$F(x)$	↗	$\dfrac{17}{6}$	↘	$-\dfrac{19}{8}$	↗

[第3章]

練習問題 3.1 (p. 124)

1 (1) 24 (2) 24 **2** 略 **3** $\dfrac{33}{2}$

練習問題 3.2 (p. 138)

1 (1) $\dfrac{32}{3}$ (2) $\dfrac{32}{27}$ (3) $\dfrac{27}{4}$

2 $6\left(x+\dfrac{1}{3}\right)\left(\dfrac{1}{2}-x\right)$, $\dfrac{125}{216}$ **3** 略

4 (1) $\dfrac{c^5}{30}$ (2) $\dfrac{16}{15}$

練習問題 3.3 (p. 152)

1 (1) 4 (2) $\dfrac{27}{64}$ **2** $\dfrac{\pi h}{3}(a^2+ab+b^2)$ **3** $\dfrac{16}{15}\pi$

練習問題 3.4 (p. 160)

1 (1) $y=\displaystyle\int_0^x t(2-t)dt$ (cm) (2) 3 秒後 (3) $\dfrac{8}{3}$ cm

2 $\dfrac{5030}{3}$ ℃

話は、およそ、つぎのように進められる。

問題の円錐と円柱を（体積も含めて）S, T とする。また、T の底面を円 O とし、それに内接する正方形を A とする。

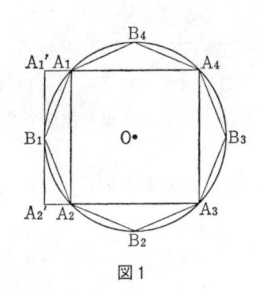

図1

さて、$3S \neq T$ であれば、$3S < T$、または、$3S > T$。

そこで、$3S < T$ と仮定しよう。

A の上に T と同高な角柱を立てて AT とすると、$2AT > T$ である。なぜならば、O に外接する正方形 $\overline{A}$ の上に立つ角柱 $\overline{AT}$ を考えると、$\overline{AT} > T$ であって、同じ高さの角柱は互いに底面に比例するから[注1]、$\overline{AT} = 2AT$ である。すなわち、$2AT > T$ である。

つぎに、O から A を切り取った弓形の部分について考え、円弧 A_1A_2 の中点を B_1 とし、弓形 $A_1B_1A_2$ と三角形 $A_1B_1A_2$ の上に T と同高な柱を立てる。それを T_1, BT とすれば、$2BT > T_1$ である。そのことは、図のように長方形 $A_1A_1'A_2'A_2$ を作ってその上に立つ角柱を考えれば、明らかである。

これと同様のことを他の弓形についても行う。ここで、改めて BT を 4 つの三角形の上に立つ角柱の和としよう。そうすると、$2BT > T - AT$ となる。

ふたたび O から A と三角形 $A_1B_1A_2$, … を切り取った弓形の部分に同様なことを行う．そのとき得られる角柱の和を CT とすると，2CT>T−AT−BT である．

これをくり返すと，やがて，
T−3S>T−(AT+BT+CT+…)[注2] となる．このときできている多角形の全体を Q とすると，T−3S>T−QT とも表せる．

さて，Q を底面とし，T と同高な角錐を考えて QS とすると，QT=3QS[注3]．

よって，S<QS．これは矛盾である．

ゆえに，3S<T ではない．

3S>T についても同様になりたたないことがわかる． (以上)

[注1] このことを主張する命題は，原論中に見あたらないが，平行6面体の場合については 11-32 にある．それで証明ずみと見なしているのであろう．

[注2] この部分に取り尽しの法の基本原理，すなわち「$a>b$ として $2x_1>a$ なる x_1 を作り，$a−x_1$ を考える．ついで，$2x_2>a−x_1$ なる x_2 を作り，$a−(x_1+x_2)$ を考える．これをくり返すと $b>a−(x_1+x_2+…+x_n)$ とできる．(10-1)」が用いられている．

10-1 は，5-定義4「何倍かにされて，互いにほかより大きくなりうる2量は互いに比をもつといわれる．」つまり，$a>b$ であるとき，$\exists N((N+1)b>a)$ (アルキメデスの公理) を用いて証明される．

[注3] このことも命題の形では示されていない．「三角柱は3つの等しい三角錐に分けられる．12-7」によって代表されていると考えられる．その証明は，実際に同高同底な (2つずつが) 3つの三角錐に分ける方法で示される．

このように円に対する 2^n 多角形近似の方法で目標にせまっている．(近藤洋逸氏によれば，この方法はソフィストの1人ア

ンティポンまでさかのぼることができるという.)

この方法は,面積や体積を直線図形によって近似し,極限的に目標物を得るのだから積分だともいえる.しかし,個々の図形に固有の方法を考えねばならないわけで,$\sum f(x)\Delta x$ といった統一的方法へ発展するものとは見なしがたい.

ところで,[注3]で触れた同高同底な三角錐の同積性は,「原論」12-5 にあっては,一種の等積変形による複雑きわまりない証明法で示されるのであるが,その原証明者デモクリトスは,つぎのように考えたとされる.

2つの三角錐 A, B を底面 π に平行な面 π_1 で切る.その切り口は同積である.よって,常に同積な切り口を持つから A, B は同積である,と.

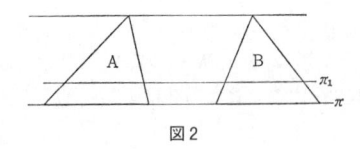

図2

これは,後のカバリエリの定理と同じ発想で,不可分量の総和から積分へ発展するものである.その方法が原論からすっかり抜け落ちてしまったのは,発見法であって証明法ではないと考えられたからであろうか.

つぎに,アルキメデスを見ることにしよう.彼は,球をはじめとする各種の回転体の求積,いわゆるアルキメデスの螺線の研究など多くの成果を残し,以降ニュートンに至るまで比肩し得る人物が見あたらないといわれる大数学者である.

その結果は,取り尽しの法によるエレガントな証明をともな

って述べられているのだが、幸いなことに、発見の方法についても、彼は書き残している。ここでは、その中から、放物線の弓形の面積と球の体積に関するものについて取り上げることにする。

まず弓形の場合である。弓形を ADB とする。A における接線を AE, B と AB の中点 C から放物線の軸に平行線 BE, CD を引く。AD をのばして G を定め、AG=GH となる点 H を選ぶ。CD=DF である[注4]。よって、AH を G を支点とするテコと考えたとき、CF を D に、CD を H につるせば、釣り合うはずである。

また、P を AB 上の任意の点として PS を軸に平行に引いたとき、PS を R に、PQ を H につるせば、これもまた釣り合う[注5]。

そこで、それぞれの線分の総和を考えると、…PS… は △AEB を、その重心の位置 W につるし、…PQ… は弓形 ADB を H の位置につるしたことと同じになる。したがって、これは釣り合う。

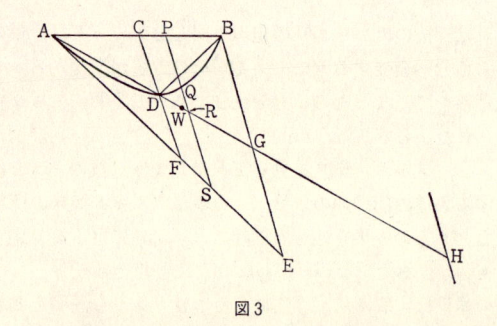

図3

すなわち，△AEB＝3弓形 ADB である．
他方，△AEB＝4△ADB．よって，結果を得る．

[注4]，[注5] すでに証明ずみの結果であった．ここでは解析的に示しておく．

放物線を $y=x^2$ とし，A, B の x 座標を x_1, x_2 とする．C は $\frac{1}{2}(x_1+x_2)$．AE は $y=2x_1x-x_1^2$．よって，CD$=\frac{1}{2}(x_1^2+x_2^2)-\frac{1}{4}(x_1+x_2)^2=\frac{1}{4}(x_1-x_2)^2$，　DF$=\frac{1}{4}(x_1+x_2)^2-x_1x_2=\frac{1}{4}(x_1-x_2)^2$．ゆえに，CD＝DF．

$\frac{BP}{AB}=k$ とすると，P の x 座標は，$x_2+k(x_1-x_2)$ となる．このとき P, Q, S の y 座標を求める．

P：$x_2^2+k(x_1^2-x_2^2)$, Q：$\{x_2+k(x_1-x_2)\}^2$, S：$2x_1(x_2+k(x_1-x_2))-x_1^2$．

$$\begin{aligned}
PQ &= x_2^2+k(x_1^2-x_2^2)-\{x_2+k(x_1-x_2)\}^2 \\
&= k(x_1^2-x_2^2)-k^2(x_1-x_2)^2-2kx_2(x_1-x_2) \\
&= k(x_1^2-2x_1x_2+x_2^2-k(x_1-x_2)^2) = k(1-k)(x_1-x_2)^2. \\
PS &= x_2^2+k(x_1^2-x_2^2)-2x_1(x_2+k(x_1-x_2))+x_1^2 \\
&= x_1^2+x_2^2-2x_1x_2+k(x_1^2-x_2^2-2x_1^2+2x_1x_2) \\
&= (1-k)(x_1-x_2)^2.
\end{aligned}$$

すなわち，kPS＝PQ．よって，PS・GR＝PQ・AG＝PQ・GH．

なお，このようなテコの釣り合いによる方法を示したあと，彼は，「ここに述べたことは，以上の議論によってほんとうに証明されたのではない．結論が真であると見当づけたにすぎない．」と，わざわざ注記して，改めて，幾何学的証明を与える必要性を強調している．

つぎに，球の体積に移ろう[注6]．それを彼は，「任意の球の体積は，その球の大円に等しい底面とその球の半径に等しい高さをもつ円錐の体積の4倍になる．」とする．ここでもまた，以下に示すように巧妙なテコの釣り合いによる．

球 O の直径を BD とし，円錐を ABD とする．この円錐を C を通る平面 EF まで延長する．底面が EF である円柱 EFGH を作る．また，AC=AI とする．CI は A を支点とするテコであると考えよう．底面 EF に平行な平面 KL で切ったとき，図のように定める．

$$AI : AS = SK : SN$$
$$= (SK)^2 : SK \cdot SN$$
$$= (SK)^2 : (SN)^2 + SN \cdot KN$$
$$= (SK)^2 : (SN)^2 + AS \cdot SC.$$

一方，AS : SM = SM : SC から，$AS \cdot SC = (SM)^2$．

ゆえに，$AI : AS = (SK)^2 : (SN)^2 + (SM)^2$．

それゆえ，円柱の円 KL は，球の円 MR と円錐の円 PN を I の位置につるしたとき釣り合う．

さて，AC に垂直な平面で円柱，球，円錐を切った切り口から，それぞれの立体は成り立っている．したがって，図の位置

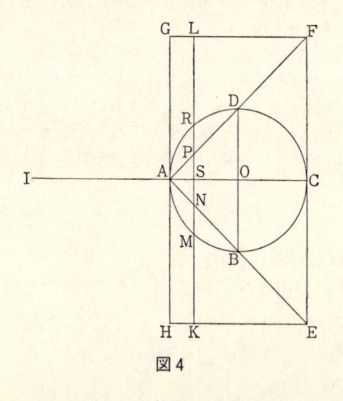

図 4

にある円柱は、球と円錐の重心を I の位置に移したとき釣り合うことになる.

したがって、円柱＝2(球＋円錐).

また、円柱＝3円錐. よって、円錐＝2球.

さらに、円錐＝8円錐 ABD. これから結論を得る.

[注6] 以下に続くこの項は、三田博雄訳「エラトステネスあての機械的定理についてのアルキメデスの方法」『世界の名著』9（中央公論社）によった. 球の体積に続いて、表面積が $4\pi r^2$ であることが、「任意の円の円周に等しい底辺と円の半径に等しい高さとをもつ三角形に等積であることから推して、球は、球の表面積に等しい底面と半径に等しい高さとをもつ円錐に等積であると予想できる」から、得られるとしている.

この2つの場合で重要なのは、線の総和が面になり面の総和が体になる（不可分量の総和）という認識である. このことは、すでに、デモクリトスにも見られたが、アルキメデスは、これを確信しているように思われる. それをもって、彼を積分法の祖ということは、できないだろうか. ブルバキは、「そこに1つの《積分法》が当然認められるはずだと言うつもりならば、さまざまの幾何学的外観を貫いて、それ相応の証拠を揃えねばなるまい. すなわち、たとえ下書きのようなものにしても、彼はその底にある《積分》の性質に従って、問題を整理分類しているらしい、という証拠を提出すべきであろう.（中略）積分法の創始者たちの意見によれば、アルキメデスのあの驚嘆すべき業績からこそ、積分法の一切は始まるというのであるが、われわれとしては、この人の業績をさして、何かしら積分法の反対のものと結論すべきではないのだろうか.」というのであるが、（『ブルバ

ここでブルバキが《積分法》といっているものは、求積を「曲線 $y=f(x)$ の《すべての縦座標の和》…ライプニッツ流の $\int y\,dx$」で行うものをさしているように読める。したがって、面積や体積といった求積問題が、すべてこの $\int y\,dx$ の形式の計算に帰着するという認識——そのような整理分類の痕跡があれば、そこに《積分法》を認めるとも読める。そして私には《方法》にそのような痕跡があると見えるのである。もっとも、C. H. エドワードもアルキメデスには求積問題の計算に共通するアルゴリズムがない、それが、彼の方法の本質的な欠陥だといっている。おそらく、その通りなのであろうが…。

ともあれ 17 世紀の数学者達は、アルキメデスを学んだ。《方法》は 1906 年の発見であるから、当時の人々がそれから学べたかどうかはわからないが、《方法》を身につけていった[1]。

ガリレイの『新科学対話』には、これに関連した話題が 2 つ見える。その 1 つは一日目の中程にある連続体の《カズ》に関する議論のところである。ここで、彼は、円柱から半球を切りとった残りのお椀の部分の体積と円錐のそれとが等しいことと、その頂上の部分——円と点の大きさが同じになると考えざるを

---

[1] 「この論考によりまして、単に問題の解のみならず、私がいかなる方法を用い、またいかにしてそれに到達したかをごらんいただけると思います。これこそは貴方が何よりも望ましいと私におっしゃったことであり、また古代人たちがこのような態度をとらず、私たちがこの知識を得ることを嫉むかのように、彼らの解答のみを残して、そこに到達した経路を私たちに教えてくれないことを、貴方が歎いておられるのを私はしばしば耳にしたのであります。」(「ディンヴィル氏からカルカヴィル氏への手紙」『パスカル全集』人文書院)

得ないことを示している．すなわち，図5のABCDを円柱，PQRを円錐とし，底面に平行な切断面をENとする．このとき，円環EF＝円MNである．したがって，双方の体積は等しい．そして，ENから上の部分の体積もまた，常に等しい．そしてまた，体積についていえることはその底面の面積についてもいえるから，究極においては頂上の部分の大きさが等しくならねばならぬ，と．

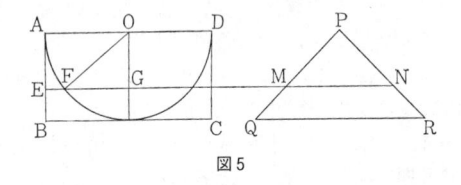

図5

ここでは，すでに，面の総和が体になることは単に発見の方法にとどまらず，説明——論証の手段になっている．その上に，減少の極限においても云々と極限概念さえ用いられているのである．もはや，彼には，無限への恐れは存在しない．むしろ，積極的に，無限量の不可思議な性質を明らかにしようとする姿勢が見られる．

いま1つの場面は，等加速度運動に関する三日目の議論の中にある．そこでは，時間を縦軸に速さを横軸にとった等加速度運動の通過距離が面積で表されることが，当然のことのように用いられている．これが出版された1638年は，彼の弟子であるカバリエリの，いわゆるカバリエリの定理が主張されてから15年も経過した後のことであるから，それは当然のことであったのであろう．

そうはいっても，面積をあつめると体積になることは理論の

厳密な検討には耐えがたいものである．したがって，兄弟弟子でありながら，カバリエリは総和の論理で無限小幾何学を書くのだが，トリチェルリはそれはすべての人に是認せられた原理ではないとして，取り尽しの法による証明を与える努力を試みたという．（彼の方が10歳も若いのに．）

やがて，人々は「不可分量の正しい規則によって証明されるすべてのことがらは，また古代人の方法[1]によって厳密に証明もされるであろう．」と確信し，「無際限の数の線によって1つの平面を表すなどということは幾何学に反するように思っているのは，無知の結果にほかならない[2]．」と宣言するようにもなる．総和の論理は方法論的に確立したのである．

ところで，当時，面積，体積といった求積に比べて，曲線の長さを求める問題は格段に難しいと考えられていた．楕円の求長が楕円積分になることからも，それは無理のない話である．フェルマさえも，ネール，ヒュラエの結果を聞くまではほとんど不可能と考えていたようである．その求長問題が無限小直角三角形の斜辺の総和なる概念によって解決され始めるのは，1657年以降のこととされる．ニュートンの流率法に先だつことわずか9年である．

求長問題は $\sqrt{1+(f'(x))^2}$ の和を求めることになるから，積分と微分の接点に位置するといえる．この問題によって，積分と

---

1) 取り尽し法のこと
2) パスカル前掲論文より（一部改めた）．なお，この語に引き続いてパスカルは，縦線の和の意味するものは各縦線と直径の相等しい小部分の各々によって作られた無際限の数の矩形の和にほかならないと述べる．$\int y$ から $\int (y\,dx)$ への認識の深化である．

原始関数・不定積分・定積分 559

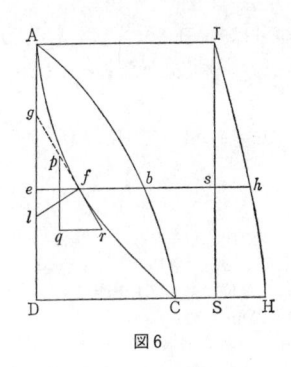

図6

微分の関係が認識されるに至り，微積分学の成立をむかえることになるのである．

ここではネールの命題を，原亨吉氏によって紹介しておこう[1]．

曲線 $\widehat{\mathrm{A}b\mathrm{C}}$ が与えられたとし，

(1) 面積 $\mathrm{A}e\widehat{b\mathrm{A}}=k\cdot ef$ なる曲線 $\widehat{\mathrm{A}f\mathrm{C}}$,
(2) $\mathrm{DS}=k$ なる矩形 ADSI,
(3) $(eh)^2=(eb)^2+(es)^2$ なる曲線 $\widehat{\mathrm{I}h\mathrm{H}}$

を作れば，面積 $\mathrm{AD}\widehat{\mathrm{HIA}}=k\cdot\widehat{\mathrm{A}f\mathrm{C}}$ [注7]

ヒュラエはこれをつぎのように改良した（1658?）．

曲線 $\widehat{\mathrm{A}f\mathrm{C}}$ において，fg を接線，fl を法線とする．$ef:fl=qp:pr$.

よって，$ef:fl=k:eh$ となる曲線 $\widehat{\mathrm{I}h\mathrm{H}}$ を作れば，
$\mathrm{AD}\widehat{\mathrm{HIA}}=k\cdot\widehat{\mathrm{A}f\mathrm{C}}$. [注8]

---

1) 『数学史』第Ⅱ部 17 章（筑摩書房「数学講座」18）より．

さらに，グレゴリは，AD 上に点 g をとり，$eb:es=ef:eg$ とすれば，fg は $\stackrel{\frown}{AfC}$ の接線となる．したがって，$eg:fg=es:eh$.

よって，AD : $\stackrel{\frown}{AC}$ = ADSI : ADHIA.
とした．1668 年のことである．

[注7] これが無限小直角三角形とどのように結びつくかに関して，原氏の言及はない．事柄としては，ef を $f(x)$ とすれば，$eb=f'(x)$，es を単位に選んで $(eh)^2=1+(f'(x))^2$. つまり，今日の求長法そのものなのである．

エドワードはネールの求長問題を，つぎのように述べている．（原氏はネール自身の命題は失われたとする．）

曲線 $y^2=x^3$ ($0 \leq x$) について，区間を無限個の小区間に細分し，その１つを $[x_{i-1}, x_i]$ とする．その区間での曲線の長さを s_i とすれば，

$$s_i \cong [(x_i-x_{i-1})^2+(y_i-y_{i-1})^2]^{\frac{1}{2}}.$$

補助の曲線 $z=x^{\frac{1}{2}}$ を考える．$[0, x_i]$ の上の面積を A_i と表す．$A_i=\dfrac{2}{3}x_i^{\frac{3}{2}}$ であることは知られている．

$y_i-y_{i-1}=x_i^{\frac{3}{2}}-x_{i-1}^{\frac{3}{2}}=\dfrac{3}{2}(A_i-A_{i-1}) \cong \dfrac{3}{2}z_i(x_i-x_{i-1})$.

曲線の全長 $s \cong \displaystyle\sum_{i=1}^{n}[(x_i-x_{i-1})^2+(y_i-y_{i-1})^2]^{\frac{1}{2}}$

$$=\sum\left[1+\left(\frac{y_i-y_{i-1}}{x_i-x_{i-1}}\right)^2\right]^{\frac{1}{2}}(x_i-x_{i-1})$$

$$\cong \sum\left(1+\frac{9}{4}z_i^2\right)^{\frac{1}{2}}(x_i-x_{i-1})$$

$$=\sum\frac{3}{2}\left(x_i+\frac{4}{9}\right)^{\frac{1}{2}}(x_i-x_{i-1}).$$

ここから，$s=\dfrac{1}{27}((9a+4)^{\frac{3}{2}}-8)$ を得た，と．これなら無限小三角形の役割はよくわかるが，あまりにも整理されすぎていて，信

原始関数・不定積分・定積分   561

用する気分になれない.
(C. H. Edwards, Jr., The Historical Development of the Calculus Springer-Verlag, 1979)
[注8] これは △SAD を無限小三角形と見, SD を C における曲線の長さと考えて論を進めているのである.
ネール (Neil, W.) 1637?-59.
ヒュラエ (Heuraet, H. van) 1633?-60?.
グレゴリ (Gregory, J.) 1638-75.
フェルマ (Fermat, P. de) 1601-65.
パスカル (Pascal B.) 1623-62.

　求積・求長問題が微分の逆算によって解決されることが知られて以降, 総和の論理は Calculus から消え, 積分は微分の逆演算と化す. ニュートンにいたっては, 積分概念さえ不要としたようである. そして再び, 積分に独立した概念を付与しようとする試みは, コーシーを待たねばならない.

Cauchy の積分論

　コーシーは $[x_0, X]$ で連続な関数 $f(x)$ に対して, $x_0<x_1<x_2<\cdots<x_{n-1}<x_n=X$ として,
$$S_n = (x_1-x_0)f(x_0)+\cdots+(X-x_{n-1})f(x_{n-1})$$
を考え,
$$\max\{(x_i-x_{i-1})|i=1,\cdots,n\} \longrightarrow 0$$
のとき, $S_n \longrightarrow S$ を, つぎのように示す.
$$S_n = \frac{1}{n}(f(x_0)+f(x_1)+\cdots+f(x_{n-1}))$$
$$[(x_1-x_0)+\cdots+(x_n-X_{n-1})],$$
$$\frac{1}{n}(f(x_0)+\cdots+f(x_{n-1})) = f(x_0+\theta(X-x_0))$$

となる θ がある.

よって,
$$S_n = (X-x_0)f(x_0+\theta(X-x_0)).$$

そこで,区間の分割をより細くしたときの値 S_p は, $[x_0, x_1]$, $[x_1, x_2]$, $\cdots$, $[x_{n-1}, X]$ の間で,上と同様のことを考えれば,

$S_p = (x_1-x_0)f(x_0+\theta_0(x_1-x_0))+(x_2-x_1)f(x_1+\theta_1(x_2-x_1))+\cdots+(X-x_{n-1})f(x_{n-1}+\theta_{n-1}(X-x_{n-1}))$

$= (x_1-x_0)f(x_0)+\cdots+(X-x_{n-1})f(x_{n-1})+\varepsilon_0(x_1-x_0)+\cdots+\varepsilon_{n-1}(X-x_{n-1}).$

ここで, (x_1-x_0), $\cdots$, $(X-x_{n-1})$ が非常に小さいときは, ε_0, $\cdots$, ε_{n-1} は非常に小さくなる.したがって, $\varepsilon_0(x_1-x_0)+\cdots+\varepsilon_{n-1}(X-x_{n-1})$ も非常に小さくなる.

つまり,分割の各要素が非常に小さいとき,それをさらに細分しても, S の変化はほとんど目立たない.ゆえに,分割の要素を無限小にまですれば,分割の増加による S の変化はほとんど目立たない.

かくして,要点を限りなく小さくすれば S は一定の値に近づく.

今日の目から見ればズサンきわまりない証明であるが,これを基礎にして,コーシーは積分論を展開するのである.

その理由は何だろうか.

彼の極限論や導関数論は明解そのものなのだから,その上に積分論を 18 世紀流に(微分の逆として)建築すれば,よほどスッキリしたものになるはずである.それなのに,非常に小さいものと非常に小さいものの積の和は非常に小さいなどと曖昧な表現で S_n の極限の存在を主張するのは,何故なのであろうか.

第 1 は,フーリエ級数説である.

フーリエは任意の有界な関数 $f(x)$ は,

$$f(x) = \frac{1}{2}a_0 + \sum (a_n \cos nx + b_n \sin nx)$$

ただし,

$$a_n = \frac{1}{\pi}\int_{-\pi}^{\pi} f(x) \cos nx \, dx, \quad b_n = \frac{1}{\pi}\int_{-\pi}^{\pi} f(x) \sin nx \, dx$$

と表されることを示した.

この際の積分は逆微分では解決できない. それでコーシーは独立した定義を求めたのだという説である.

しかし, これには, 当時の任意の関数とは, たかだか有限個の不連続点を持つ関数であるにすぎなかったという反論が成立する.

第2は, 教育上の配慮説である.

この説はルベーグの主張する説だとのことである. 教育上の配慮とは, 積分論における積分法——逆微分法と近似計算法の方法上のズレを修正しようという配慮だというわけである. コーシー自身も, 和として積分を定義することは求積の近似計算法から得たと語っているという.

『微分積分学要論』(小堀憲訳)によると, 積分法の初講が定積分の定義であり, 第2講は「定積分の正確な値または近似値を定めるための公式」となっている. ルベーグ説が説得力を持つゆえんである.

第3の説は, 複素関数論建設に必要な積分概念の獲得であるとする.

すでにガウスが, 複素関数の積分値は積分の道によって変わり得ることを, 1811年に述べており, コーシーと関数論建設の仕事に参加している. そうしたなかでの定積分の定義だという

のである．

最も説得力のある説とも思えるのだが，初期関数論に関する知識の全くない私には，判断の仕様がない．(cf. J. Grabiner: The Origins of Cauchy's Rigorous Calculus, MIT Press)

ともあれコーシーは，この S をもって定積分 $\int_{x_0}^{X} f(x)dx$ と定義した．その上で，上端 X を変数 x とした関数 $F(x)=\int_{x_0}^{x} f(x)dx$ を考える．次いで，$\frac{dy}{dx}=0$ を満たす関数 $\omega(x)$ を求め，微分方程式 $dy=f(x)dx$ の解の一般形が $y=F(x)+\omega(x)$ であることを示す．そして，「y のこの一般値は，特別の場合として，積分 $\int_{x_0}^{x} f(x)dx$ を含んでいて，しかも積分の原点（x_0 のこと）がどこにあろうとも，この形が変わらないので，積分法では簡単な記号 $\int f(x)dx$ で表している．そして，これを「不定積分」と名づける．」(『微分積分学要論』)

コーシーの不定積分は，微分方程式の解，すなわち，antiderivative といえる．

これがルベーグの『積分・長さおよび面積』(吉田・松原訳) になると，不定積分は $\int_{a}^{b} f(x)dx=F(b)-F(a)$ を満足する関数，原始関数は antiderivative とはっきり区別して考えるようになる．そこに至るまでには関数や連続性に関する知識の積み重ねが必要であった．

関数の不定積分と原始関数の存在・不存在

$$f(x) = \begin{cases} x+2 & x \neq 2 \\ 2 & x=2 \end{cases}$$

を考えてみよう．$f(x)$ はリーマンの意味では明らかに積分可能である．そして，$F(x)=\frac{1}{2}x^2+2x$ とおくと $\int_{a}^{b} f(x)dx=F(b)$

$-F(a)$ である．したがって，ルベーグの意味での不定積分は $\frac{1}{2}x^2+2x+c$ の形となる．

他方，$f(x)$ を導関数とする関数——原始関数があったとすると，$x\neq 2$ では，それは $\frac{1}{2}x^2+2x+c$ の形をしているはずである．その上，連続性を満たすから，$x=2$ でも同様となる．つまり，そのような関数は存在しない．

原始関数の存在に関して重要なのはダルブーによる中間値の定理である．

ダルブーの定理 $f(x)$ を区間 $[a, b]$ において微分可能かつ $f'(a)>f'(b)$ とするとき，$(\forall \alpha)\,(\exists c\in[a, b])\,(f'(a)>\alpha>f'(b) \longrightarrow f'(c)=\alpha)$

証明は，まず，連続関数に関する最大値の存在定理を用いて $f'(a)>0$, $f'(b)<0$, $\alpha=0$ の場合に，関数が最大値をとる点 c で $f'(c)=0$ を示し，その他の場合には $F(x)=f(x)-dx$ とおいて，そこへ reduce すればよい．

この定理から，中間値をとらない関数の原始関数が存在しないことがわかる．

つぎに，

$$f(x) = \begin{cases} 2x\cos\frac{\pi}{x^2}+\frac{2\pi}{x}\sin\frac{\pi}{x^2} & (x\neq 0) \\ 0 & (x=0) \end{cases}$$

を考えてみる．この関数は，原始関数

$$G(x) = \begin{cases} x^2\cos\frac{\pi}{x^2} & (x\neq 0) \\ 0 & (x=0) \end{cases}$$

をもつ．ところで，$f(x)$ は $x=0$ の任意の近傍で有界でない．したがって，$[0, 1]$ においてリーマン可積でない．さらに，

$$a_n = \left(2n+\frac{1}{2}\right)^{-1}, \ b_n = (2n)^{-1}$$

とすると,

$$\int_{a_n}^{b_n} f(x)dx = (2n)^{-1}.$$

すなわち, $E=\bigcup_n [a_n, b_n]$ とおくと,

$$\int_0^1 |f(x)|dx \geq \int_E |f(x)|dx = +\infty.$$

よって, ルベーグ可積でもない.

また, ヴォルテラは $[a, b]$ で有界で原始関数を持つがリーマン可積でない例を 1881 年に与えている. (*cf.* 前掲書および吉田洋一『ルベグ積分入門』)

かくして, D:ある関数の導関数となり得る関数の集合 と,

I:積分可能な関数の集合

とは, $D-I \neq \phi$ かつ $I-D \neq \phi$ であることがわかる.

こうした事情であるが故に, 積分関数として不定積分を原始関数と区別することが必要となるのである.

不定積分主義批判

高校で扱うのは連続関数である. その範囲では原始関数と不定積分(積分関数としての不定積分)は一致する. 積分計算では原始関数を求めることが基本となる. よって, 不定積分＝原始関数として, これを定積分に優先させる. しかも, この方法では区分求積というような面倒な議論を必要としない. 問題が解けるようにするには最短最良の方法である. こんな主張が不定積分主義の論理であろう.

ところで, 高校で扱うのは連続関数のみというのは正しいだ

ろうか．明らかに正しくない．つまり，《不定積分＝原始関数》論は成立しない．そして，積分計算では原始関数を求めることが基本であって，不定積分が大切なのではない．定積分は区分求積法を先行させずとも，近似和の直観的極限で十分に納得できる．問題解法のみを重視するが故に，計算ばっかりやらされて全然おもしろくなかったという生徒達を生むことになる．

私はこう反論したい．

本来，積分は求積・求長の方法として発展した．それが微分の逆算の地位に貶められたのは，わずかに 17, 18 世紀の間のことにすぎない．その間であっても，近似計算は総和法によっていた．すなわち，総和の論理——無限小直線図形の総和概念こそが，積分概念なのである．この概念によって，例えば楕円の周の長さも求め得る．近似値であれば，実際に計算できる（不定積分主義では楕円の周長は存在しないことになってしまう）．まずこうした微分とは独立した積分概念があって，その上で，微分と基本定理で結びつく．そのとき始めて，基本定理が意味を持ってくるのである．意味を大切にするとは，そうしたことであるように，私は思う．

微分と積分をそれぞれ独立した概念として定め基本定理で結びつける立場をとると，話は，つぎのようになる．

ルベーグ流に $\int_a^b f(x)dx = F(b) - F(a)$ を満たす関数 $F(x)$ を考えるといっても，$F(x)$ が何であるか不明確だから，b を変数とした関数 $\int_a^x f(x)dx$ を，まず考える．この関数は $f(x)$ が可積な範囲では明確に定まるものである．

さて，$f(x)$ が連続のとき，$\dfrac{d}{dx}\left(\int_a^x f(x)dx\right) = f(x)$ である．すなわち，$\int_a^x f(x)dx$ は $f(x)$ の原始関数となる．

一方，2つの原始関数の差は定数となる．よって，任意に選んだ原始関数を $F(x)$ とすれば，$\int_a^x f(x)dx = F(x)+c$ と書ける．明らかに $F(a)+c=0$ である．ゆえに，$\int_a^x f(x)dx = F(x)-F(a)$.

この立場では，実は，不定積分は不用なのである．原始関数を求める演算のみがあればよいのである．それを D^{-1} とおけば，$\int_a^x f(x)dx = \left[D^{-1}f(x)\right]_a^x$ と書けて，事情が明白になる．

しかし，我々は $dy=f(x)dx$ を解く演算を「積分する」というように習慣づけられていて，これを改めるのは容易なことではない．そこでやむを得ず $D^{-1}f(x)$ の代わりに $\int f(x)dx$ を用いるのである．しかも悪いことに，$dy=f(x)dx$ を解くときに，y の一般形を求めることが習慣的に要求されていて，$+c$ が出て来てしまう．このようにして，$\int_a^x x\,dx$ の場合には a をどのように取っても定数部分は非正でしかあり得ないのに，$\int x\,dx = \dfrac{x^2}{2}+c$ では任意の c となり得るといった，一見奇妙な事が生ずる．

形式は習慣法によるのであるから，$\int \dfrac{1}{x}dx = \log|x|+c$，$dy=2\sqrt{y}\,dx$ の解は，$y=(x+c)^2$ と一般形を表すが，文字通りの一般形はそうではない．

$$y = \begin{cases} \log(-x)+3 & (x<0) \\ \log x - 5 & (x>0) \end{cases} \quad や，\quad y = \begin{cases} (x-5)^2 & (x\geqq 5) \\ 0 & (x<5) \end{cases}$$

は，それぞれの1つの解であるが，上の表現とは異なっている．

そこで，習慣を悪しき習慣と認識して可能な限りそれを使用しないですます方向で考えることとしたい．可能な限り定積分を用いて不定積分 $\int f(x)dx$ を使わない習慣を，新たに，我々のものとしたい．

そう思うのである．

したがって，$\int f(x)dx$ を用いるときにも，なるべくならば一

般形などといった配慮をさけて,原始関数の1つ(適当な)を求めることの意味にとることとしたい.具体的には定数項を書かない方針をとりたい.そうすると,$\int 2\sin x\cos x\,dx = \sin^2 x$と表すこととなるが,これを,$\int 2\cos x(-d(\cos x))$と見て,$-\cos^2 x$を得,$\sin^2 x = -\cos^2 x$から,1=0とするような難点が出るという説もあるが,$\int f(x)dx$の結果は人によって異なる(定数差分だけ)ことを確認しておけば,それは難点とはならない.Aの結果とBの結果を云々するところが誤りなのである.

一般形だと強調する故に,
$$\int (f(x)+g(x))dx = \int f(x)dx + \int g(x)dx$$
についても,
$$F(x)+G(x)+c = (F(x)+c)+(G(x)+c)$$
から,$c=2c$を出したり,
$$F(x)+G(x)+c = (F(x)+c_1)+(G(x)+c_2)$$
から,$c=c_1+c_2$を出して悩んだりもする.不定積分の等式は定数差を無視する等号という新しい概念であるのに,従来,このことを全く注意しないできたのは,重大な問題である.

こうしたことも,定積分主義では問題にならなくなる.くり返し,定積分主義を主張する所以でもある.

本書は、一九八三年三月三〇日、三省堂より刊行された高等学校用検定教科書とその指導資料を合冊にしたものである。

高橋秀俊の物理学講義

高橋秀俊　藤村靖
ロゲルギストを主宰した研究者の物理的センスとは。力について、示量変数と示強変数、ルジャンドル変換、変分原理などの汎論四〇講。〈田崎晴明〉

物理学入門

武谷三男
科学とはどんなものか。ギリシャの力学から惑星の運動解明まで、理論変革の跡をひも解いた科学論。三段階論で知られる著者の入門書。〈上條隆志〉

数は科学の言葉

トビアス・ダンツィク　水谷淳訳
数感覚の芽生えから実数論・無限論の誕生まで、数万年にわたる人類と数の歴史を活写。アインシュタインも絶賛した数学読み物の古典的名著。

常微分方程式

竹之内脩
初学者を対象に基礎理論を学ぶとともに、重要な具体例を取り上げ、それぞれの方程式の解法と解について解説する。練習問題を付した定評ある教科書。

数理のめがね

坪井忠二
物のかぞえかた、勝負の確率といった身近な現象の本質を解き明かす地球物理学の大家による数理エッセイ。後半に「微分方程式雑記帳」を収録する。

一般相対性理論

Ｐ・Ａ・Ｍ・ディラック　江沢洋訳
一般相対性理論の核心に最短距離で到達すべく、卓抜した数学的記述で簡明直截に書かれた天才ディラックによる入門書。詳細な解説を付す。

幾何学

ルネ・デカルト　原亨吉訳
哲学のみならず数学においても不朽の功績を遺したデカルト。『方法序説』の本論として発表された『幾何学』、初の文庫化！〈佐々木力〉

不変量と対称性

今井淳／寺尾宏明／中村博昭
変えても変わらない不変量とは？　そしてその意味や用途とは？　ガロア理論や結び目の現代数学に現われる、上級の数学的センスをさぐる7講義。

数とは何かそして何であるべきか

リヒャルト・デデキント　渕野昌訳・解説
「数とは何かそして何であるべきか？」「連続性と無理数」の二論文を収録。現代の視点から数学の基礎付けを試みた充実の訳者解説を付す。新訳。

数学的に考える
キース・デブリン
冨永 星訳

ビジネスにも有用な数学的思考法とは？ 言葉を厳密に使う「量」を用いて考える、分析的に考えるといったポイントからとことん丁寧に解説する。

代数的構造
遠山啓

群・環・体など代数の基本概念の構造を、構造主義の歴史をおりまぜつつ、卓抜な比喩とていねいな計算で確かめていく抽象代数学入門。(銀林浩)

現代数学入門
遠山啓

現代数学、恐るるに足らず！ 学校数学や日常の感覚の中に集合や構造、関数や群・位相の考え方を探る大人のための入門書。(エッセイ 亀井哲治郎)

代数入門
遠山啓

文字から文字式へ、そして方程式へ。巧みな例示と丁寧な叙述で「方程式とは何か」を説いた最晩年の名著。遠山数学の到達点がここに！ (小林道正)

不完全性定理
ポール・J・ナイン
小山信也訳

数学史上最も偉大で美しい式を無限級数の和やフーリエ変換、ディラック関数などの歴史的側面を説明した後、計算式を用い丁寧に解説した入門書。

オイラー博士の素敵な数式
野﨑昭弘

事実・推論・証明……。理屈っぽいとケムたがられたっぷりにしたゲーデルへの超入門書。なるほどと納得させながら、ユーモア

数学的センス
野﨑昭弘

美しい数学とは詩なのです。いまさら数学者にはなれないけれどそんな期待に応えてくれるやさしいエッセイ風数学再入門。

高等学校の確率・統計
黒田孝郎／森毅
小島順／野﨑昭弘ほか

成績の平均や偏差値はおなじみでも、実務の水準とは隔たりが！ 基礎からやり直したい人のために伝説の検定教科書を指導書付きで復活。

高等学校の基礎解析
黒田孝郎／森毅
小島順／野﨑昭弘ほか

わかってしまえば日常感覚に近いものながら、数学挫折のきっかけの微分・積分。その基礎を丁寧にひもといた再入門のための検定教科書第２弾！

高等学校の微分・積分	黒田孝郎／森毅／小島順／野﨑昭弘ほか	高校数学のハイライト「微分・積分」。その入門コース「基礎解析」に続く本格コース「基礎解析」に続く本格コース。公式暗記の学習からほど遠い、特色ある教科書の文庫化第3弾。
エキゾチックな球面	野口　廣	7次元球面には相異なる28通りの微分構造が可能！フィールズ賞受賞者を輩出したトポロジー最前線を臨場感ゆたかに解説。（竹内薫）
数学の楽しみ	テオニ・パパス　安原和見訳	ここにも数学があった！石鹸の泡、くもの巣、雪片曲線・・・一筆書きパズル、魔方陣「DNAらせん・・・・」イラストも楽しい数学入門150篇。
相対性理論（下）	W・パウリ　内山龍雄訳	アインシュタインが絶賛し、物理学者内山龍雄をして、研究をやめさせたかったと言わしめた。相対論三大名著の一冊。（細谷暁夫）
物理学に生きて	W・ハイゼンベルクほか　青木薫訳	「わたしの物理学は・・・・」ハイゼンベルク、ディラック、ウィグナーら六人の巨人たちが、それぞれの歩んだ現代物理学の軌跡や展望を語る。
調査の科学	林　知己夫	消費者の嗜好や政治意識を測定するとは？集団特性の数量的表現の解析手法を開発した統計学者による社会調査の論理と方法の入門書。
ポール・ディラック	アブラハム・パイスほか　藤井昭彦訳	「反物質」なるアイディアはいかに生まれたのか。そしてその存在はいかに発見されたのか。天才の生涯と業績を三人の物理学者が紹介した講演録。（吉野諒三）
インドの数学	林　隆夫	ゼロの発明だけでなく、数表記法、平方根の近似公式、順列組み合せ等々数々の足跡を残したインドの数学を古代から16世紀まで原典に則して辿る。
幾何学基礎論	D・ヒルベルト　中村幸四郎訳	20世紀数学全般の公理化への出発点となった記念碑的著作。ユークリッド幾何学を根源まで遡り、斬新な観点から厳密に基礎づける。（佐々木力）

素粒子と物理法則
R・P・ファインマン／
S・ワインバーグ
小林澈郎訳

量子論と相対論を結びつけるディラックのテーマを対照的に展開したノーベル賞学者による追悼記念講演。現代物理学の本質を堪能させる三重奏

ゲームの理論と経済行動 I （全3巻）
ノイマン／モルゲンシュテルン
銀林／橋本／宮本監訳
阿部修一訳

今やさまざまな分野への応用いちじるしい「ゲーム理論」の嚆矢とされる記念碑的著作。第I巻はゲームの形式的記述とゼロ和2人ゲームについて。

ゲームの理論と経済行動 II
ノイマン／モルゲンシュテルン
銀林／橋本監訳
宮本・中村訳

第I巻のゼロ和2人ゲームの考察を踏まえ、第II巻ではプレイヤーが3人以上の場合のゼロ和ゲーム、およびゲームの合成分解について論じる。

ゲームの理論と経済行動 III
ノイマン／モルゲンシュテルン
銀林／橋本／下島訳

第III巻では非ゼロ和ゲームにまで理論を拡張。これまでの数学的結果をもとにいよいよ経済学的解釈を試みる。全3巻完結。

計算機と脳
J・フォン・ノイマン
柴田裕之訳

脳の振る舞いを数学で記述することは可能か？ 現代のコンピュータの生みの親でもあるフォン・ノイマン最晩年の考察。新訳。 (野崎昭弘)

数理物理学の方法
J・フォン・ノイマン
伊東恵一編訳

多岐にわたるノイマンの業績を展望するための文庫オリジナル編集。本巻は量子力学・統計力学など物理学の重要論文を収録。全篇新訳。

作用素環の数理
J・フォン・ノイマン
長田まりゑ編訳

終戦直後に行われた講演「数学者」と、「作用素環について」I～IVの計五篇を収録。一分野としての作用素環論を確立した記念碑的業績を網羅する

フンボルト 自然の諸相
アレクサンダー・フォン・フンボルト
木村直司編訳

中南米オリノコ川で見たものとは？ 植生と気候、緯度と地磁気などの関係を初めて認識した、ゲーテ自然学をつぐ博物・地理学者の探検紀行。

新・自然科学としての言語学
福井直樹

気鋭の文法学者によるチョムスキーの生成文法解説書。文庫化にあたり旧著を大幅に増補改訂し、付録として黒田成幸の論考「数学と生成文法」を収録。

高等学校の基礎解析

二〇一二年四月十日　第一刷発行
二〇二一年四月二十日　第二刷発行

著　者　黒田孝郎・森毅
　　　　小島順・野﨑昭弘ほか（一覧別記）

発行者　喜入冬子

発行所　株式会社　筑摩書房
　　　　東京都台東区蔵前二-五-三　〒一一一-八七五五
　　　　電話番号　〇三-五六八七-二六〇一（代表）

装幀者　安野光雅
印刷所　株式会社加藤文明社
製本所　株式会社積信堂

乱丁・落丁本の場合は、送料小社負担でお取り替えいたします。
本書をコピー、スキャニング等の方法により無許諾で複製する
ことは、法令に規定された場合を除いて禁止されています。請
負業者等の第三者によるデジタル化は一切認められていません
ので、ご注意ください。

Ⓒ別記
ISBN978-4-480-09446-9 C0141